中国医学科学院医学实验动物研究所

中国实验动物学会

实验动物科学丛书 15

丛书总主编 / 秦　川

Ⅴ实验动物医学系列

实验动物感染性疾病检测图谱

魏　强　向志光 ◎ 主编

科 学 出 版 社

北　京

内 容 简 介

本书介绍了实验动物微生物学和寄生虫学质量控制的一般要求，以及在动物日常健康管理、定期监测及质量检测等方面的基本策略和流程；主要针对小鼠、大鼠、地鼠、豚鼠和兔等实验动物，讲述了动物因病毒、细菌、真菌及寄生虫感染而引发的临床症状、大体病理、组织病理，以及疾病的病因学和预防措施；针对目前应用较多的基因工程动物的特殊性，介绍了它们在感染性病原监控方面的特殊要求。

本书可帮助从业人员增加对实验动物感染性疾病的认知，是实验动物临床护理、质量管理、饲养人员和医师进行实验动物疾病诊断的辅助工具；也可作为医药动物实验研究人员识别实验动物感染性疾病的参考，还可作为相关专业的本科生及研究生进行专业学习和拓展学习的培训教材。

图书在版编目（CIP）数据

实验动物感染性疾病检测图谱 / 魏强，向志光主编. —北京：科学出版社，2021.3

（实验动物科学丛书 / 秦川总主编）

ISBN 978-7-03-067872-0

Ⅰ. ①实… Ⅱ. ①魏… ②向… Ⅲ. ①实验动物—感染—疾病—诊疗—图谱 Ⅳ. ①S855-64

中国版本图书馆CIP数据核字（2020）第272655号

责任编辑：罗 静 岳漫宇 高璐佳 / 责任校对：郑金红
责任印制：吴兆东 / 封面设计：图阅盛世

科学出版社 出版
北京东黄城根北街16号
邮政编码：100717
http: //www. sciencep. com

北京虎彩文化传播有限公司 印刷

科学出版社发行 各地新华书店经销

*

2021年3月第 一 版 开本：A4 (880×1230)
2023年1月第二次印刷 印张：12 1/4
字数：257 000

定价：198.00元

（如有印装质量问题，我社负责调换）

《实验动物感染性疾病检测图谱》编委会名单

丛书总主编： 秦　川

主　　　编： 魏　强　向志光

编 写 人 员：

秦　川　中国医学科学院医学实验动物研究所

魏　强　中国医学科学院医学实验动物研究所

向志光　中国医学科学院医学实验动物研究所

佟　巍　中国医学科学院医学实验动物研究所

张丽芳　中国医学科学院医学实验动物研究所

邓　巍　中国医学科学院医学实验动物研究所

徐艳锋　中国医学科学院医学实验动物研究所

于　品　中国医学科学院医学实验动物研究所

刘先菊　中国医学科学院医学实验动物研究所

丛　书　序

FORWAED FOR SERIES

实验动物科学是一门新兴交叉学科，它集成生物学、兽医学、生物工程、医学、药学、生物医学工程等学科的理论和方法，以实验动物和动物实验技术为研究对象，为相关学科发展提供系统的生物学材料和相关技术。实验动物科学不仅直接关系到人类疾病研究、新药创制、动物疫病防控、环境与食品安全监测和国家生物安全与生物反恐，而且在航天、航海和脑科学研究中也具有特殊的作用与地位。

虽然国内外都出版了一些实验动物领域的专著，但一直缺少一套能够体现学科特色的丛书，来介绍实验动物科学各个分支学科和领域的科学理论、技术体系和研究进展。

为总结实验动物科学发展经验，形成学科体系，我从 2012 年起就计划编写一套实验动物丛书，以展示实验动物相关研究成果、促进实验动物学科人才培养、助力行业发展。

经过对丛书的规划设计后，我和相关领域内专家一起承担了编写任务。本丛书由我担任总主编，负责总体设计、规划、安排编写任务，并组织相关领域专家，详细整理了实验动物科学领域的新进展、新理论、新技术、新方法。本丛书是读者了解实验动物科学发展现状、理论知识和技术体系的不二选择。根据学科分类、不同职业的从业要求，丛书内容包括 9 个系列：Ⅰ实验动物管理、Ⅱ实验动物资源、Ⅲ实验动物基础、Ⅳ比较医学、Ⅴ实验动物医学、Ⅵ实验动物福利、Ⅶ实验动物技术、Ⅷ实验动物科普和Ⅸ实验动物工具书。

本丛书在保证科学性的前提下，力求通俗易懂，融知识性与趣味性于一体，全面生动地将实验动物科学知识呈现给读者，是实验动物科学、医学、药学、生物学、兽医学等相关领域从事管理、科研、教学、生产的从业人员和研究生学习实验动物科学知识的理想读物。

总主编　秦　川　教授
中国医学科学院医学实验动物研究所所长
北京协和医学院比较医学中心主任
中国实验动物学会理事长
2019 年 8 月

序

FORWARD

我国的《实验动物　微生物学等级及监测》等相关国家标准自1994年正式颁布，至今已经二十多年。这些国家标准使得我国实验动物微生物、寄生虫质量监测工作有了依据，在促进我国实验动物质量提高、满足科学研究需要等方面起到了无可替代的作用。但国内外实验动物不断有新的感染疾病发生，实验动物的微生物感染谱也在发生变化，国内外实验动物交流也日益增多，我国实验动物微生物与寄生虫感染的风险仍需引起重视。

对实验动物微生物、寄生虫等病原体的认识和了解是一个漫长积累的过程。而对微生物、寄生虫等病原体导致的动物感染性疾病进行认知，最好的方法无疑是能直接“看到”病原体的形态及机体感染后的一系列改变。基于这样的思路，中国医学科学院医学实验动物研究所和北京协和医学院比较医学中心组织研究团队收集并整理了大鼠、小鼠等啮齿类和兔类等实验动物的感染性疾病的临床表现、病理变化的图片资料，并结合病原体检测方法等编写成《实验动物感染性疾病检测图谱》一书，供实验动物学、兽医学、比较医学、基础医学、生物学的本科生和研究生学习，也可作为实验动物微生物学、寄生虫学专业人员用于检测、学习、教学、培训、比对应用的参考书。

中国医学科学院医学实验动物研究所、北京协和医学院医学实验动物学部是我国最早开展实验动物学的科学研究与教学的单位。原卫生部的实验动物检测中心现挂靠于此。实验动物检测中心在既往的工作中全面开展了实验动物微生物、寄生虫、病理、环境、营养等方面的质量保障研究，同时也为国内的实验动物质量检测技术人员提供了教育培训，在国内起到了行业引领、科技创新和技术服务支撑的作用。同时，该单位国际交流密切，与国际实验动物科学理事会（ICLAS）、欧洲实验动物学联合会（FELASA）、日本实验动物学会（JALAS）等都建立了良好的合作关系，为我国实验动物科学的快步提升做出了积极贡献。

该书的编写团队在实验动物人才培养、学习培训、教材编写方面积累了良好的经验，希望一如既往，多出书、出好书，形成我国实验动物学和比较医学的理论、知识、技术的核心智库及信息中心。该书是可供实验动物微生物学、寄生虫学专业的本科生和研究生学习、参考的手边书，也是对《实验动物学》、《实验动物技术等级培训》等系列教材的技术指导补充，对相关人员能力提高有重要的作用。非常感谢实验动物微生物、寄生虫监测一线的科研人员结合我国国家标准编写了该书，希望其在实验动物质量控制方面能发挥积极作用。

卢耀增

中国实验动物学会原理事长

中国医学科学院医学实验动物研究所原所长

北京协和医学院医学实验动物学部原主任

2020年12月

前　言

PREFACE

我国生命科学和医药产业进入前所未有的快速、健康发展时期，而实验动物作为生命科学研究的载体，其质量的重要性不言而喻。实验动物的自身质量既包括对动物遗传背景稳定性的要求，也包括对动物携带微生物进行控制的要求。排除对实验动物自身健康存在影响的感染性病原，这既是实验动物质量控制的基本要求，也是保障动物自身福利的需要；一些病原体既可以感染动物，又具有感染人类的风险，因此实验动物也需要排除人兽共患病病原体，这既是保障实验动物用于研究生物安全的需要，也是保障从业人员职业健康的需要；除了上述原因，实验动物携带的某些微生物会影响动物实验，因此排除干扰实验研究的微生物因素也是保证动物实验科学性的需要。

实验动物感染性病原的控制，或微生物与寄生虫质量保障的重点并不在于对动物疾病的诊治，更为重要的是对动物疾病的预防。在动物的日常饲养中，需要有严格的质量监控计划。计划中除了动物饲养环境管理、动物饲养人员技术要求等外，实验动物周期性的微生物与寄生虫的质量检测也十分必要。我们都知道，一般传染性疾病的发生有 3 个环节，即传染源、传播途径及易感宿主。而实验动物养在高密度的设施内，一旦出现感染性病原，控制不当时，动物疾病的流行与暴发就不可避免。此外，很多病原微生物多散在地潜伏于实验动物群体中。为了对潜在的传染源进行控制，我们必须定期对实验动物群体内的病原微生物进行监测。

为便于读者了解实验动物感染病原检测要点和诊断的全过程，本书首先介绍了实验动物微生物、寄生虫质量监测的意义。然后介绍了如何发现感染性疾病，即病原体污染；也介绍了检测的准备方法和程序，以及实验动物监测与管理处置的方法。针对设施管理者和动物实验研究人员，本书还增加了对一些基本概念和程序的介绍，如表格填写、检测方法选择、结果分析等内容。这些内容对于实验动物感染性病原检测、管理能力提升，以及新发病原体、隐性感染病原体的识别等都有一定的帮助。

随着我国实验动物饲养环境设施的改善、动物健康管理水平的提高，我国实验动物微生物检测方法也在不断改进，实验动物微生物、寄生虫感染得到一定程度的控制。过去实验动物常见的“典型”感染疾病特征现在出现的机会很少。但这并不意味着这些感染性疾病在我们的实验动物群体中消失了，如今实验动物病原的感染形式多表现为潜伏感染、低水平污染，在动物的饲养群体中常以散发形式出现。很多从业人员由于对实验动物感染性疾病的临床表现缺乏感性认识，忽视了动物群体中偶发的感染性疾病。这种情况增加了动物病原感染的风险，不利于实验动物的微生物和寄生虫的质量控制。

越来越多的基因工程动物出现于生命科学研究中，它们的免疫功能多存在缺陷。一些病原体对免疫功能正常的动物可能没有显著影响，但免疫缺陷动物感染后却会有较为严重的临床症状。从业人员认识、了解病原体感染不同实验动物的特性，包括动物精神、活动、进食、外观、分泌物、排泄物等临床表征和各组织器官病理变化的“经典”表现就更为重要。鉴于此，我们组织实验人员进行了系统的病原感染动物实验，以期修正、补充、完善现有病理学方面的不足，也为病原影响动物实验提供基本依据。

为了更好地介绍实验动物感染性疾病的临床及病理表征，我们以图示的方式对各类感染性疾病进行了介绍。早在 1992 年中日政府技术合作项目“中国实验动物人才培训”（日本国际协力机构）实施时，我就得到了日本专家武藤健、中川雅郎所著《目检实验动物疾病》（英文名：*Color Atlas of Infectious Disease of Laboratory Animals*）的翻译版权，当时由于各种原因未能成书出版。本书一方面使用了《目检实验动物疾病》中的图片资料，另一方面补充了近年来我们积累的图片资料，使其以更新的面目问世。

中国实验动物学会一直重视实验动物质量的研究与教育培训工作。中国医学科学院医学实验动物研究所联合中国实验动物学会实验动物质量检测专业分委会（筹）的专家学者共同推进了本书的编写。本书是“实验动物科学丛书”中实验动物医学系列的一个组成部分，可作为实验动物临床护理、质量管理、动物饲养人员和实验动物医师的实验动物疾病诊断工具书。从事毒理学、实验病理学、毒性病理学等研究的科研人员在进行动物实验研究时，也可以参考本书中的动物感染性疾病的图片资料，排除动物感染因素的干扰，更好地识别动物疾病与实验因素的相关性。因此，本书也可作为医药动物实验研究人员识别实验动物感染性疾病的参考书。本书还可作为相关专业的本科生及研究生进行专业学习和拓展学习的培训教材。

秦　川　教授

中国医学科学院医学实验动物研究所所长

北京协和医学院比较医学中心主任

中国实验动物学会理事长

2020 年 12 月

目　录

CONTENTS

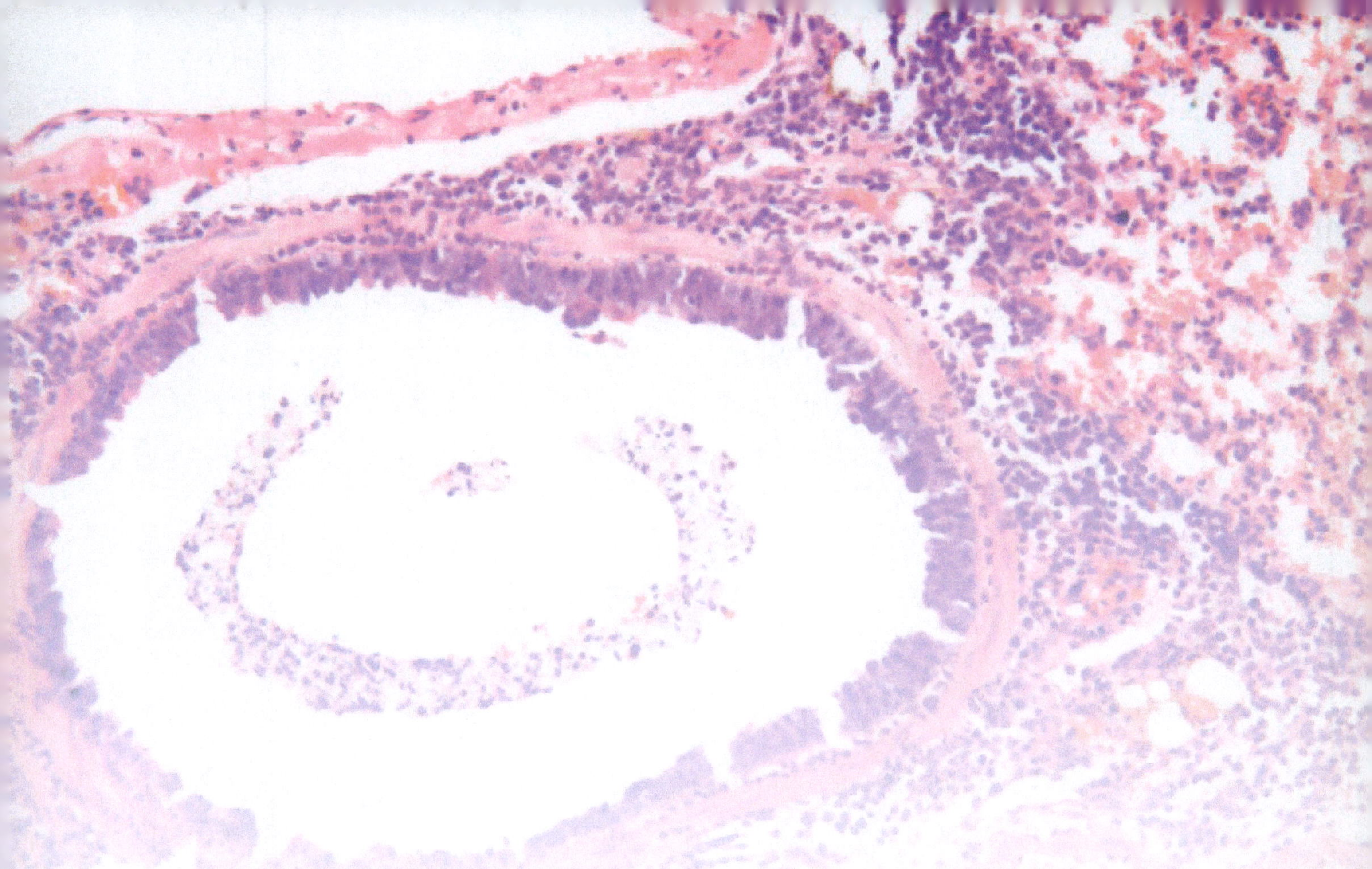

第1章

实验动物微生物、寄生虫质量监测导言

实验动物质量取决于其遗传和微生物、寄生虫的有效控制，在遗传稳定的品系、品种中，随时可能发生的微生物和寄生虫污染，是影响实验动物质量的主要因素，也是影响、干扰动物实验的主要原因。另外，为了保障从业人员的职业安全，保护实验动物福利，需要对实验动物的微生物和寄生虫等引起的感染性疾病加以监控。本章就实验动物质量监测的目的和意义，实验动物的日常监督和管理，微生物与寄生虫检测计划，以及实验动物质量检测的程序和方法等做一概述。

第一节　实验动物质量监测的目的和意义

一、实验动物的范围

实验动物是指根据科研需要对动物进行遗传质量控制而培育成特定的品系或品种，并对其携带的微生物、寄生虫进行有效控制的一类动物。也就是指人工饲育的有清楚的遗传背景（即品系和品种）和微生物学、寄生虫学背景（即体内病原微生物、寄生虫的携带状况）的用于实验目的的动物。这是“实验动物”狭义的概念。常见的实验动物有小鼠、大鼠等啮齿动物和家兔、猴等。

另一个常见的概念为实验用动物。此概念多是指根据科研需要而使用的各种动物，主要是农用动物、野生动物，它们在遗传上多处于自然物种的状态。但对危害动物健康的病原及人兽共患病原也需要进行控制。常见的实验用动物有猪、马、牛、羊、鸡、鸭、鱼、布氏田鼠、沙鼠、雪貂、土拨鼠、蝙蝠及媒介生物等。

随着科学技术的不断发展，更多种类的动物应用于动物实验，因此所有应用于科研实验的动物都应该看作实验动物，也即广义的“实验动物”。

二、实验动物的 SPF 等级

实验动物自身携带的微生物通过人工培育技术可以得到控制，在某些动物种群中，我们可以排除一些病原微生物。SPF 动物，是无特定病原体（specific pathogens free，SPF）的动物。但是出于不同的实验目的，需要排除的病原种类并不一致。

在一些教学实验中，我们对动物进行解剖观察。这一类实验我们对动物排除微生物和寄生虫的要求可限定于排除动物自身疫病病原及一些人兽共患的病原。例如，小鼠需要排除鼠痘病毒、淋巴细胞脉络丛脑膜炎病毒、沙门菌等。恒河猴首先需要排除人兽共患的结核分枝杆菌。猴自身携带的猕猴疱疹病毒 1 型（Cercopithecine herpesvirus type 1，BV）呈现潜伏感染状态，对猴的健康没有显著的影响，但是对人类却具有严重的危害。因此在实验中实验猴也需要排除 BV。

小鼠仙台病毒、小鼠肝炎病毒等一方面对动物的健康会产生影响，另一方面会干扰免疫学、肿瘤学等科学实验研究的数据。因此在进行此类科学研究时，需要排除此类病原。

当动物的免疫状态正常时，动物自身会携带一些微生物，它们对动物的健康状况没有影响，对于实验数据也没有影响。而当动物的免疫力低下，或是人为原因使动物处于免疫缺陷状态时，一些微生物会影响动物的健康状况，进而干扰实验研究。例如，绿脓杆菌和金黄色葡萄球菌是自然环境中存在的微生物，可被动物携带，对免疫功能正常的动物没有影响，而当动物免疫功能异常时，它们则有可能对动物致病。

如果能够完全排除实验动物携带的病原，使用此类动物进行科学研究的结果是否更可信呢？最特殊的例子是无菌动物。无菌动物可通过应用剖宫产等技术完全排除了自身的微生物。在体内无菌的条件下，机体的免疫系统处于未活化状态，因此其免疫等生理机能处于非正常的状态。当使用这些动物进行实验研究时，我们得到的数据其科学性大打折扣。国内外一些实验动物生产机构具备对目的病原完全排除的能力，可以提供排除目的微生物的实验动物，方便科研工作者进行选择。

因此，SPF 动物所排除的病原可根据动物自身遗传背景、免疫机能的状态、实验环境和实验目的及内容进行选择。不同的实验动物设施可个性化地确定 SPF 动物排除病原的种类。

我国为了提高国内实验动物的质量，更好地支撑我们的科研工作，1988 年出台了《实验动物管理条例》。根据国内外的实验动物微生物和寄生虫控制情况，制定了我国的实验动物微生物、寄生虫等级与监测的国家标准。在国家标准中确定了普通级、清洁级、SPF 级和无菌级四个等级，每个等级的动物中都规定了需要排除的病原，因此四个等级的动物均可看作排除了特定病原。在国家标准中的 SPF 等级只是对动物排除病原类型的一个特定的区分。随着实验动物学科的发展和从业人员对 SPF 概念理解的深入，SPF 等级的规定将会具体化、个例化。科研人员可以根据自己的实验目的规定需要排除的病原微生物。

不同地区、不同机构在确定控制标准时，每个设施可根据自己的实际情况选择采用某些标准，或是自行制定排除病原的名录。

三、实验动物进行质量监测的原因

实验动物质量，首先是实验动物的遗传稳定性，这是保证动物实验科学性的一个前提因素。在控制好实验动物遗传稳定性的前提下，我们就需要重点关注实验动物携带微生物和寄生虫的情况。对于实验动物携带微生物和寄生虫的控制是保护实验动物福利的要求；此外，对于实验动物携带的人兽共患病原的排查也是对从业人员职业保护的要求；更为重要的是，实验动物携带的一些病原微生物可能会对实验动物的生理、免疫等机能产生影响，干扰相关的动物实验，影响实验结果。因此需要对实验动物进行微生物和寄生虫的质量监测。

实验动物微生物和寄生虫质量的保障，主要依赖于实验动物设施的有效管理。其中良好的实验动物日常临床监护和实验动物微生物与寄生虫的常规检测是最为重要的措施。实验动物微生物、寄生虫质量监测的意义和作用可概括为以下几个方面。

1）控制动物群体的感染风险：定期检测实验动物微生物、寄生虫情况，当发现动物群体中存在感染风险因素时，可以及时采取措施，防止动物群体中的感染因素的传播，进而保障动物的质量。

2）维持实验动物的等级质量：定期检测实验动物微生物、寄生虫，对选择性排除、控制的病原微生物及寄生虫进行监测，确保动物符合等级要求。根据定期检测实验动物微生物、寄生虫结果，判断动物等级，以及是否符合原有级别。

3）动物自身感染性疾病的研究与控制：在检测过程中，动物的疾病状态可与其他类似病原感染相关，这为确定检测项目提供了依据。

4）确保从业人员的职业健康：定期检测实验动物微生物、寄生虫，了解污染情况，特别是人兽共患病原，及时采取防范措施，可避免人员感染。

5）确保药品、生物制品的产品质量：实验动物或其衍生物多用于药品、生物制品的生产。实验动物作为活的生产载体，定期对其进行实验动物微生物、寄生虫检测，排除和控制病原微生物及寄生虫感染，才能保证实验动物质量，从而确保利用实验动物生产的药品、生物制品的质量。

四、实验动物病原体的致病性

根据实验动物病原体对其自然宿主、人和其他动物的致病性，干扰生物医学研究或污染肿瘤移植物和生物制剂的严重程度，可将其致病性分为以下几种类型。

1）对自然宿主、人和其他动物均有较强的致病性，属人兽共患的病原，如狂犬病病毒、淋巴细胞脉络丛脑膜炎病毒、沙门菌、志贺菌、结核分枝杆菌、致病皮肤真菌及弓形虫等，动物感染后可有明显的临床症状，更重要的是动物携带这些病原可能有感染从业人员的风险。

2）对自然宿主致病性强，常引起暴发流行，甚至毁灭整个动物群，如鼠痘病毒、兔出血症病毒、多杀巴氏杆菌、鼠棒状杆菌、泰泽病原体等，动物感染后具有明显的临床症状。

3）对自然宿主致病性弱，但可传染给人引起致死性感染，如猕猴疱疹病毒1型（BV）、流行性出血热病毒，动物症状不明显，感染人后导致严重疾病。

4）对自然宿主无致病性，但可引起其他动物的致死性感染，如松鼠猴疱疹病毒感染狨猴可产生致死性淋巴瘤，一般没有明显的临床症状。

5）对自然宿主有一定的致病性，可引起疾病流行，影响动物健康，并对研究工作产生严重干扰，如小鼠肝炎病毒、仙台病毒、鼠支原体等感染，有时有明显的临床症状，但更多时候动物临床表现不明显。

6）对自然宿主、人和其他动物均无明显致病性，但可污染生物制剂、肿瘤移植物和细胞培养物等，如鸡白血病病毒、猴病毒 40 等，动物感染往往无明显的临床症状。

还有一些新发现的病原微生物，它们对于一些特定的免疫缺陷动物有致病性，如小鼠的诺如病毒。但这类病原对免疫功能健全动物的健康没有显著影响，对于科学实验的影响有待进一步的研究。

第二节　实验动物的日常监督和管理

实验动物质量控制，包括实验动物自身遗传质量的稳定性，动物生长的环境条件和营养状况，以及体检、动物疾病诊治等健康管理措施。

为了保障实验动物自身的质量，管理部门需要制定质量监控计划。实验动物质量监测的相关内容包括实验动物的遗传稳定性、实验动物的微生物和寄生虫携带情况、实验动物设施的控制情况、实验动物摄食摄水的质量，以及从业人员的健康等。

一、实验动物的遗传质量

常用的实验动物，其繁育需要遵循一定原则，如近交品系，其个体间的遗传差异性较小，但在长期繁殖过程中可能会出现遗传漂移；近交品系多采用近亲繁殖的策略，若管理不善可能会向纯系动物中引入杂合的风险，此时动物的遗传质量的均一性会受到影响。封闭群动物采取了群内远交的繁殖策略，当繁育管理不善时，封闭群动物就有了近交的风险，也会影响其自身质量。因此动物设施的管理者需要制定遗传质量的监控计划。

在对实验动物的遗传背景进行监控时，应该注意基因工程动物和免疫缺陷动物机体的免疫状态。当动物的某些重要基因发生改变时，其机体免疫力也会受到影响，出现一些免疫缺陷动物。对这些动物进行质量控制时需要特别注意。因为其免疫机能不健全，对于普通动物不造成影响的微生物，如一些环境微生物，在此类免疫缺陷动物中就会造成致病性感染。免疫缺陷动物可能缺乏体液免疫，在之后进行微生物和寄生虫检测时，此类动物就不能采用免疫正常动物所采用的血清学检测方法。因此在进行基因工程动物的遗传质量控制时，要明确其免疫相关遗传基因的情况。用遗传质量控制技术对各种动物的免疫力进行确认，指导后续微生物和寄生虫检测，建立准确的检测技术方案。

二、实验动物设施环境的质量控制

实验动物的微生物和寄生虫的质量控制，是通过设施设备将动物的生长环境与外界环境进行分隔而实现的，如我们目前普遍使用的屏障设施和隔离设施设备。这些设施设备是将动物的饲养环境与外界的感染风险因素相隔离，从而实现对实验动物自身微生物和寄生虫的有效控制。因此需要对设施设备进行有效管理及监测。

实验动物生活在有效管理的设施内，与其接触的人员和物品都是可能的污染源，因此对于从业人员的管理，以及对于进入设施物品的管理都是质量管理的组成部分。

图 1.2.1 所示为一个简化的动物饲养设施。该设施有 3 个出入口。进入该设施的物品如果可以耐受高压湿热灭菌，应经过高压湿热灭菌器进入动物设施，进入的物品可以暂存于洁物储存室。有些物品不能耐受高压湿热灭菌，需要采取其他的消毒或灭菌措施。例如，拖鞋等可采用化学药剂进行浸泡消毒；而动物的饲料多采用 γ 射线进行灭菌处理，包装后经表面消毒转移至动物设施内。动物设施的传递窗多设有紫外线消毒灯，可以对小件物品进行表面消毒。有些传递仓设有雾化消毒装置，可以对一些适用物品进行消毒。

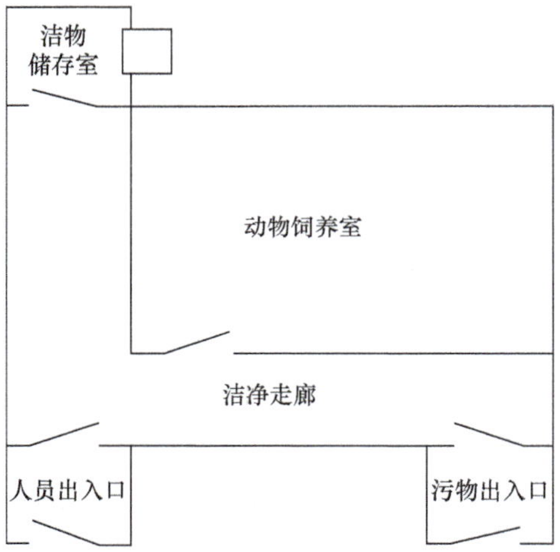

图 1.2.1　简化的动物饲养设施

而人员进入设施前需要进行消毒和适当的防护，经人员出入口进入。此时的防护是双向的：防止人员的感染因素与设施内动物的感染因素交叉感染，既是对人员的保护，更是对动物的保护。

动物饲养产生的废弃物通过污物出入口运出设施。动物的进出在不同设施中要求不同：有些设施动物是经过胚胎移植净化进入的，有些设施动物要经过检疫隔离，之后进入大的设施。在图 1.2.1 中动物的出入口未做标识。

可以灭菌的物品可经过灭菌进入，而人员、动物等出入时感染风险的控制就需要依靠气体的流向和缓冲设置。在该设施的气压梯度示意图（图 1.2.2）中，我们可以看到动物饲

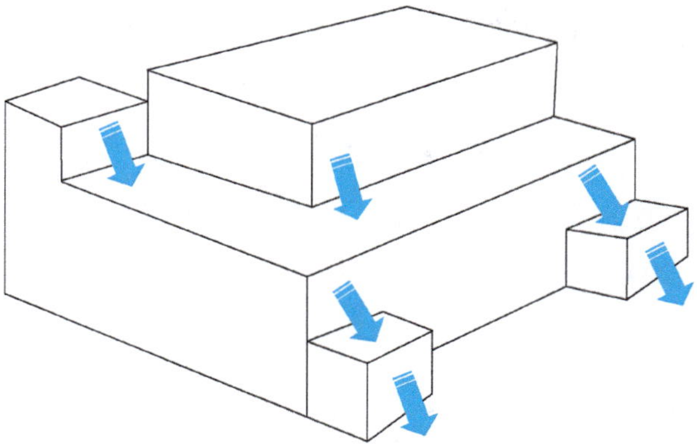

图 1.2.2　气压梯度示意图

养室的压力最高，高于走廊，这时低气压来源的感染因子很难逆压力梯度进入饲养室。各个压力梯度的设置，可一层层将感染风险控制在动物饲养设施之外。

实验动物设施内与微生物和寄生虫质量相关因素的检测组成（图 1.2.3）是管理人员在进行质量管理时需要考虑的内容，管理者需要根据具体情况进行计划。以设施设备监测作为感染风险控制的有效措施（图中虚线所示范围），对于外界感染风险因素进行识别和控制（人员及进出物品），并关注实验动物的遗传稳定性，以及动物的营养等。

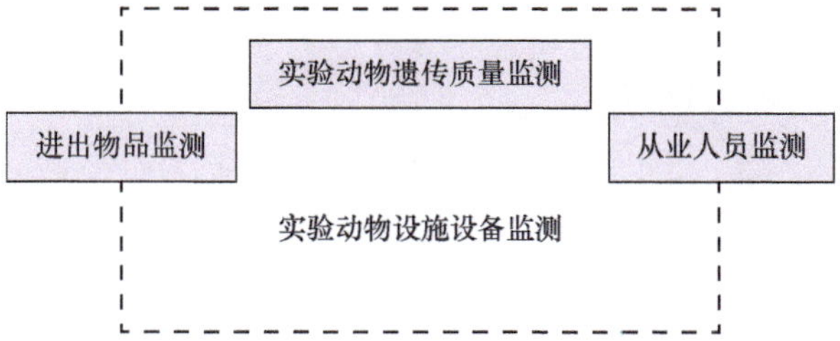

图 1.2.3　实验动物设施内与微生物和寄生虫质量相关因素的检测组成示意图

三、实验动物的健康监测

除了上述内容，我们还应针对微生物和寄生虫进行重点的监测。主要包括实验动物的日常管理（临床监护）、周期性常规监测及异常动物的诊断性检测等。

实验动物的日常管理，除为动物提供饮食、定期更换垫料外，还应对动物的临床状况进行观察和记录。观察项目包括动物的摄食摄水量有无变化；动物自然状态下查看动物被毛外观，如有无竖毛、异物、脱落、破损和被毛颜色及性状改变等现象；观察动物的活跃度，是否存在行动障碍，有无持久弓背、震颤等现象；观察动物头部、眼睑、肛门、外生殖器、尾部、四肢等有无异常。如发现异常，应对异常进行记录并作后续处置。

实验动物感染性疾病的典型临床症状对检测有十分重要的指导意义，可以通过临床观察到的实验动物的外观健康状况而判断感染的存在。有经验的实验动物医师会根据动物临床表现及感染性疾病的特点进行初步的判断，并为实验室检测提供建议。需要注意的是，随着饲养条件的改善，以前出现的典型临床症状，如今携带病原动物的症状往往不明显，甚至无明显表现。因此实验动物医师应加强临床巡视，及时发现细微变化。

针对实验动物的周期性常规监测是针对病原潜伏感染、低水平污染、散发形式存在的有效监控措施。不同动物设施应根据各自的情况制定相应的检测计划。在周期性检测中发现病原感染风险存在时，有必要对感染群体进行诊断性检测。而在动物的日常临床监护或者在周期性常规监测中发现异常时，就需要对异常动物群体进行诊断性检测。参见实验动物微生物和寄生虫质量控制流程图（图 1.2.4）。

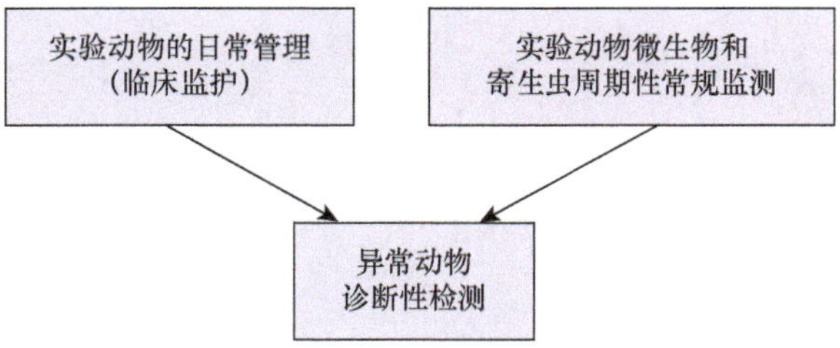

图 1.2.4 实验动物微生物和寄生虫质量控制流程图

第三节 微生物与寄生虫检测计划

一、检测计划制定的参考因素

1. 检测的目的

对实验动物进行微生物和寄生虫检测，需要考虑的因素有很多。首先应明确检测目的，是设施内发现了有感染症状的动物，还是最近一段时间该地区发生了某种传染病流行，需要排查？或者仅仅是周期性地进行常规病原微生物检测？

如果是动物发生了疾病，此时实验动物医师的意见就非常重要。实验动物医师将会根据自己的经验进行初步判定，例如，发生外伤，动物之间存在打斗，这可能与动物自身饲养密度等因素相关，也与动物自身的遗传背景、饲养环境条件相关。在了解了基本信息后，实验动物医师做出判断。如果怀疑是微生物或是寄生虫感染时，可以根据病症对怀疑病原进行检测。

如果是发生某种地域性疾病流行，针对这种情况，可对实验动物的进出加强监管，必要时增加设施内病原检测的数量和频度。而如果进行常规周期性的检测则需根据自身需要制定检测计划。

2. 实验动物自身背景

在制定检测计划时，应该考虑设施内实验动物的背景。这里所说的背景不仅包括其遗传背景，也包括其既往的病原检出史。不同遗传背景的实验动物对各类病原的易感性不同。既往病原检出的历史有助于我们制定检测频率和检测数量的计划。

3. 确定微生物和寄生虫控制的最小单元

理论上讲，一个实验动物饲养单元就应该作为一个群体进行抽样。什么是实验动物饲养单元呢？实验动物饲养单元就是实验动物饲养生活所在的空间与管理相对独立的单元。其独立性体现于空间独立，动物的管理，包括接触人员、物品等与其他单元分离。例如，一个屏障设施，尽管在内部有多个房间，但动物、人员、设备等可在不同房间自由交流，该设施整体应作为一个实验动物饲养单元。而一个隔离器，与外界隔离，应看作一个实验动物饲养单元。一组独立送风笼具（IVC），动物之间有水平转移和接触的可能，应看作一个实验动物饲养单元。而一个单独的 IVC，经严格的无菌操作管理，也可看作一个实验动物饲养单元。

如果在一个设施内同时饲养着几种不同品系的动物，需要时，这些动物应该作为不同的单元分别制定检测计划。

二、检测动物数量

1. 为何要抽样检测

理论上讲，任何的抽样措施都会造成遗漏，对于实验动物携带病原体的检测来说，这种遗漏可能造成动物疾病的流行。因此最理想的检测水平是对所有的动物均进行检测。但是由于检测方法和检测项目的要求，对于大部分啮齿动物的微生物和寄生虫检测需要牺牲动物来进行，这样对所有动物进行检测是不现实的，因此需要对被检群体进行抽样。

2. 微生物和寄生虫检测抽样需要考虑的因素

在一个大的抽样群体中饲养的动物品系可能不同，而不同品系的动物对于特定病原的易感性也不一样，因此在抽样时就需要考虑到同一单元内不同品系的代表性问题。此外，动物的性别、年龄会有差异，动物的这些不同与自身携带病原的情况都有相关性。因此在进行抽样时，要考虑到所有影响抽样代表性的因素。

除了上述因素，抽样的数量与病原流行的水平直接相关。如果某一病原在一个群体中的流行率高达 100%，在检测方法足够灵敏的前提下，抽取一只动物检测就可以发现该病原的存在，但是如果不是 100% 流行，抽样时，抽样数量就与结果的可信度相关。ILAR 二项式公式（binomial formula）将结果的置信水平（confidence level）、感染率（单位为 %）与抽样数量的关系进行了基本总结：

$$抽样数量 = \frac{\log_{10}(1-置信水平)}{\log_{10}(1-假定感染率)}$$

按照这个公式进行推算，如果一个病原的假定感染率为 50%，为了达到 95% 的置信水平，在动物群体中采样的数量需要达到 5 只；如果一个病原的假定感染率为 10%，为了达到 99% 的置信水平，在动物群体中采样的数量需要达到 44 只，否则会有漏检的风险，如表 1.3.1 所示。

表 1.3.1　不同假定感染率，不同置信水平动物采样数量

假定感染率 /%	置信水平		
	95%	99%	99.9%
10	29	44	66
20	14	21	31
30	9	13	20
40	6	10	14
50	5	7	10

上述测算是基于动物的群体数量在 100 只以上，病原在群体中感染完全随机，并且完全随机采样的情况下进行评估的。

上述的抽样是一种理论的测算，当测算前提不满足时，也就是出现非随机的因素，或是动物的复杂度更高时，需要进行具体分析。进行微生物和寄生虫的抽样检测，其目的是调查群体中病原的感染水平，这种抽样的成本虽高，但是与动物病原控制的风险比起来还是值得的。

不同机构也可以根据自己设施的既往病原流行情况制定相应的抽样检测计划。除了抽样数量，检测频率也是制定计划时需要考虑的一个重要的因素。

对实验动物进行微生物、寄生虫检测需要限定动物样本的最低数量。取样数量越少，代表的真实情况越少，容易造成漏检；而取样数量过多，容易造成动物，特别是稀有动物或特殊动物的损失。每个小鼠、大鼠、地鼠、豚鼠和兔的生产繁殖单元，以及每个犬、猴生产繁殖群体及哨兵动物，根据动物多少，规定取样数量。我国的实验动物国家标准《实验动物　微生物学等级及监测》（GB/T 14922.2—2011）对检测数量给出了一个最低数量的建议，各个机构可根据自己的情况确定抽样数量。

三、检测频率选择

微生物质量控制的难点是动物繁殖的动态过程，要求有足够数量的动物，根据病原感染特性要求检测有一定的频率。动物的检测频率与动物病原感染的消长规律有关系，也与该病原的流行水平相关。

1. 检测频率与病原及病原相关抗体的消长规律

动物感染病原后，病原在动物体内复制，之后动物机体的免疫系统会被调动，产生免疫应答，病原的扩增会得到控制，而机体的免疫反应也会加强，可能出现相应的抗体。我们的检测方法既包括针对病原的检测，也有针对动物自身免疫应答的检测。不同的方法都有一定的检测时限。

如果一种病原感染发生得很快，在短时间内，如一周的时间内就被免疫系统清除了，如果我们的检测频率设定高于 2 周，在这个周期内的感染使用针对病原的检测技术就有可能被漏检。而血清学检测技术主要针对动物的免疫应答，动物一旦产生相关病原的抗体，针对该病原的抗体就可以在动物体内维持相对较长的一段时间，因此针对病原抗体进行检测的时间范围就比较宽泛了，如图 1.3.1 所示。

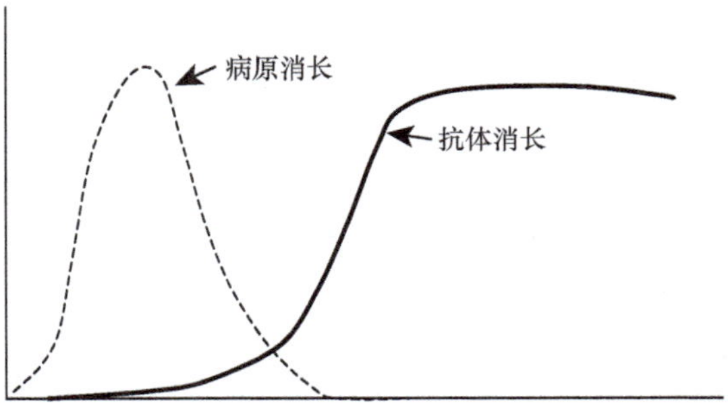

图 1.3.1　实验动物感染病原与抗体消长规律示意图

2. 检测频率与病原流行水平

如果一个设施内在既往的检测历史中某种病原的发生率极低，甚至没有，该设施所在地域在过去的一个较长时期内该病原都没有流行情况发生，根据这些情况，可以预判，该病原在该设施中出现的概率非常低，因此可以适当降低该病原的检测频率。例如，欧洲实验动物科学联合会（FELASA）在 2014 年发布的针对啮齿动物的检测项目建议中，对于仙台病毒的检测频率降低到每一年检测一次。而有些病原，在该设施有过检出，或是在该地域范围有流行的趋势，这样的病原需要适当提高检测频率。

我国的实验动物国家标准中对于检测频率也提出了建议。例如，实验动物微生物、寄生虫质量检测的频率规定为：普通动物，每三个月至少检测动物一次；清洁动物，每三个月至少检测动物一次；无特定病原体动物，每三个月至少检测动物一次；无菌动物，每年检测动物一次；每 2 ～ 4 周检查一次动物的生活环境标本和粪便标本等。这些建议，可以根据自己设施的情况进行相应的调整。

四、检测机构的选择

我国在20世纪末启动了国家实验动物质量监测网络建设，国家“九五”期间启动建设了一批国家级和省级实验动物质量检测机构，形成了我国实验动物质量监测网络。这些实验室一方面开展相应的检测技术服务，另一方面也在为我们国家实验动物的质量检测提供技术支撑，其专业技术能力强，达到相关机构认证、认可资质的要求，检测质量有保障。随着我国实验动物行业的发展，近年来国内有越来越多的检测实验室向独立的第三方检测机构发展，更好地服务于实验动物质量检测的市场需求。

第四节　实验动物质量检测的程序和方法

一、检测程序

1. 确定检测样品类型

涉及微生物和寄生虫的实验动物质量检测，采集的样品可以是设施环境样品，如动物的垫料、排泄物等。这些样品的检测可以间接反映实验动物病原携带情况。为了更好地反映实验动物自身的病原携带情况，需要针对活体动物进行采样。大型动物，可以采集动物的血液、皮毛及口咽拭子等进行检测，而啮齿动物，如大鼠、小鼠，多需要进行活体送检，牺牲动物进行检测。

2. 确定检测项目

周期性的检测，可参考我国实验动物国家标准中对不同动物的微生物和寄生虫检测项目进行，或是根据设施的情况增减检测项目。而非周期性的检测，可以遵照实验动物医师的要求进行检测项目的选择。

实验动物微生物和寄生虫的检测应包括动物的外观指标、病原菌指标和病毒指标，同时要求同步进行寄生虫检测。

3. 活体动物样品的抽样与运送

动物饲养设施需要按照制定的检测计划对设施内的动物进行抽样。在一个大的设施内，要考虑到不同房间、不同笼架位置感染病原风险的差异，因此需要对不同位置的动物分别进行抽取。在提供的样品送检单上要体现该样品的相关信息，包括品系、等级、数量和检测项目等。这些信息将被提供给检测实验室，以便其根据要求进行检测。若技术人员对信息存在疑问，可提出相应的建议。如果使用哨兵动物，哨兵动物的放置和模拟感染方式等也需要进行说明。

将活体动物样品从饲养设施运送至检测实验室，需要遵守相应的规则。如选择合适的交通工具，根据路途的长短对交通工具的要求也不一样。若需长时间运输，需要为动物提供食物和饮水，并保证其生存环境的温度和湿度。来自屏障设施的动物需要进行无菌包装，包装一方面要保证其与外界环境的隔离，另一方面要保证动物的呼吸换气需求。

根据上面的基本要求，在送检动物时需要填写送检表，下面给出了一个送检计划表的示例。

实验动物送检计划表

项目编号		
1	送检单位	
2	送检日期	____年____月____日
3	送检原因	常规健康监测（ ） 患病动物检测（ ）
4	动物种类	大鼠（ ）小鼠（ ）其他____
5	品系	
6	动物级别	
7	单元代码	
8	样品类型	活体（ ）血液样品（ ） 粪便（ ）其他样品____
9	动物年龄	
10	样品数量	
11	检测内容	清洁级必须检测项目（ ）
		清洁级必要检测项目（ ）
		SPF 级必须检测项目（ ）
		SPF 级必要检测项目（ ）
		其他选定项目________

表格填写说明：1. 送检单位预先与检测实验室沟通，填写实验动物送检计划表。2. 如送检活体动物样品，可能涉及动物的麻醉等操作，需提前与检测实验室确认送检计划。3. 填表时应明确送检原因。4、5. 表明动物的遗传背景。6. 动物级别指国家标准中动物的微生物和寄生虫级别，如清洁级和 SPF 级。7. 动物活体样品应根据单元分开包装，并使用动物运输盒无菌包装，在盒外标注动物样品信息。其他类型样品，与检测实验室确定运输条件。8. 据实填写。9. 常规健康监测应检测成年动物。10. 据实填写。11. 常规健康监测可根据动物级别和检测周期选择国家标准建议的项目。需要时实验动物医师可以在国家标准基础上删、增项目。患病动物的检测内容由实验动物医师选定，不受国家标准级别的限定。

送检单位按照约定时间送检动物样品，检测实验室对送样进行核对后，开展工作。

4. 检测实验室对动物的核查

实验动物活体样品按照约定时间送抵检测实验室后，接收人员需要与送检人员对活体样品的数量及包装的完整性进行确认。

若外包装有破损，有可能影响检测结果。确认外包装及标识完整后，在采样间打开活体动物外包装，对动物的数量、毛色等外观状态与送检单做对照核验。发现不一致或异常情况时，及时告知样品接收人员。对动物健康状况做初步判断，如有无外伤等。

5. 实验动物活体样品采集基本程序

按照动物外观检查→体外寄生虫样品采集→血液样品采集→体外真菌样品采集→体内细菌及寄生虫样品采集→大体病理观察的顺序进行实验动物的微生物和寄生虫检测样品采集。实验动物质量（微生物与寄生虫）检测流程见图 1.4.1。

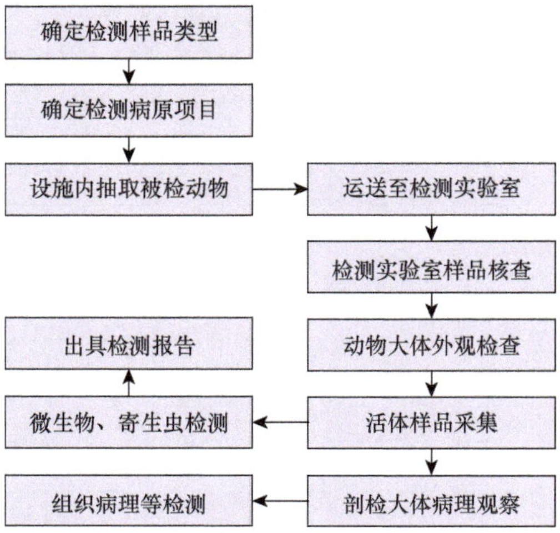

图 1.4.1 实验动物质量（微生物与寄生虫）检测流程

1）外观被毛观察。在动物自然状态下查看其被毛外观，如有无竖毛、异物、脱落、破损和被毛颜色及性状改变等现象。戴检查手套拿起动物，观察动物腹部皮毛有无异常，如有异常进行记录。

2）动物形体观察。动物自然状态下观察动物的活跃度，是否存在行动障碍，有无持久弓背、震颤等现象，若发现异常按实际情况记录，需要时留影像资料。观察动物头部、眼睑、肛门、外生殖器、尾部、四肢等处有无异常，若发现异常，做好记录，拍照留影像资料。上述过程中如发现病变部位，需对病变部位采样做后续检测。

3）次级样品采集。按照检测程序规定的顺序先后进行如下样品采集。

（1）体外寄生虫样品采集。

（2）血液样品采集。

（3）体外真菌样品采集。

（4）体内细菌及寄生虫样品采集。

4）大体病理观察。对动物进行剖检时，按照大体病理观察的要求，观察动物皮肤及皮下组织有无病变；观察腋下、腹股沟、颈部的淋巴结有无肿大；观察胸腺、肺脏、心脏、肝脏、胰腺、胃、肠、肾脏、生殖腺、泌尿系统等的大小和颜色等。发现异常时进行记录。

大体观察，以肉眼为主，必要时辅以放大镜、量尺、称量工具等。对动物的外观，各组织器官的形状、大小、重量、质地、色泽、表面及切面的形态、与周围组织的关系等都要做细致的观察、测量、取材和记录，必要时要留取影像资料。

病理观察方法因疾病种类、器官系统的不同而异，但有一些总的原则可供遵循。观察顺序一般为：可视黏膜、被毛、表皮、皮下、腹腔脏器、盆腔脏器、胸腔脏器、颈部、头部、脊髓。

对于肺脏、肾脏等有“门”的器官，要对着“门”切开进行观察；胃肠道、输尿管等空腔脏器，在系膜的对侧剪开；单纯性肿块以最大面切开；心脏顺血流方向剪开。

实质器官检查顺序为：被膜、实质、腔道和血管、其他附属器官。空腔器官检查顺序为由内向外，例如，对胃肠道进行观察时的顺序为腔内容物、黏膜层、黏膜下层、肌层、浆膜层、肠系膜、大网膜。

5）异常情况处置。上述检查中如发现异常，需要时报请实验动物医师，进行疾病诊断。可按照兽医要求进行相关检测，需要时进行血液学、影像学、组织病理学检查。之后进行微生物和寄生虫检测。

二、检测方法的选择

随着实验室检测技术的发展，用于实验动物微生物、寄生虫检测的各种实验方法也在增加。实验动物微生物、寄生虫检测方法依感染动物的生物学特性不同而有所不同。基本的检测方法分为病原学方法和血清学方法两类。

病原菌目前仍以分离培养鉴定为主，病毒以检测抗体血清学方法为主，寄生虫以镜检为主。细菌病原学检测方法多为细菌分离培养、聚合酶链反应（PCR）方法；也有血清学方法用于检测抗体，如对泰泽病原体的检测，就使用血清学方法检测其特异性抗体。病毒检测一般不容易检测病原体，通常采用血清学方法，通过检测特异性抗体了解病毒感染情况，也有血凝实验、PCR 方法等用于病原检测。寄生虫检测包括病原体检测，有时也用血清学方法进行抗体检测。

在检测方法的选择上可参考上述经验。目前国内的检测实验室多采用实验动物国家标准 GB/T 14926.1 ～ GB/T 14926.64 推荐的方法进行检测。目前中国实验动物学会发布了许多新的检测技术标准。病原感染是动态过程，检测方法的选择可根据实际需要进行组合。

每种检测方法都有其敏感性和特异性。实验动物微生物质量监测的目的是发现可能存在的病原污染，任何特异、敏感、稳定的方法均可用于检测。一般初次筛选多选用酶联免疫吸附试验（ELISA）和多重免疫荧光试验（MFIA），复检可选用免疫荧光试验（IFA）、免疫酶试验（IEA）、血凝抑制试验（HIT）和免疫印迹试验（WB）等方法。血清学检测存在感染潜伏期、早期、窗口期因抗体滴度低而漏检的可能性，因此核酸检测如 PCR 等方法是对血清学检测的良好补充。

三、检测报告的解读与后续处置

1. 检测报告的解读

检测机构出具的检测报告上会有以下主要信息，如该检测机构的资质，以表明该机构所拥有的检测能力是否得到了质量认证和实验室认可；报告的编号，具有唯一性，进而表明了这样一份报告的效力和合法性。

报告的正文部分会明确以下信息，如样品名称、送检单位、样品状态、样品批号、样品数量、送检日期等。需要明确检测项目和检测依据。这些信息可约定执行。

实验动物微生物和寄生虫的检测报告中会对每一份送检样品约定的检测项目出具阳性（检出）或阴性（未检出）的结论。在一份报告中出现这些结果该如何理解呢?

假如一份报告中所有样品的所有检测项目均为阴性，是否该设施中的所有动物都不携带这些病原呢?

因为我们对于实验动物的检测进行了抽样，抽样本身就具有一定的风险，当没有阳性检出时，可以表明被抽到的动物携带病原的风险很小，但是没有被抽到的动物仍有携带病原的风险，只是这种风险抽样评估的风险较低。

任何一种检测方法都有其检测的灵敏度，或是检测的下限。低于检测限的病原是无法检出的。因此，对于设施内病原存在的风险仍要警惕。

如果我们送检了同一单元的 10 只动物，只有一只动物检测出某一种病原阳性，是否可以理解为这个单元该病原的感染率为 10%?

不能这样理解，仍然是根据抽样的原理，如果该病原在这个设施有检出，这个设施中该病原携带的风险就比较高，应该引起足够的重视。

2. 后续处置

在检测到实验动物的微生物、寄生虫污染后，应根据病原种类和动物情况进行适当处置。一般原则如下。

1）病原发生感染率高，属于动物烈性传染病或人兽共患病原的，应该淘汰种群；彻底进行环境、设施、设备的消毒灭菌，重新引种。

2）病原发生率低，属于导致动物严重疾病或能明显影响动物实验的病原，应该及时控制繁殖单元动物；彻底进行相关环境、设施、设备的消毒灭菌，经剖宫产等方法净化种群。

3）免疫缺陷动物或基因工程动物的哨兵动物若发现污染，如有可能，应确认被检测动物群体本身的感染情况。应严格控制此动物群体的饲养环境，防止污染扩散。进行评估后，分别进行彻底淘汰或净化以拯救种群。

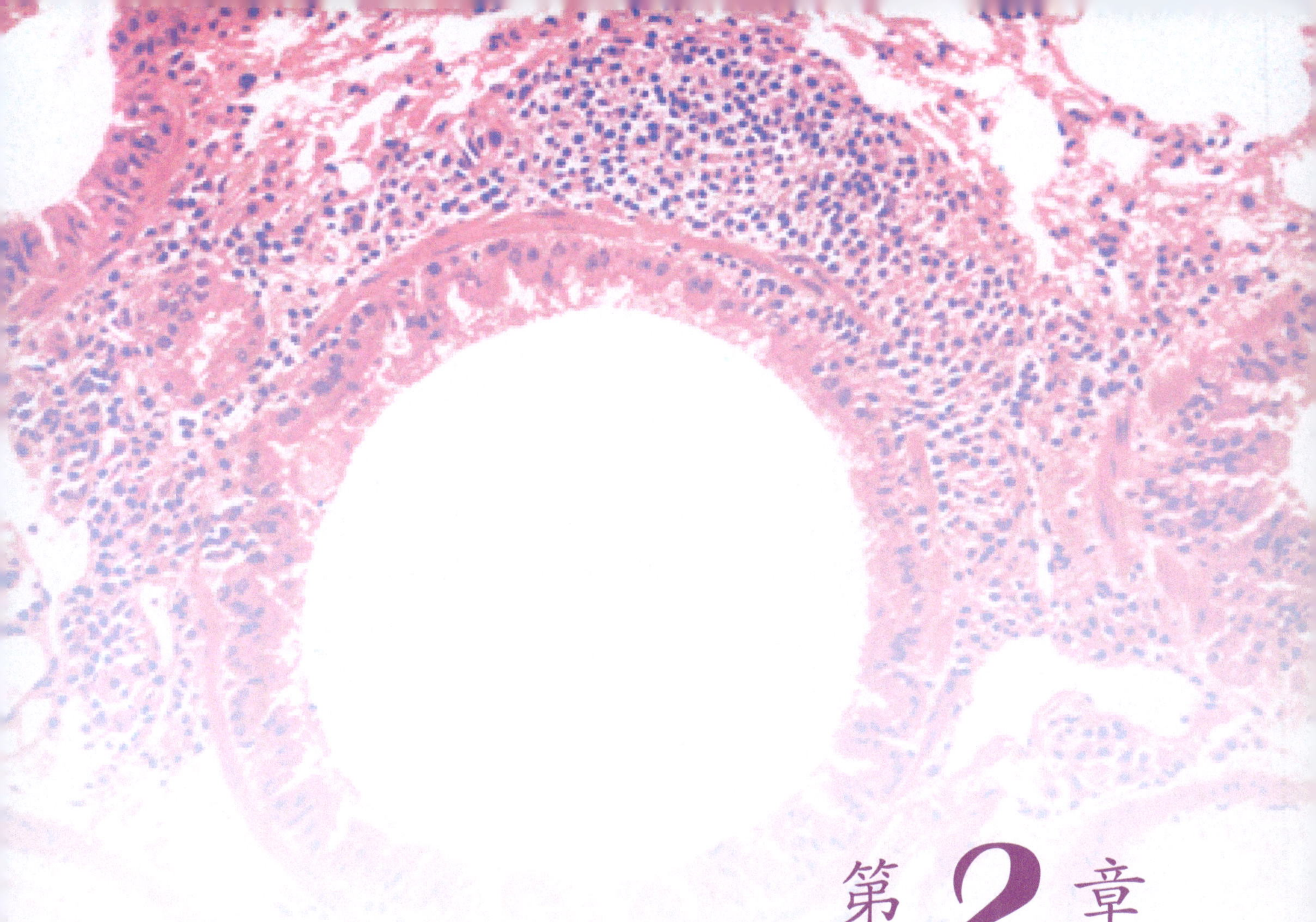

第2章

小鼠常见感染性疾病

第一节　小鼠脱脚病

病因

小鼠脱脚病（ectromelia）是由小鼠鼠痘病毒（ectromelia virus，Ect）感染引起的。鼠痘病毒感染能引起小鼠烈性疾病，是小鼠最重要的传染病原之一。现行的实验动物微生物国家标准中规定小鼠必须排除该病原。本病毒自然宿主为小鼠，不同品系小鼠的易感性有较大差异。

临床症状

小鼠感染该病原后，可表现为头面部肿大、眼睑炎、脚肿、断尾或脱脚（如图2.1.1所示），呈多组织、器官受损。在小鼠急性感染时动物可出现弓背，头部被毛粗乱，伴有结膜炎，可能出现种群全部死亡等急性症状。亚急性症状可见头部和背部的皮肤出现结痂样的皮疹，四肢末端、耳郭、尾端可发生坏死、坏疽而脱落。因此，该病变曾经被称为感染性四肢畸形（infectious ectromelia）。该病毒感染也可有非典型过程或隐性感染。

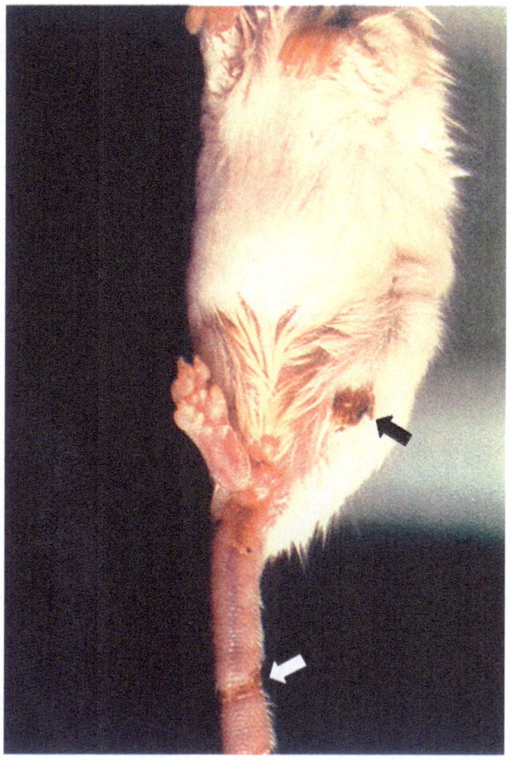

图 2.1.1　小鼠 Ect 感染外观改变

小鼠感染鼠痘病毒后，出现脚肿、脱脚（如图中黑色箭头所示）。
尾端可发生坏死、坏疽（如图中白色箭头所示）。

病理表现

大体解剖：小鼠脱脚病的病变分布非常广泛，体表及内脏均发生显著的病变。几乎全身各脏器均被累及，其中以脾脏、肝脏、淋巴结与皮肤的病变最重。皮肤病变见病鼠鼻面部肿大，眼睑炎，结膜炎，尾部皮肤表面出现小结节或红肿，溃疡糜烂，最后坏死脱落。急性病例脾脏缩小，病程较长者脾脏肿大 2 ～ 3 倍。脾脏表面散在大小不等的灰白色或淡黄色坏死灶，严重者呈融合性块状或全脾坏死。肝脏肿大，表面散在大小不等的灰白色或淡黄色坏死灶，外观呈花斑状，严重者整个肝脏坏死。

组织病理学：皮肤丘疹部表皮均有局限性增生并伴有上皮细胞肥大和空泡变性，皮下组织水肿、充血、坏死，局限性或弥漫性炎症细胞浸润，其中以淋巴细胞和单核细胞为主。病变区周围表皮细胞细胞质内可见 1 ～ 3μm 的嗜酸性包涵体（如图 2.1.2 所示）。此包涵体有时可达到 10μm 以上。皮肤表皮细胞细胞质内的嗜酸性包涵体是小鼠脱脚病的特征性病变。脾脏依感染轻重不同，可见局灶性或融合性、弥漫性坏死。肝脏见细胞变性、坏死，细胞质呈溶解状态，细胞核肿大，碎裂。肝脏坏死通常缺乏炎性反应，此为小鼠脱脚病肝脏坏死的一个特点，另一特点是在变性、坏死灶内或边缘的肝脏细胞细胞质中可见嗜酸性包涵体。肠黏膜可见出血性肠炎，派尔集合淋巴结（Peyer patches）可见坏死病灶。

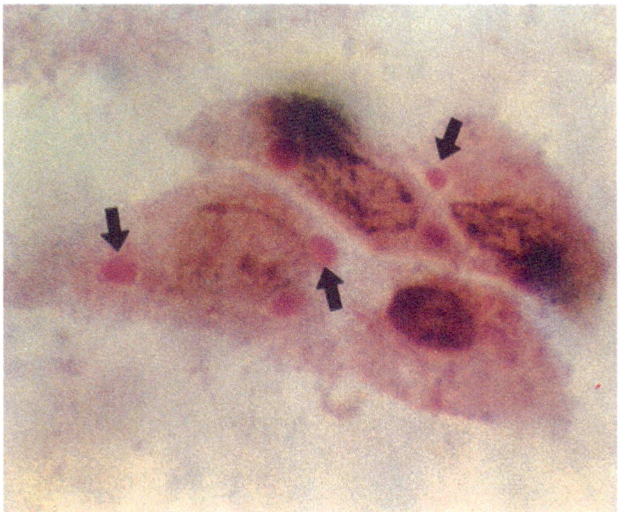

图 2.1.2　小鼠 Ect 感染皮肤上皮组织病理

皮肤丘疹部病变区周围表皮细胞细胞质内嗜酸性包涵体（如图中黑色箭头所示）。

实验室检测

Ect 在分类上属痘病毒科，脊索动物痘病毒亚科，正痘病毒属。核酸型为双股 DNA，病毒粒子呈卵圆形或砖形，直径 170 ～ 250nm。鼠痘病毒与痘苗病毒在抗原性上密切相关，采用中和试验和血凝抑制试验（HIT）可加以区别。该病原感染可根据上述临床症状做出初步诊断，确诊需要进行病毒学或血清学检测判定。传统使用组织病理观察包涵体和电镜观察痘病毒颗粒。取病鼠组织接种敏感细胞进行病毒分离或接种鸡胚绒毛尿囊膜观察痘斑形成也是经典方法。

血清学方法较为常用，可检出曾经可能发生过的隐性感染。常用方法有 IFA、IEA、HIT、ELISA 等。IFA 法特异性、敏感性高，特别对无明显临床症状的动物更适宜；但需特殊设备，不适用于大批量标本的检查，可验证其他方法的准确性。IEA 法目前应用广泛，操作简便、快速，可检测大批量标本。HIT 法简易快速，且对接种过疫苗的小鼠血清呈现阳性反应。一般 1 ∶ 20 血清稀释度阳性可判为阳性，但敏感性不高，现多不采用。ELISA 法近年来应用广泛，具有快速、简便、敏感的特点，可列为首选的血清学方法；缺点是能产生抗 DNA 抗体的小鼠血清，会出现假阳性。

动物感染病原后短时间不能产生抗体，所以仅使用血清学方法检测病毒抗体就存在缺陷。目前，很多国内外学者应用 PCR 方法对鼠痘病毒进行检测。此方法反应灵敏，对诊断小鼠隐性感染是一种敏感、有效的检测方法。

管理处置

因本病一年四季均可发生，多呈暴发流行，致死率较高，常造成全部种群淘汰，危害极大。所以，应建立严格的饲养管理、卫生消毒和操作规程。动物设施应严格控制人员出入，鉴于野生鼠群携带该病原的风险，必须防止野鼠侵入动物设施。蚊蝇等媒介生物有传播该病原的风险，应采取严格的控制措施。从外单位购入的小鼠，必须隔离检疫。遇有可疑病例应立即报告主管部门和使用部门。同时对鼠群进行检疫，停止流动。确诊后，对流行严重的鼠群采取全群淘汰，房舍及用具采取彻底消毒的措施。对与发病鼠群有接触或邻近的鼠群，应严格检查。

第二节　小鼠淋巴细胞脉络丛脑膜炎

病因

小鼠的淋巴细胞脉络丛脑膜炎由淋巴细胞脉络丛脑膜炎病毒（lymphocytic choriomeningitis virus，LCMV）感染导致。更为重要的是，该病毒为人兽共患的病原体，可以引起人类的感染，因此在我国的实验动物微生物国家标准中将该病原列为小鼠、豚鼠、地鼠等动物需排除的病原。其他一些动物也可以携带该病毒，如狨猴，感染该病毒后其出现肝脏病变。

临床症状

小鼠感染 LCMV 可表现为大脑型、内脏型和迟发型三种病型。大脑型：多数小鼠表现呆滞、嗜睡，不愿走动，被毛粗乱，眼睛半闭，弓背，消瘦，并常见结膜炎和面部水肿。特征性的表现是抓尾巴倒提时，小鼠头部震颤，肢体阵挛性惊厥，最终表现后肢强直性伸展。小鼠多在症状出现后 1 ～ 3 天内死亡。内脏型：感染小鼠表现被毛粗乱、结膜炎等症状，部分小鼠出现腹水。迟发型：患鼠表现被毛粗乱、弓背、体重减轻、蛋白尿、腹水、行为异常、生长缓慢、产仔减少、寿命缩短等症状。

病理表现

淋巴细胞脉络丛脑膜炎病毒因病毒株的不同而有很大的差异。感染小鼠可出现以下三种疾病表现。

大脑型：大体解剖观察可见胸腹腔中有浆液性渗出液；显微镜下观察，可见软脑膜和脉络丛出现轻微的单核细胞浸润，主要是处于不同转化时期的淋巴细胞，浸润的细胞很快增殖，6 ～ 9 天达到高峰。这种细胞密集于蛛网膜和各脑室的脉络丛中。

内脏型：LCMV 强毒株经腹腔接种成年小鼠，其主要表现为免疫病理现象。感染后 6 天，肝脏可见小叶性肝炎，并散布有嗜酸性细胞坏死区。浸润细胞包括淋巴母细胞、单核细胞、活化的库普弗细胞（Kupffer cell）、来源于肝窦状隙毛细血管的活化内皮细胞，以及罕见的多形核细胞和巨核细胞。感染后 7 天，肝脏细胞中糖原消失，脂肪变性加重。

迟发型：此型也称慢性免疫复合物型。肾脏的肾小球和脑的脉络丛受到的损害最为严重。也可波及滑膜、睫状体、血管壁及皮肤的真皮乳头层。浸润的细胞成分包括淋巴细胞、浆细胞和单核细胞。

实验室检测

LCMV 在分类上属砂粒病毒科，砂粒病毒属。病毒粒子呈圆形、卵圆形或多形性，直径 50 ～ 300nm，为单股 RNA 病毒。对乙醚和去污剂敏感，极不耐热，56℃ 20min 即可灭活。是人和多种动物共患的病毒病。小鼠、大鼠、豚鼠、仓鼠、棉鼠、犬、猴、鸡、马和兔均易感，在自然条件下仅感染啮齿动物，但只有持续感染的小家鼠和急性感染的金黄仓鼠才能传播病毒。另外，该病毒是非常重要的可移植的啮齿动物肿瘤污染物。血清学方法是最常用的检测方法，处理可疑淋巴细胞脉络丛脑膜炎病毒感染的动物血液时应非常小心，因为感染动物存在病毒血症的可能性。

可将病鼠的脑、肝脏等脏器制成的乳剂或血液接种易感的成年小鼠脑内，通常在接种后 4 ～ 5天发病，病鼠震颤、痉挛，随即死亡。取病死小鼠的肝脏组织制成冷冻切片，采用 IFA 或电镜方法检查肝脏细胞中的病毒。

可将病料接种敏感细胞观察病变，随后采用 IFA 证实细胞质内特异性病毒抗原的存在，或者直接采用电镜方法观察细胞培养物中的病毒。

血清学试验：通常采用补体结合试验（CFT）、IFA、IEA、ELISA 和免疫吸附血凝测定（IAHA）等方法检测 LCMV 抗体（如图 2.2.1 及图 2.2.2 所示）。

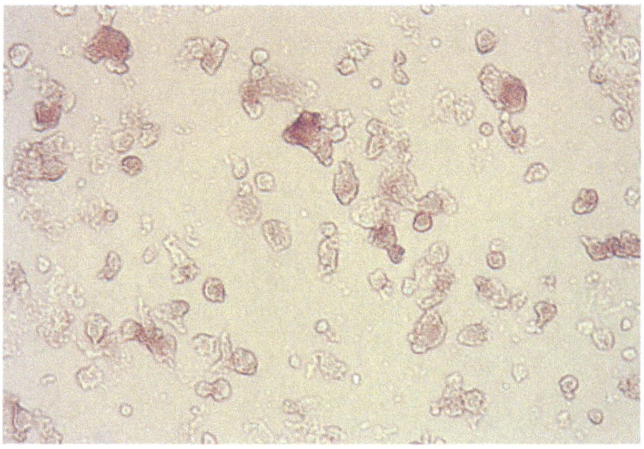

图 2.2.1　血清学检测 – 免疫酶试验（IEA）

感染动物的血清中存在抗 LCMV 抗原的抗体，在以 LCMV 细胞培养物作为抗原基质的抗原片上，出现特异性着色。

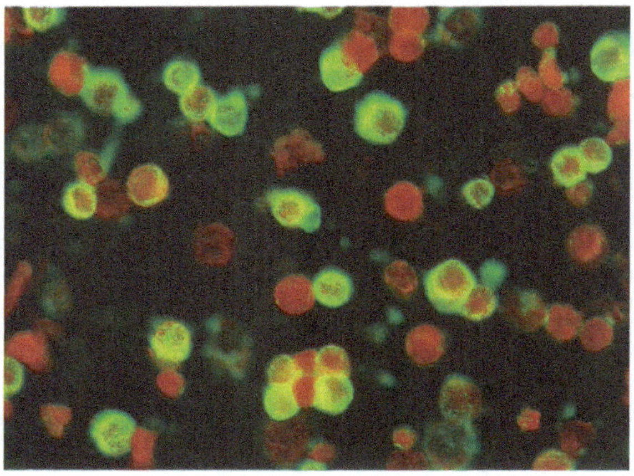

图 2.2.2　血清学检测 – 免疫荧光试验（IFA）

感染动物的血清中存在抗 LCMV 抗原的抗体，在以 LCMV 细胞培养物作为抗原基质的抗原片上，出现特异性绿色荧光。

分子生物学诊断：PCR 和核酸杂交技术已用于病原的快速诊断及转基因动物、免疫缺陷动物等疾病感染情况的健康监测，对隐性感染是一类敏感、有效的检测方法。但这些方法对实验室仪器设备有一定要求（如图 2.2.3 所示）。

149bp→

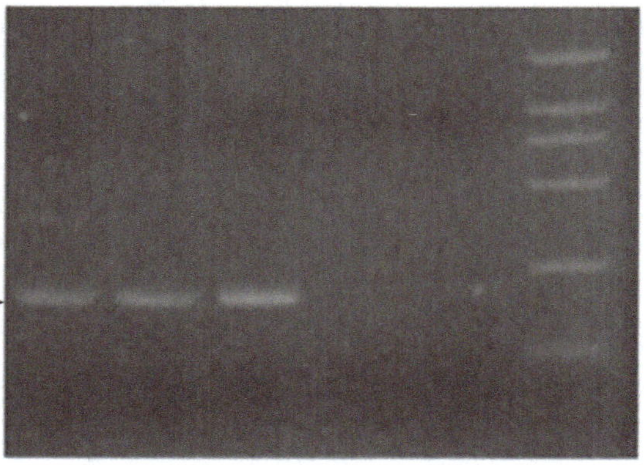

图 2.2.3　分子生物学检测 – 普通 PCR 法

感染动物样品提取核酸，进行 LCMV 特异性引物扩增，可检出特异性条带，表明该动物体内存在该病原，或是近期感染过。

管理处置

小鼠、大鼠、地鼠、豚鼠等实验动物及生物材料一旦被发现感染了或污染了 LCMV，全部感染材料都应该被彻底清除。如果发现小鼠已被感染，最有效的措施是将所有小鼠全部淘汰，房舍彻底消毒后，重新引种，建立新种群。若为非常珍贵的品系，可检测筛选无病毒血症及抗体的种鼠。LCMV 可经胎盘垂直传播，因此，通过剖宫产净化鼠群需要注意选择不带 LCMV 的母鼠方能有效。

第三节　小 鼠 肝 炎

病因

小鼠肝炎为小鼠肝炎病毒（murine hepatitis virus，MHV）感染所致。MHV 是影响小鼠健康最为重要的病毒之一。该病毒感染小鼠，当小鼠免疫力低下时可以引起其肝脏疾病。更为重要的是，小鼠感染或是携带该病毒，其生理特别是免疫机能受到影响，对肿瘤学研究、感染疾病研究、免疫学和生理学研究造成干扰，因此实验小鼠需要排除该病原。MHV 已被列入我国实验动物微生物国家标准中小鼠必须排除的病原名录。

临床症状

小鼠感染 MHV 后，在一般条件下多无临床症状，自然条件下呈隐性感染。急性病例，小鼠表现精神抑郁、被毛粗乱、营养不良、脱水和体重减轻等症状。乳鼠可发生腹泻，生长迟缓，进而死亡。老龄动物多发生腹水和消瘦，断乳小鼠和成年小鼠的主要症状是后肢弛缓性麻痹。裸鼠或基因修饰、免疫低下品系或品种感染一般呈亚急性或慢性经过，可表现所谓的“消耗综合征（wasting syndrome）”而死亡。

病理表现

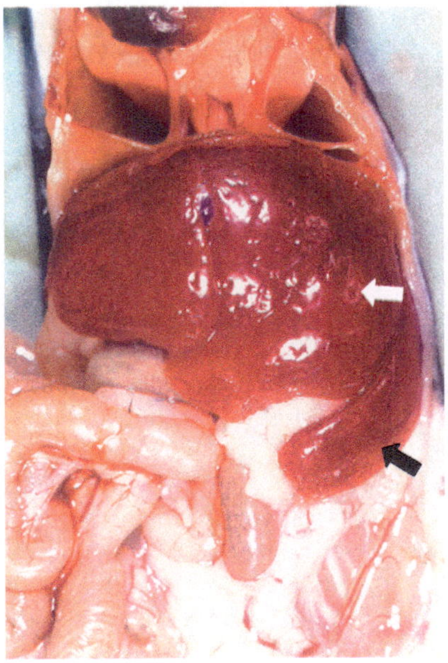

图 2.3.1　小鼠 MHV 感染大体解剖改变

感染 MHV 小鼠大体解剖可见：肝脏表面呈红色或灰白色的多发性针尖大小凹陷病变（白色箭头所示）。脾脏肿大（黑色箭头所示）。

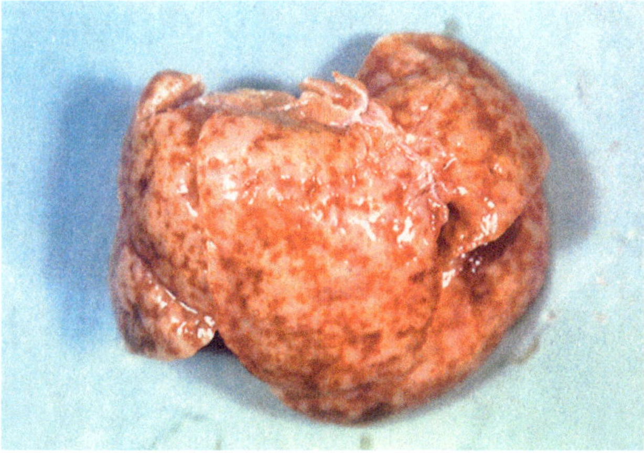

图 2.3.2 肝脏表面呈颗粒样改变

大体病理可见：肝脏灶状病变，部分病灶融合明显变大，表面呈现颗粒状。

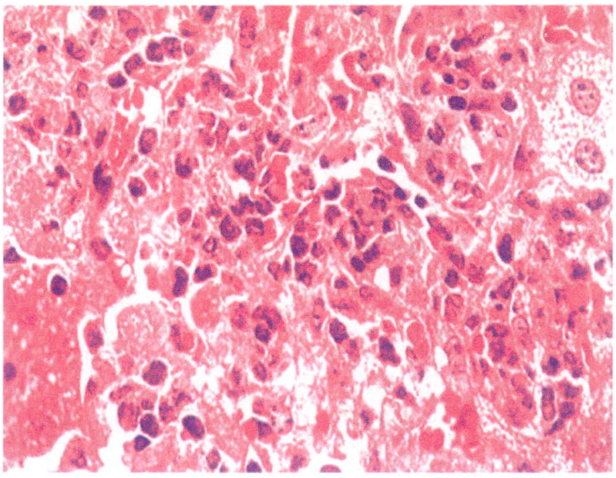

图 2.3.3 组织病理－肝脏细胞空泡化

MHV 感染初期，肝脏组织血管内皮细胞和库普弗细胞的细胞核浓缩、碎裂，细胞质内可见碎片化或玻璃滴样的嗜酸性物质，肝脏细胞可见轻度空泡化。

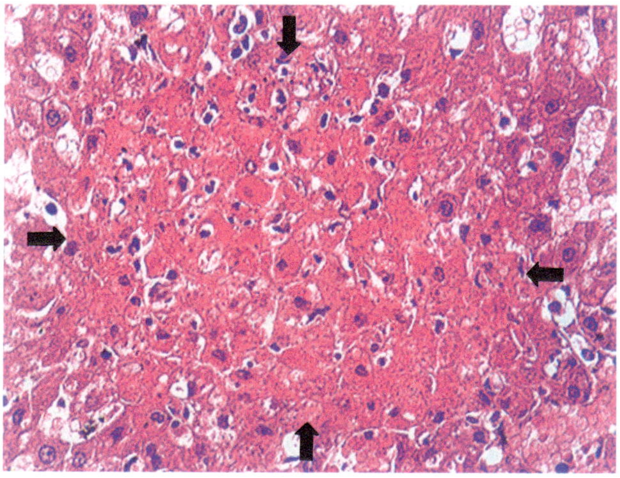

图 2.3.4 组织病理－灶状坏死

MHV 感染小鼠肝脏组织出现嗜酸性灶状坏死，如图箭头所示区域。

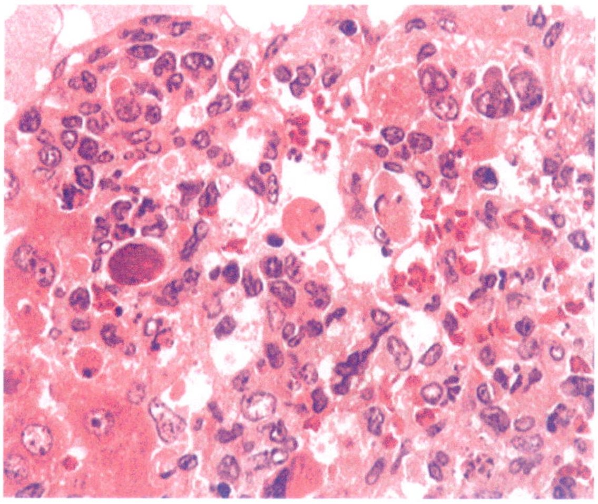

图 2.3.5 组织病理－嗜酸性小体

MHV 感染肝脏组织出现淋巴细胞、组织细胞增生；坏死灶内或肝血窦中有过碘酸希夫（PAS）染色阳性的嗜酸性球状体，即所谓的康斯尔曼体（Councilman body）。

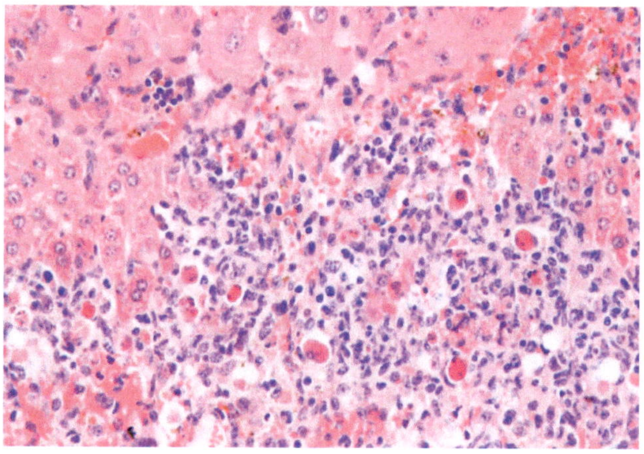

图 2.3.6 组织病理－炎症细胞浸润

MHV 急性感染小鼠，肝脏组织出现以淋巴细胞为主的炎症细胞浸润，肝脏细胞坏死，肝脏细胞核固缩，组织内出血。

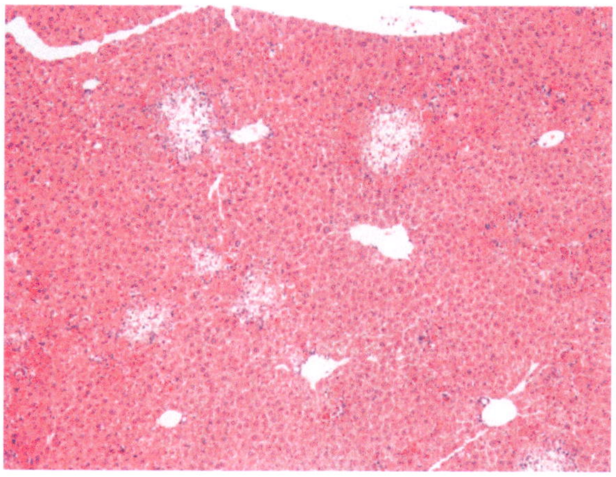

图 2.3.7 组织病理－多发性点状坏死

MHV 慢性感染小鼠，肝脏组织出现以多发性点状坏死灶为主要特征的组织病理改变。

实验室检测

MHV 属于冠状病毒科（*Coronaviridae*），冠状病毒属（*Coronavirus*），为直径 80 ～ 160nm 的球形 RNA 病毒。它对乙醚、氯仿、酸敏感。本病毒病由对小鼠致病力不同的病原造成，已分离出 MHV-1、MHV-2、MHV-3、MHV-Y、MHV-S、MHV-A59 等病毒株。

ELISA 方法敏感，操作简单，是目前国内较为常用的血清学方法。免疫吸附血凝测定对抗原纯度要求不高，试剂容易制备，方法稳定，重复性好，简便快速，在一般实验室中容易推广。实际工作中如将两种方法结合使用，可以提高诊断的可靠性。IEA 和 IFA 等也是普遍应用的血清学方法，常作为 ELISA 方法检测结果的验证方法使用。补体结合试验（CFT）操作烦琐，多不被采用。

组织病理学诊断：可利用免疫组化染色检测肝内皮细胞和库普弗细胞细胞质及脾脏淋巴细胞和脾窦中的内皮细胞是否呈阳性反应，对疾病诊断具有参考意义。

核酸诊断已成功应用于无症状感染动物的快速诊断，而且可用于病毒早期感染和免疫缺陷小鼠的诊断。

管理处置

MHV 是实验鼠群难以清除的病毒之一，除非采取剖宫产结合屏障隔离系统，否则要控制 MHV 感染几乎是不可能的。对健康状况不明确的动物，引进前必须进行血清学检查，排除该病原。在已感染鼠群，严格避免将 MHV 易感小鼠品系与对 MHV 病毒具有抵抗力的小鼠品系养在一起。裸鼠或基因修饰免疫低下品系、品种感染 MHV 时，体液免疫应答非常弱，因此，采用血清学方法检测阴性的鼠群不一定无 MHV 感染，应予以注意。

第四节　小鼠仙台病毒感染

病因

本病的病原体为仙台病毒（Sendai virus，SV；又称 hemagglutinating virus of Japan，HVJ），分类上属 I 型副流感病毒。自然条件下仙台病毒可以感染小鼠、大鼠、豚鼠、地鼠等实验动物，一方面可以造成动物的疾病，另一方面实验动物携带仙台病毒或感染该病毒后，其 NK 细胞的细胞毒性作用增加，肿瘤坏死因子、干扰素等细胞因子增多。该病毒对于免疫系统的影响是长时期的，对于各类实验研究干扰作用明显，因此为我国实验动物微生物国家标准中小鼠、大鼠、豚鼠、地鼠及家兔等动物需要排除的病原。仙台病毒感染是传染病控制方面最常见和最严重的问题。

临床症状

仙台病毒感染初期小鼠发出“噗秋噗秋”“啾谷啾谷”的异常呼吸音，随后可出现竖毛、弓背、呼吸困难、眼角有分泌物、消瘦、体重显著减轻的症状，幼崽可出现死亡。繁殖群可出现互相啃咬致死。小鼠妊娠率低下，产仔数减少。

病理表现

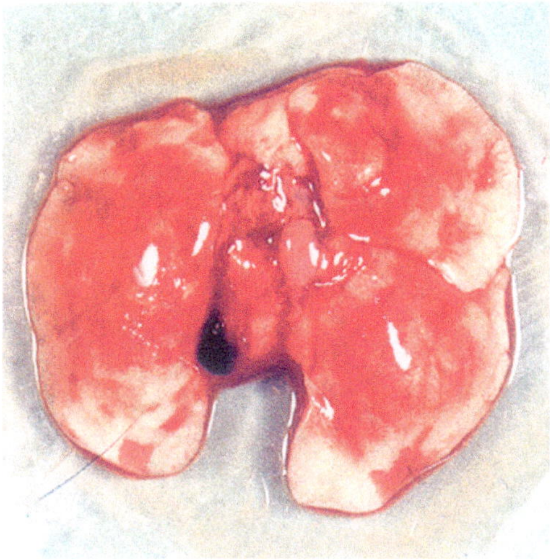

图 2.4.1　大体病理 – 肺脏充血

小鼠感染仙台病毒，肺脏表面可见不同程度充血和出血，肺脏组织水肿。

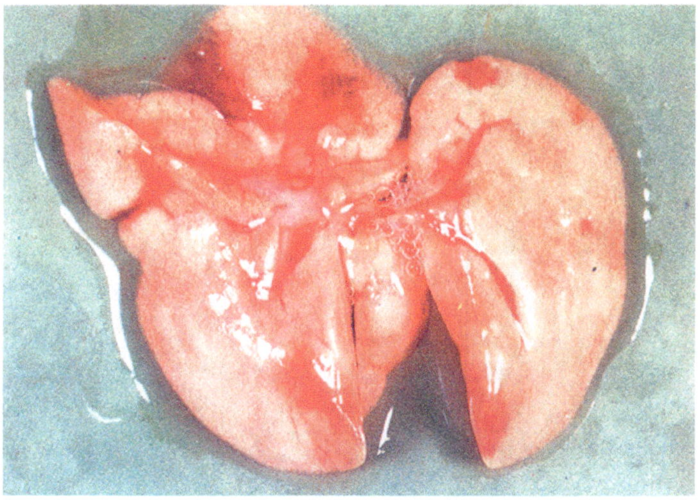

图 2.4.2　大体病理 – 局部实变

小鼠感染仙台病毒，肺脏呈现局灶性红色实质性病变。病变多见于尖叶、膈叶和心叶。

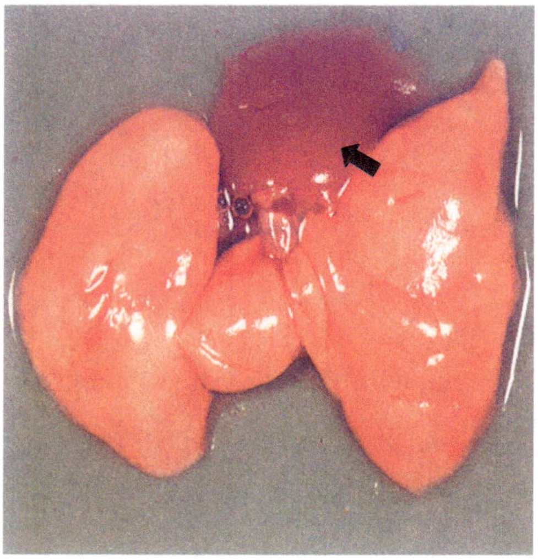

图 2.4.3　大体病理 – 整叶实变

小鼠感染仙台病毒，肺脏红色实质性病变，病灶常常累及肺脏的一叶（图中箭头所示）。

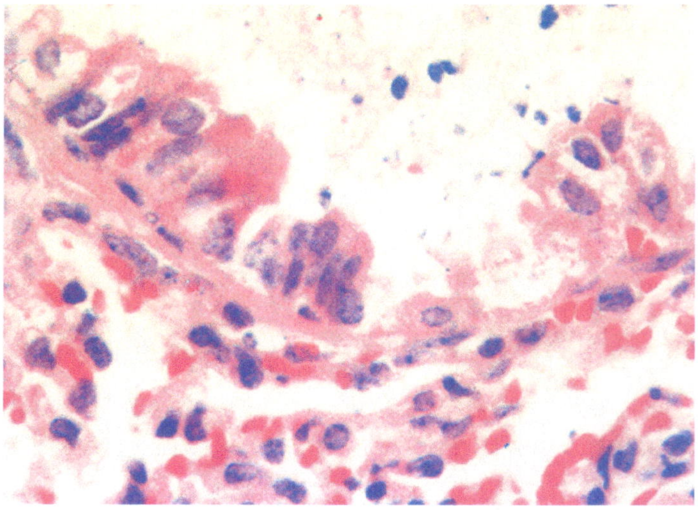

图 2.4.4　组织病理 – 坏死性炎症

小鼠感染仙台病毒，初期支气管上皮细胞变性、坏死、脱落，表现为坏死性支气管炎。

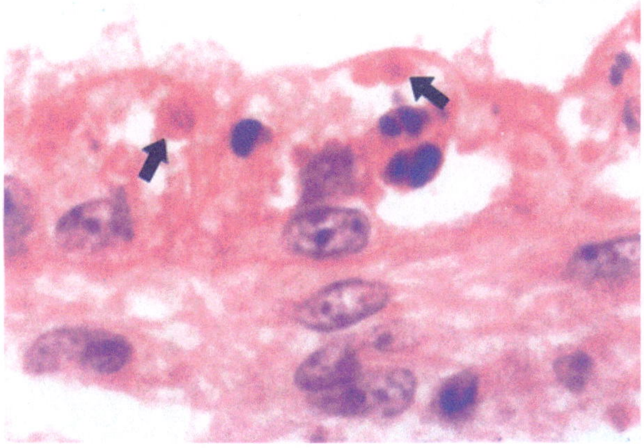

图 2.4.5　组织病理 - 坏死性炎症
小鼠感染仙台病毒，变性的支气管上皮细胞细胞质内可见嗜酸性包涵体（图中箭头所示）。

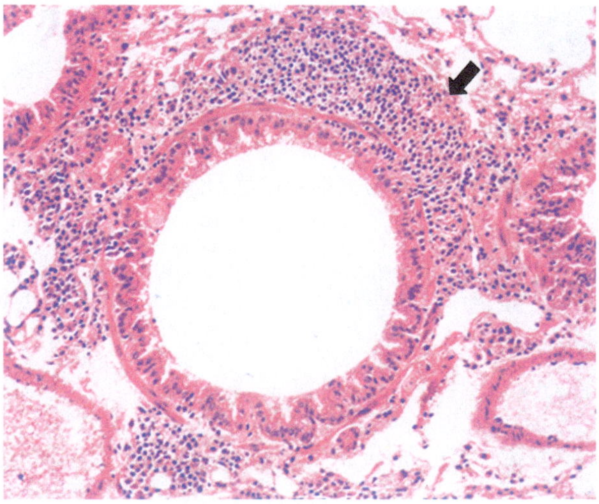

图 2.4.6　组织病理 - 支气管周围组织炎
小鼠感染仙台病毒，支气管周围组织出现炎症细胞浸润，表现为支气管周围组织炎（图中箭头所示）。

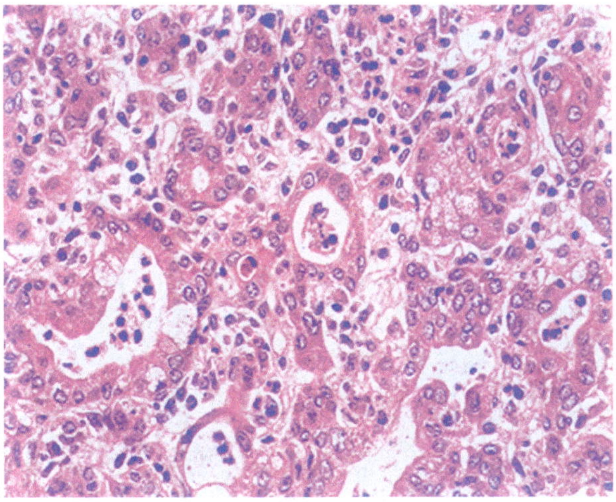

图 2.4.7　组织病理 - 增生性细支气管炎
小鼠感染仙台病毒慢性期，细支气管增生，表现为增生性细支气管炎。

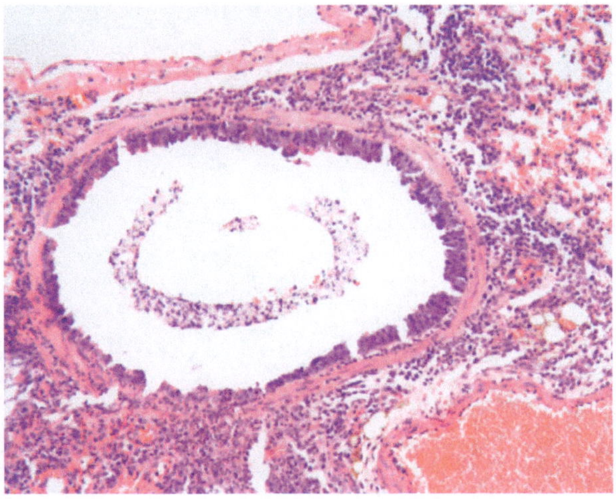

图 2.4.8　组织病理 - 支气管周围炎症
小鼠感染仙台病毒，肺脏支气管上皮坏死脱落，支气管周围炎症细胞浸润。

实验室检测

仙台病毒属 RNA 病毒，病毒粒子直径 100 ～ 800nm，具有多形性，不耐热，对多种 pH 不稳定，有机溶剂可灭活。可凝集人、鸡、豚鼠的红细胞。根据症状和病理表现可诊断。通常使用血清学方法检查，也可使用病毒分离及分子生物学等方法。

血清学试验方法较多，包括补体结合试验（CFT）、血凝抑制试验（HIT）、中和试验、酶联免疫吸附试验（ELISA）、免疫酶试验（IEA）和免疫荧光试验（IFA）等，可根据各自的实验条件选用适当的方法进行。ELISA 和 IFA 方法敏感性与特异性均较高，其中 ELISA 法无须特殊设备，更适用于基层单位；IFA 方法需要配备荧光显微镜。

病原学检测采用病毒分离与鉴定的方法。将病鼠鼻咽冲洗液或肺浸液接种敏感细胞，观察细胞病变，出现病变的细胞培养物用血凝试验（HAT）、CFT 或 IFA 检查。亦可将病料接种鸡胚羊膜腔或绒毛尿囊膜，收集尿囊液做血凝素检查。

分子生物学法如核酸诊断方法用于病毒感染早期和免疫缺陷小鼠的快速诊断。

管理处置

实验鼠群中仙台病毒感染是最难控制的病毒病之一。对无仙台病毒的鼠群，应建立屏障环境以上的封闭环境，新引入的动物必须通过无菌途径和严格检疫，合格后方能引入饲养。

对已有仙台病毒感染的鼠群，可采取以下两种措施：①消灭感染鼠群，用剖宫产技术重建鼠群或重新引入无仙台病毒感染小鼠；②从感染群中移去所有新生乳鼠、断乳小鼠和妊娠鼠，仅保留成年小鼠，在静止条件下保存这种非繁殖群直至感染消除后，再恢复繁殖和其他正常活动。

第五节　小鼠呼肠孤病毒感染

病因

呼肠孤病毒分为 1 ～ 3 型，小鼠、大鼠感染的呼肠孤病毒属于 3 型。小鼠呼肠孤病毒 3 型（respiratory enteric orphan virus 3，Reo-3）具有广泛的宿主范围，如人类、小鼠、猴、牛、犬、鸡等，另外还从大鼠、猪、马、羊、兔、有袋动物和爬行动物中检出过 Reo-3 病毒抗体。Reo-3 病毒感染对免疫功能正常的动物多不引起临床症状，急性病例主要见于新生乳鼠和断乳小鼠。免疫缺陷动物对该病原更为易感。Reo-3 病毒感染时主要调动体液免疫，但细胞免疫也参与抗病毒免疫。因此该病毒干扰肿瘤研究，导致移植腹水瘤细胞的溶解与化疗药物发生协同作用，对鼠原肿瘤产生抵抗，也增强了抗肿瘤免疫。Reo-3 病毒感染干扰其他病原感染实验，如干扰金黄色葡萄球菌在动物肺部的清除。感染该病毒对消化系统的研究也有影响。鉴于其对多种研究有一定的干扰作用，我国的实验动物微生物国家标准建议将该病原列为实验动物微生物监测需排除的病原。

临床症状

自然条件下，急性病例主要见于新生乳鼠和断乳（离乳）小鼠，主要表现脂肪性下痢、黄疸、消瘦、脱毛、结膜炎、油样毛皮（如图 2.5.1 所示）、运动失调，有时发生死亡，后期表现震颤和麻痹。离乳后的小鼠呈隐性感染。慢性病例或隐性感染多见于成年小鼠。

图 2.5.1　动物外观－油样毛皮

小鼠感染 Reo-3 病毒，外观改变表现为油样毛皮。图中为接种病毒 13 天后动物死亡（左 1）或处死（中、右 1）。

病理表现

大体解剖：肝脏、胰腺、心脏可见白色或黄白色的斑点。肝脏肿大，色暗；心外膜可见小的环状病灶，肺偶见出血；脑充血（如图 2.5.2 所示）；小肠扩张，内容物呈柠檬色。慢性病例，可见消瘦，黄疸，油性被毛效应或脱毛区，肝脏、脾脏轻度肿大，腹膜充血，有时可见渗出液。

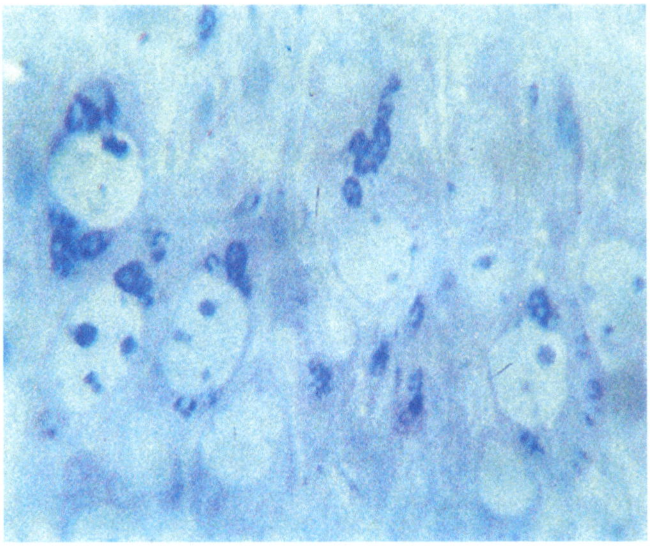

图 2.5.2　组织病理－神经细胞内包涵体

小鼠感染 Reo-3 病毒，脑软化、非化脓性脑炎，可见神经元细胞质内出现大的细胞质内包涵体。

实验室检测

Reo-3 在分类上属呼肠孤病毒科，正呼肠孤病毒属，核酸型为双股 RNA。病毒粒子直径 60 ～ 76nm，正二十面体立体对称（如图 2.5.3 所示）。对各种药物有抗性，凝集人 O 型血的红细胞。3 型呼肠孤病毒的特征是可凝集牛血红细胞，与其他型区分。实验室诊断通常使用血清学方法检查，也可使用病毒分离及分子生物学等方法。

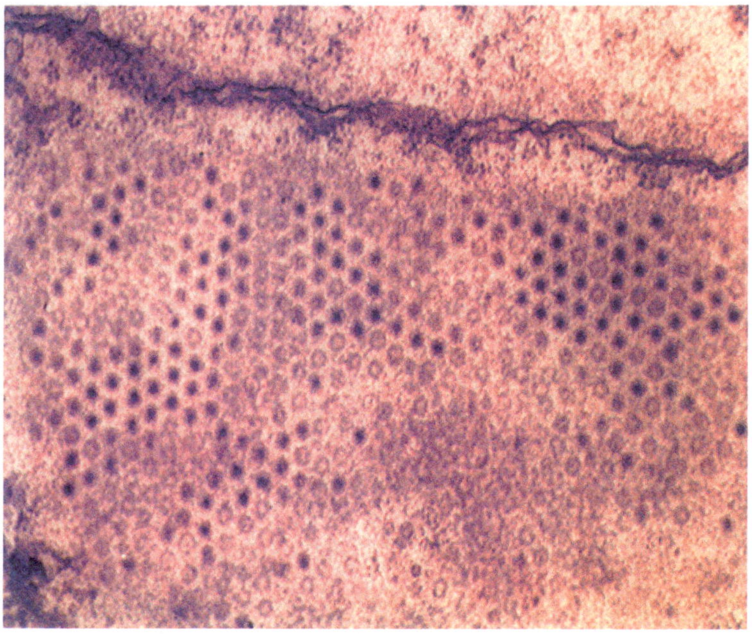

图 2.5.3　Reo-3 病毒包涵体电镜图

病毒分离可取病鼠的粪便、口鼻分泌物、血、尿、尸检脏器组织等接种敏感细胞，观察细胞病变，结合免疫荧光试验方法或电镜技术予以鉴定。

血清学诊断以前通常采用血凝抑制试验（HIT）和中和试验。近年在检测中多采用酶联免疫吸附试验（ELISA）、免疫荧光试验（IFA）和免疫酶试验（IEA）方法。普查时使用 ELISA 方法更为适宜，结果验证多采用 IFA 方法进行。

分子生物学诊断技术已成功应用于疾病的快速诊断以及对免疫缺陷动物的检测，采用粪便样本简单易行。

管理处置

使用屏障系统有助于预防感染的蔓延。剖宫产是控制和净化鼠群中 Reo-3 感染的重要措施。Reo-3 也可通过蚊子等昆虫传播，因此应严格采取隔离措施，保持实验动物设施的内环境稳定。人群也可感染 Reo-3，应随时注意饲养人员可能将 Reo-3 传递给小鼠，如有条件可定期检查饲养人员的 Reo-3 血清抗体。

第六节　小 鼠 肺 炎

病因

小鼠肺炎是由感染小鼠肺炎病毒（pneumonia virus of mice，PVM）所致。PVM 是全世界实验室啮齿动物的常见病原体。但免疫功能正常的动物没有明显的临床症状。对于免疫力低下的动物，如裸鼠等免疫缺陷动物，此类病毒的自然感染可造成动物的消耗性症状，以至死亡。对于免疫功能正常的动物，该病毒的感染可造成肺脏的结构改变，对免疫系统也有影响。该病毒在动物群体中的存在会对吸入毒理学、肺细胞动力学、代谢学及免疫学等实验研究产生干扰，因此在我国的实验动物微生物国家标准中 PVM 为 SPF 级小鼠、大鼠、豚鼠、地鼠必须排除的病原。

临床症状

本病自然感染发病的报道较少见。临床上，感染小鼠肺炎病毒（PVM）的小鼠呈现慢性疾病过程。出现呼吸道症状、消瘦和死亡（如图 2.6.1 所示）。

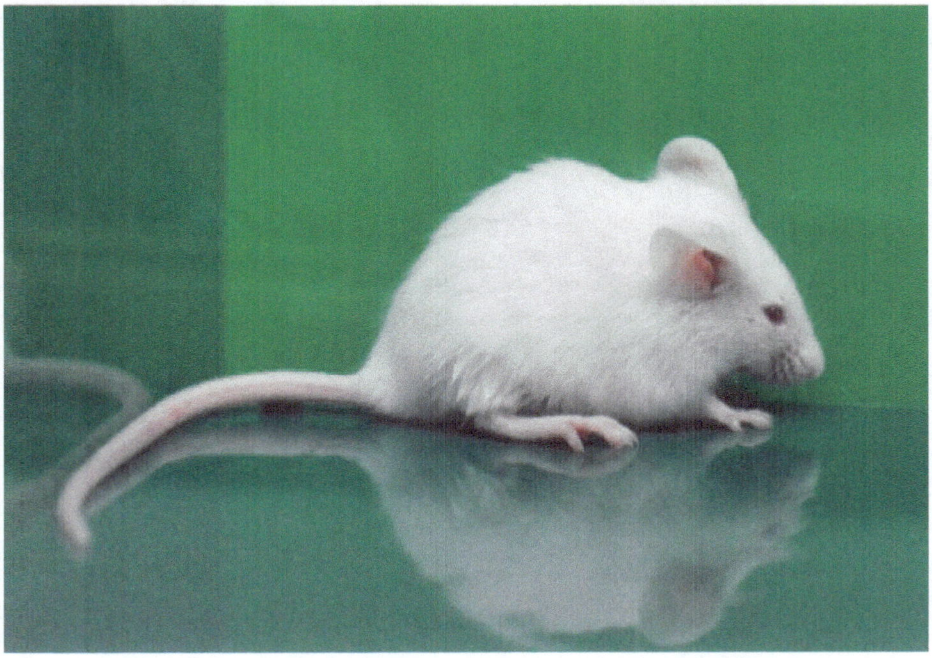

图 2.6.1　动物外观－弓背

BALB/c 小鼠实验感染 PVM，感染小鼠表现进食量减少，被毛粗乱，消瘦，弓背，呼吸急促，耳、尾发绀等症状。

病理表现

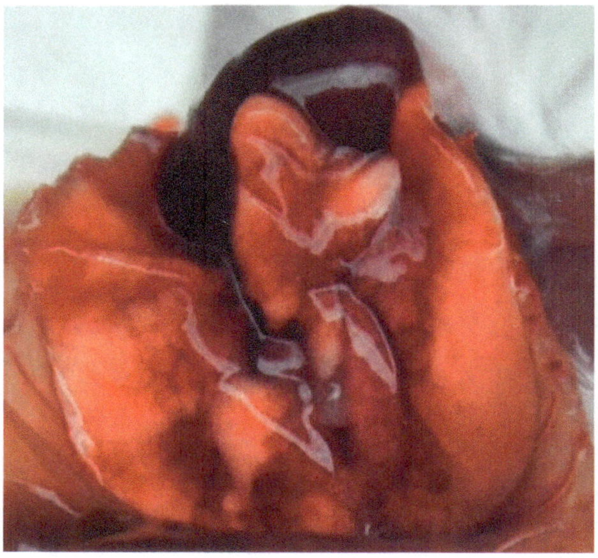

图 2.6.2 大体病理 – 肺脏充血
BALB/c 小鼠实验感染 PVM，大体解剖可见肺脏充血。

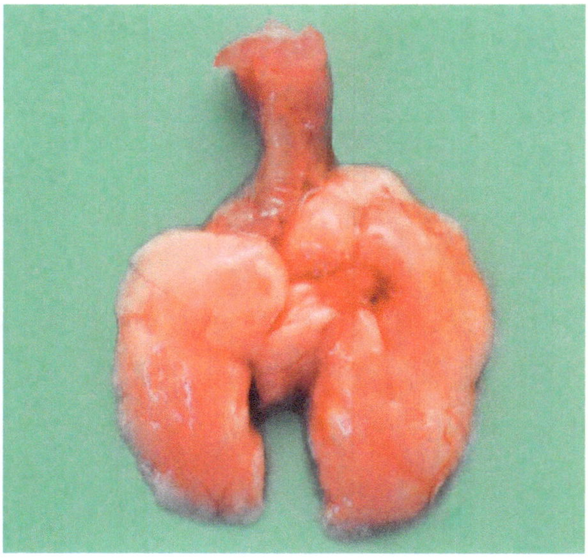

图 2.6.3 大体病理 – 肺脏充血水肿
BALB/c 小鼠实验感染 PVM，大体解剖可见肺脏充血水肿。

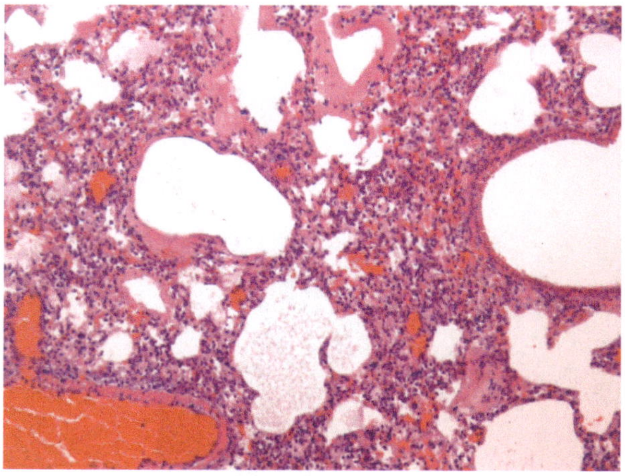

图 2.6.4 组织病理 – 间质性肺炎、肺泡内渗出
小鼠感染 PVM，血管扩张充血，肺泡内可见浆液纤维素渗出，肺泡壁增厚，间质性肺炎。

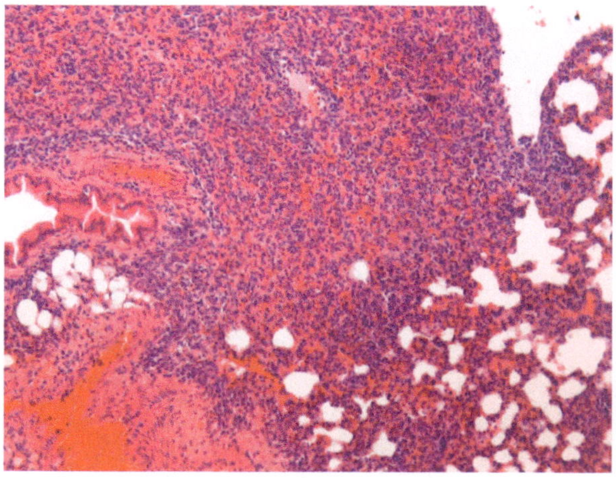

图 2.6.5 组织病理 – 间质性肺炎
显微镜下可见特征性病变，细支气管和血管周围大量单核细胞浸润。可表现为局部灶性间质性肺炎。血管扩张充血。

实验室检测

PVM 在分类上属副黏病毒科，肺炎病毒属，核酸型为单股 RNA。病毒粒子呈多形性，通常直径为 100nm。PVM 对热、乙醚、pH 等理化因素敏感。室温下 1h 可丧失 99% 的感染性，56℃ 30min 可完全灭活。PVM 主要经呼吸道传播，传染性较低，只引起鼠群中部分小鼠的急性感染。当饲养室内寒冷、潮湿造成动物抵抗力下降时，可诱发本病。临床上出现呼吸道症状和肺脏的灶性实变时，可做出初步诊断。确诊需进行病毒分离鉴定、血清学试验，或者采用分子生物学方法进行诊断。将可疑病料接种敏感细胞进行病毒分离，观察细胞病变，采用免疫荧光试验（IFA）或血凝试验（HAT）检测细胞培养物中的病毒抗原进行鉴定。也可取病鼠肺脏组织制作冷冻切片检查有无病毒抗原。

血清学试验最常用的是血凝抑制试验（HIT），也可采用补体结合试验及中和试验，但操作烦琐，较少采用。酶联免疫吸附试验（ELISA）、免疫荧光试验（IFA）（如图 2.6.6 所示）、免疫酶试验（IEA）（如图 2.6.7 所示）等方法，用于小鼠肺炎病毒血清抗体的检测。

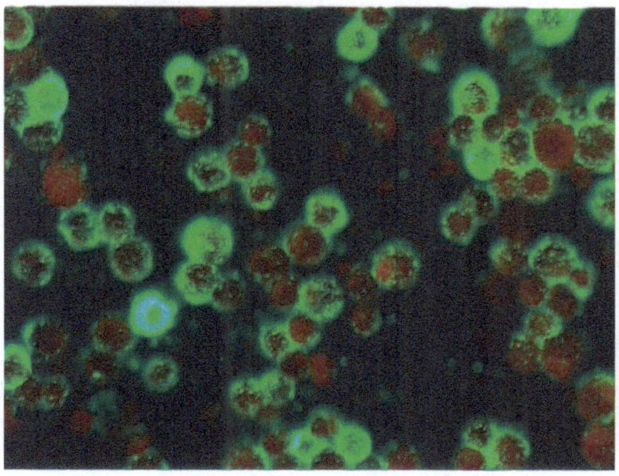

图 2.6.6　血清学检测－免疫荧光试验（IFA）
感染动物的血清中存在抗 PVM 抗原的抗体，在以 PVM 细胞培养物作为抗原基质的抗原片上，出现特异性绿色荧光。

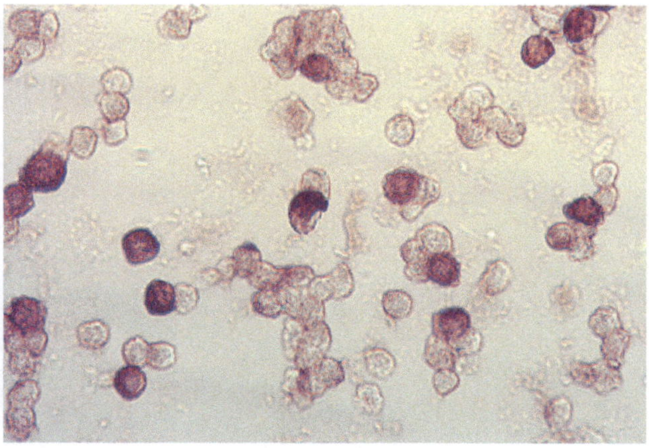

图 2.6.7　血清学检测－免疫酶试验（IEA）
感染动物的血清中存在抗 PVM 抗原的抗体，在以 PVM 细胞培养物作为抗原基质的抗原片上，出现特异性着色。

分子生物学诊断：PCR 和核酸杂交技术可用于病原的快速诊断及转基因动物、免疫缺陷动物等疾病感染情况的健康监测。

管理处置

由于 PVM 不能经胎盘垂直传播，故可采用剖宫产技术和屏障隔离措施建立无 PVM 感染鼠群。饲养室内寒冷、潮湿等环境因素改变可使鼠群抵抗力下降而诱发本病，因此加强饲养管理、保持饲养室内环境稳定是预防本病的重要措施。

第七节　小鼠细小病毒感染

病因

此类疾病由小鼠细小病毒（minute virus of mouse，MVM）感染所致。MVM 在分类上属于细小病毒属（*Parvovirus*），与啮齿类的其他细小病毒在生物特性上有相似性。该病毒具有高度的传染性，可长期广泛存在于实验小鼠群中。该病毒感染动物多无临床症状，但对动物的健康存在一定的影响，特别是干扰肿瘤学研究。因此我国实验动物微生物国家标准中建议对实验小鼠是否携带此病原进行监测。

临床症状

自然条件下，实验小鼠感染 MVM 不表现任何症状，但带毒时间长，病毒在小鼠体内广泛分布。在实验条件下，经颅内或腹腔接种新生乳鼠多不引起死亡，但生长发育迟缓。哺乳仓鼠接种 MVM，5 ～ 8 天内发病，病鼠发育迟缓，个体矮小。有的仓鼠小剂量感染 MVM 可以耐过，临床表现先天愚型。

病理表现

大体解剖：自然感染并不会产生疾病，引起的病变相对较轻。初生小鼠接触暴露时，偶尔发生小脑损害。人工感染小鼠，可诱发脾脏肿大（如图 2.7.1 所示），其他脏器病变不明显。

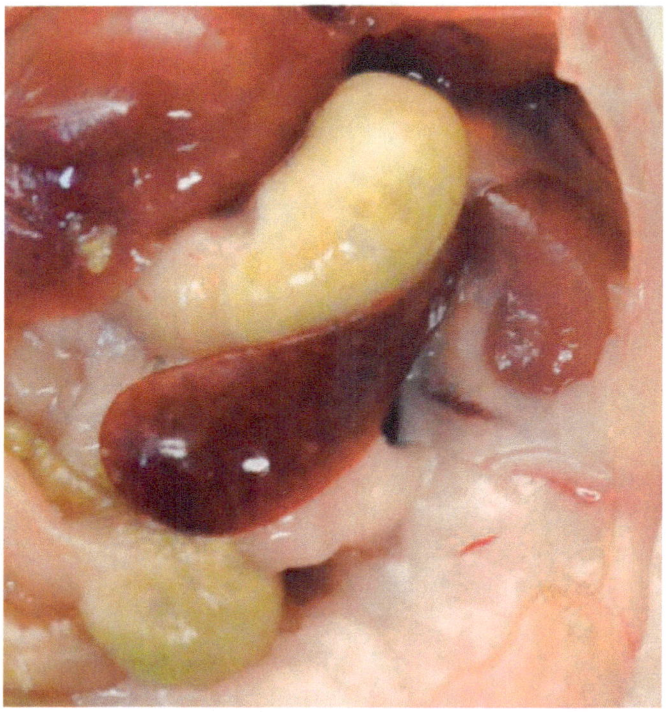

图 2.7.1 大体病理 – 脾脏肿大
小鼠实验感染 MVM 后，大体解剖可见脾脏肿大。

组织病理学：小脑外层坏死，在感染部位可见细胞核内包涵体。人工感染哺乳大鼠的病理损伤局限于室管膜和脉络膜，在病灶部位可见典型的细胞核内包涵体和细胞溶解现象。脾脏出现髓外造血（如图 2.7.2 所示）。

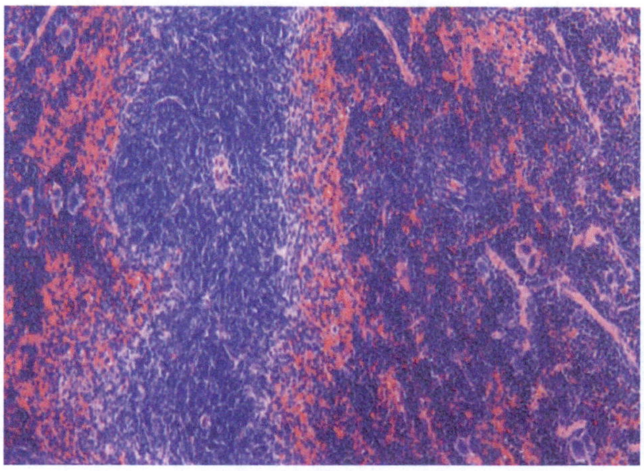

图 2.7.2　组织病理－脾脏病变
小鼠感染 MVM 后，脾脏白髓萎缩，淋巴细胞减少，红髓髓外造血。

实验室检测

MVM 在分类上属细小病毒科，细小病毒属。核酸型为单股线状 DNA，直径 20～25nm。MVM 对外界环境因素具有强大的抵抗力。可凝集多种哺乳动物的红细胞。主要是通过带毒小鼠的粪便和尿液向外排毒，易感小鼠经直接或间接接触而感染，也可经胎盘垂直传播，但不能通过空气传播。主要通过血清学方法检测鼠群中的 MVM 抗体。对可疑病例，可将病料接种细胞，观察细胞病变，通过血凝试验（HAT）或免疫荧光试验（IFA）进行鉴定。可将病料（感染鼠脾脏、肾脏、小肠及其他组织）接种生长旺盛的原代大鼠胚细胞、小鼠胚细胞或大鼠脑胶质瘤 C-6 细胞，观察细胞病变，并通过 HAT 或 IFA 鉴定分离毒株。

实际工作中主要通过血清学方法检测鼠群中的小鼠细小病毒抗体，以确定鼠群是否被小鼠细小病毒污染。常用方法包括血凝抑制试验（HIT）、IFA、免疫酶试验（IEA）和酶联免疫吸附试验（ELISA）等。采用小鼠抗体生成试验也能够检测出病毒。

分子生物学诊断已成功应用于无症状感染动物的快速诊断，而且可用于病毒早期感染和免疫缺陷小鼠的诊断。

管理处置

MVM 感染是实验小鼠最常见，并难以有效控制的病毒病之一。MVM 分布广泛，对外界环境因素抵抗力强，因此应加强对饲料、垫料、用具和周围环境的消毒，建立无 MVM 感染的鼠群。一旦发现感染，应立即淘汰感染群，重新引种，建立新种群。由于该病毒可垂直传播，因此剖宫产净化鼠群的方式并不可取。对珍贵品系可选择血清学阴性的种鼠剖宫取胎，结合屏障隔离措施，净化种群。野生小鼠中 MVM 感染率也很高，是重要的自然来源，因此，消灭野鼠、严防野鼠进入动物设施是非常重要的预防措施。

另外，MVM 是可移植肿瘤和其他生物材料的常见污染物，所以这些材料在使用或引入屏障系统前都应该进行监测。

第八节　乳鼠流行性腹泻

病因

乳鼠流行性腹泻（epizootic diarrhea of infant mice，EDIM）是由小鼠轮状病毒（mouse rotavirus，MRV）感染所致。该病毒主要感染新生小鼠，造成乳鼠腹泻症状。该病毒感染可造成动物的生理机能改变，动物感染该病毒后对于其他病原的易感性提高。该病毒也是消化与营养等涉及消化道的研究中的干扰因素。此病原的地域流行水平、动物的疾病状况是确定是否对其进行检测的主要依据。目前我国的国家标准《实验动物　微生物学等级及监测》（GB/T 14922.2—2011）中未对其提出强制性的监测要求。不同的设施可根据各自的情况确定该病原的检测频率。当动物群体有类似病症出现时可增加对此病原的监测。

临床症状

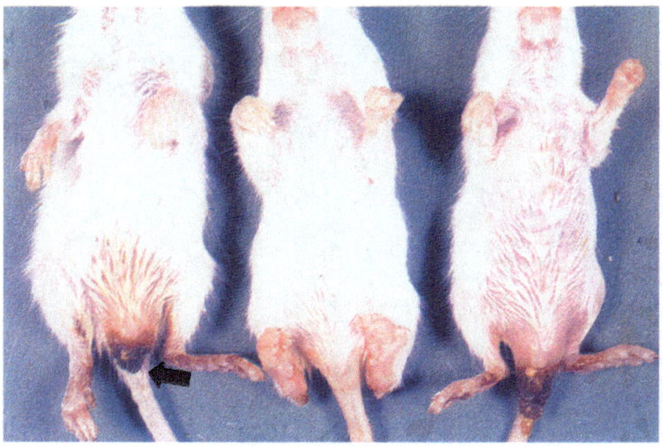

图 2.8.1　动物外观 – 下痢粪便

7～13 日龄的哺乳期小鼠常发，排泄黄色水样下痢粪便。肛门周围、尾部、后肢部位附着下痢粪便（箭头所示）。

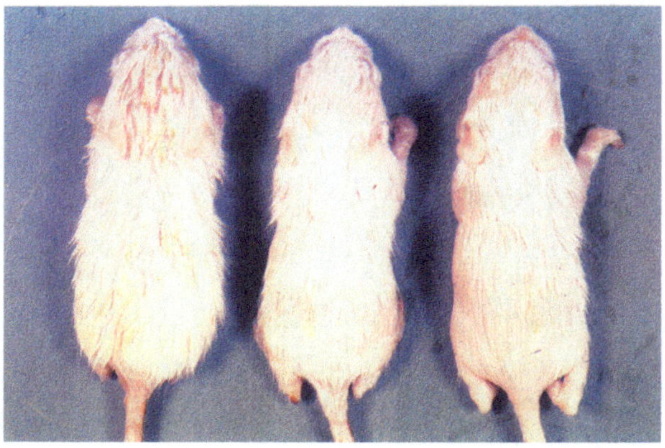

图 2.8.2　Reo-3 病毒感染小鼠的油性毛皮

乳鼠流行性腹泻不出现油性毛皮外观，可以与 Reo-3 病毒感染小鼠相鉴别。

图 2.8.3　动物外观 – 被毛污浊

腹泻小鼠同窝感染，体重偏小。

病理表现

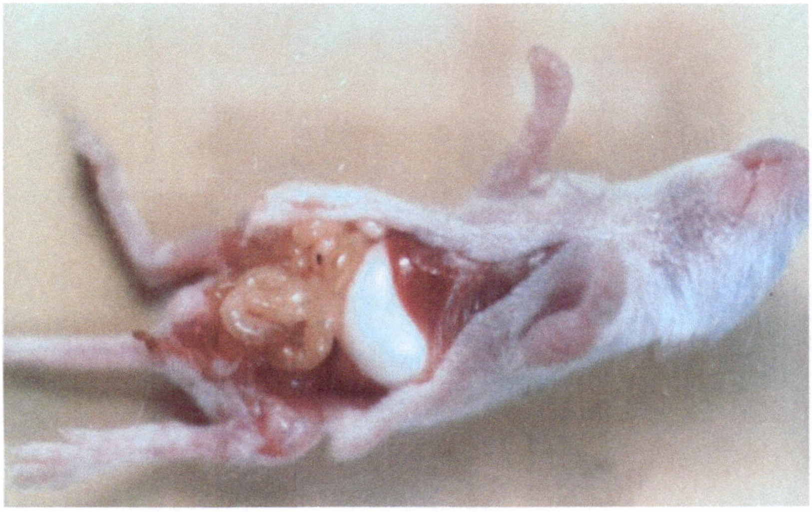

图 2.8.4　大体病理－胃肠道病变

大体解剖，患病乳鼠胃部可见充满乳汁，小肠壁菲薄，肠腔内充盈大量黄色黏液样物质。所有患鼠胃内均可见多少不等的奶块，结肠和直肠内未见成形粪便。

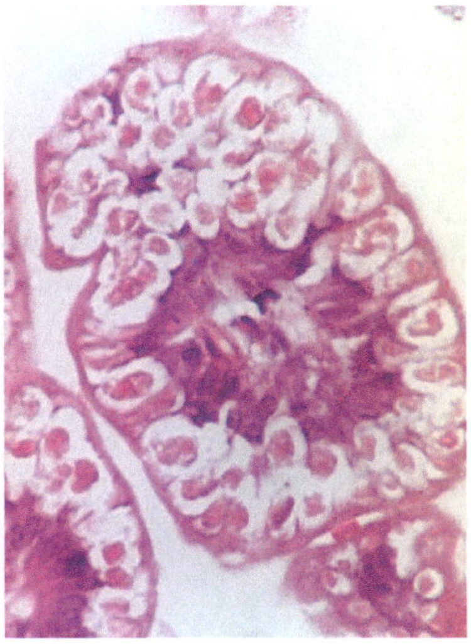

图 2.8.5　组织病理－肠绒毛上皮细胞空泡变性

小肠黏膜缺乏炎性反应，肠绒毛上皮细胞可见空泡变性，细胞显著增大；变性上皮细胞细胞质中可见 1 ～ 4μm 圆形或椭圆形嗜酸性包涵体。

图 2.8.6　组织病理－黏膜损伤

扫描电镜下可见感染小鼠小肠黏膜表面破损、缺失。

实验室检测

EDIM 呈世界范围性分布，可对实验鼠群造成严重威胁。小鼠轮状病毒在分类上属呼肠孤病毒科，轮状病毒属。与此病毒类似的是引起人婴儿、牛哺乳幼崽腹泻的 A 组轮状病毒，负染电镜下呈车轮状，这些病毒之间发生抗原交叉，直径 60 ～ 70nm（如图 2.8.7 所示）。

核酸型为双股 RNA。病毒对热敏感，4℃ 24h 或 37℃ 1h，其感染力丧失 50% 左右，70℃ 15min 感染力完全丧失。无血凝素。根据流行病学、临床症状和大体解剖观察可以做出初步诊断。病毒分离与鉴定、分子生物学检测技术和血清学试验等方法已得到广泛应用。

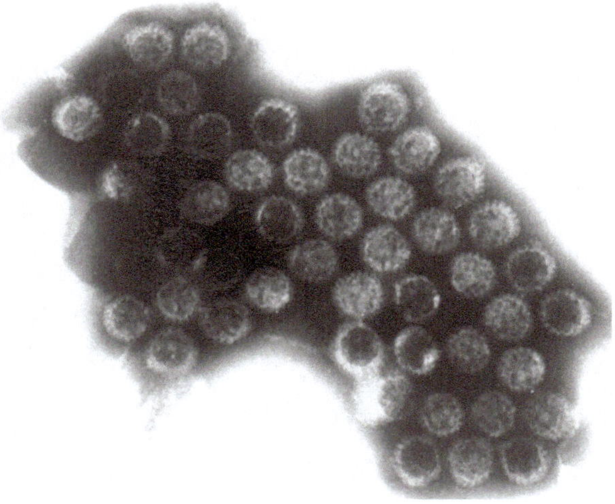

图 2.8.7 轮状病毒形态，取自腹泻粪便（电镜图）

需要与 MHV 感染相区别。在临床症状上，由 MHV 引起腹泻的小鼠死亡快，一般为 2～4 天，有的甚至见不到临床症状，而本病病程约 7 天。

由 MHV 引起腹泻的小鼠肝脏呈苍白或黄白色，表面呈颗粒状，常伴有少量腹水，而本病则以肠胀气和胃扩张为主，肝脏未见异常。另外，Reo-3 病毒感染引起的小鼠腹泻，由于粪便中脂肪含量高，污染被毛后使其变得光亮，即“油性被毛效应”（如图 2.8.2 所示），这是 Reo-3 病毒感染的一个特征，可与本病相区别。

血清学检测方法主要是采用市售的 A 组轮状病毒试剂盒，但由于小鼠轮状病毒尚不能培养，抗原无法获得，加之感染产生的抗体效价水平差异较大，血清学检测漏检率较高，一般进行常规种群监测。病原学检测主要收集粪便、肠道内容物提取病毒，提取其核酸（RNA），进行聚丙烯酰胺凝胶电泳，银染后，根据其特征性 11 条条带直接判断，可做到病因的迅速、特异性判断。PCR 方法也具有快速和特异的优点，但结果易受采样、RNA 保存等的影响，不如聚丙烯酰胺凝胶电泳产物银染易控。

管理处置

小鼠 EDIM 非常普遍，传染性很强，给生产和科研都带来很大的损失。其常被认为是细菌感染而被忽视，或是从饲料和气候变化等方面来考虑。人们往往容易忽略这种隐性感染的严重性，给生产群和种子群带来潜在的危害。

在无 EDIM 的鼠群，可采用剖宫产技术和屏障系统饲养的方法，建立种子群。另外，空气过滤装置可有效地减少空气传播的机会。同时采取严格措施控制饲养环境，将垫料、饲料、用具等彻底消毒，切断感染途径，可以控制此病的流行。

小鼠轮状病毒只感染哺乳期小鼠，症状明显。一旦发现临床感染小鼠，应采取以下措施：①判断发生感染的动物等级和范围，原则上应封闭饲养车间，淘汰动物种群，彻底进行车间、环境消毒灭菌。②如果不是所有车间发生，应淘汰感染种群，彻底消毒灭菌污染车间。采取环境隔离措施，确保未感染车间动物不被感染。③如果所有车间动物被感染，引种困难，允许挑选感染较轻的仔鼠同窝成年鼠隔离、净化，至少一个月后方可交配繁育，密切监测。淘汰所有仔鼠。④加强管理和人员培训，重点防范秋冬季节易感时段。食料、垫料、饮水是主要污染来源，控制得当，可以避免感染。

第九节　小鼠腺病毒感染

病因

近年自然条件下小鼠腺病毒（mouse adenovirus，Mad）感染的病例罕见。这与该病毒在小鼠群中多呈隐性感染、无临床症状的生物学特性有一定关系。在野生小鼠群体的调查中该病毒的流行水平较高。小鼠实验感染该病原后发现其存在体液免疫应答，感染动物的白细胞介素（IL）-11、IL-12 等分泌受到影响。该病毒的感染在神经系统、消化系统的科学研究中是一个干扰因素，尽管其发生率低，但在实验动物微生物质量监测中也需要引起关注。在我国实验动物微生物国家标准中 Mad 被列为 SPF 级小鼠必要时需排除的病原。美国、日本相关的实验室对大鼠和小鼠也都有检测该病毒的要求。

临床症状

小鼠腺病毒有两个血清型，即 FL 株和 K87 株，自然流行多由感染 FL 株引起。FL 株常引起乳小鼠的致死性感染，患鼠表现弓背、被毛粗糙、食欲下降、活动能力差（如图 2.9.1 所示）等症状，新生乳鼠可见死亡。K87 株常造成肠道局部的非致死性感染，成年鼠不发病，只是经粪便不断向外排毒并产生高滴度的抗体。

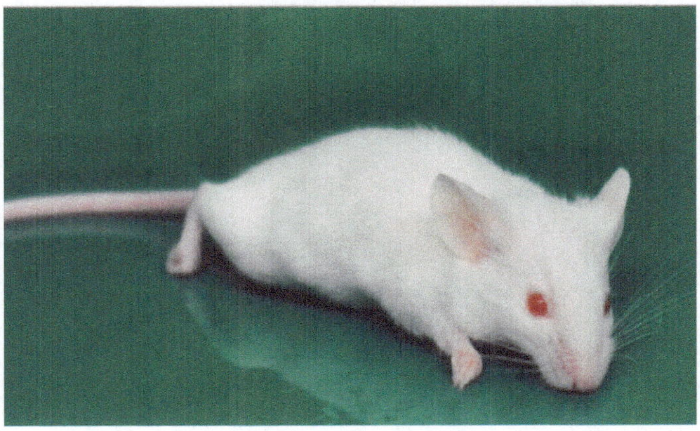

图 2.9.1　外观改变 – 行动无力
小鼠感染 Mad 后，瘦弱，行动无力，活动能力差。

病理表现

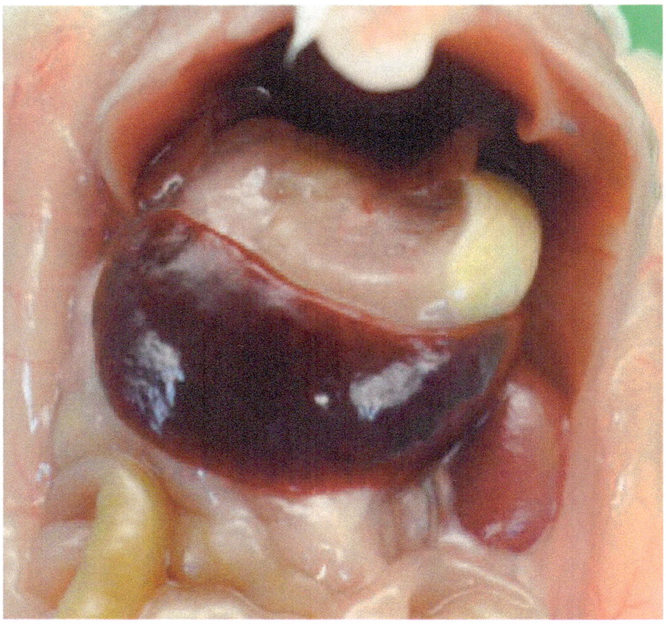

图 2.9.2　大体病理 – 脾脏肿大
小鼠感染 Mad 后，大体解剖，可见脾脏肿大。

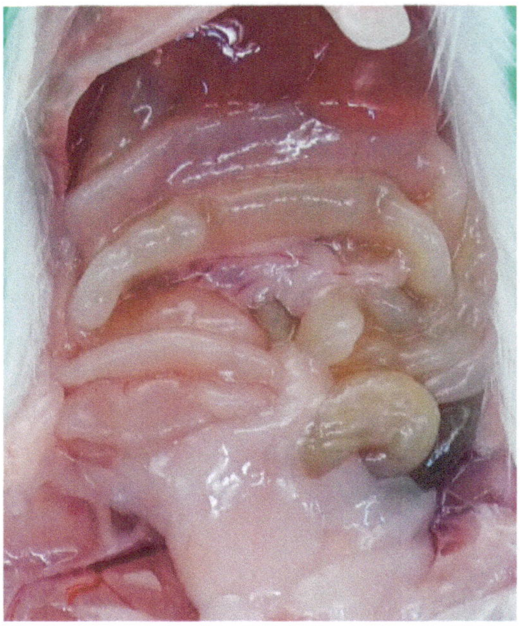

图 2.9.3　大体病理 – 小肠胀气
小鼠感染 Mad 后，大体解剖，可见肠道病变，肠道内容物减少，小肠胀气、水肿。

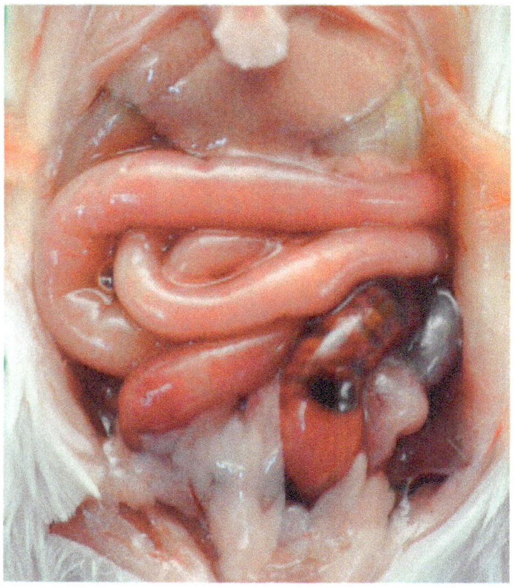

图 2.9.4　大体病理 – 肠道充血
小鼠感染 Mad 后，大体解剖，可见肠道水肿、充血。

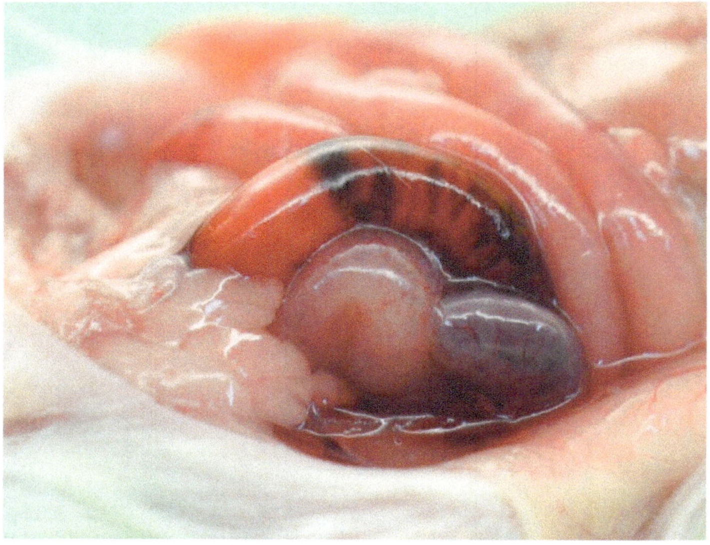

图 2.9.5　大体病理 – 腹腔积液
小鼠感染 Mad 后，大体解剖，可见腹腔存在积液。

其他病理表现：脂肪组织灶性坏死；肝脏灶性坏死，坏死灶内可见中性粒细胞和淋巴细胞浸润，感染细胞核内可见包涵体。肝脏细胞双核细胞和巨核细胞增多，巨核细胞的核比普通肝脏细胞核大 2 ～ 3 倍，库普弗细胞和内皮细胞较活跃。新生乳鼠可见心肌炎和心

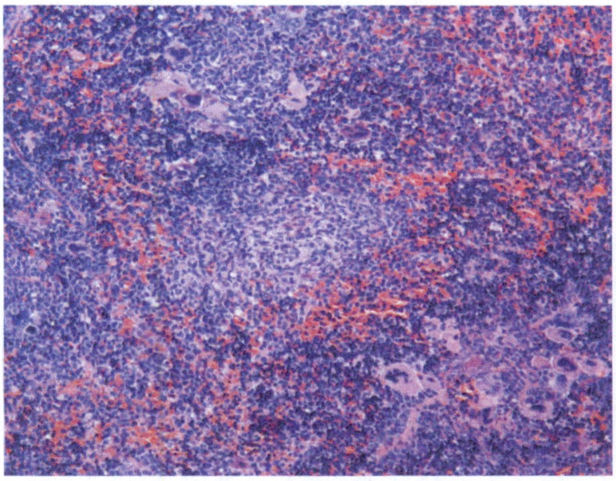

图 2.9.6　组织病理 – 脾脏红髓髓外造血
小鼠感染 Mad 后，脾脏白髓萎缩，淋巴细胞减少，红髓髓外造血。

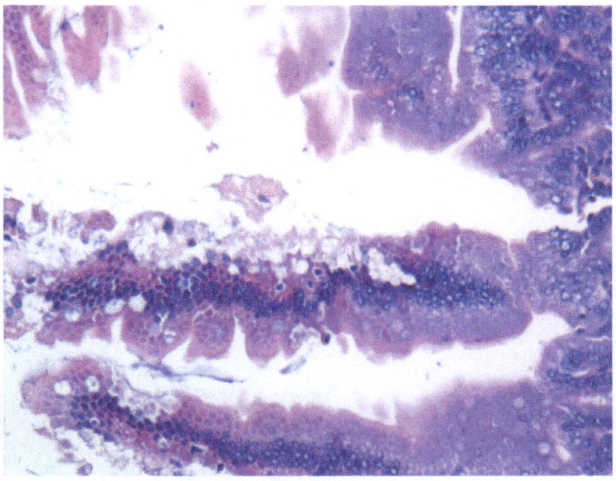

图 2.9.7　组织病理 – 小肠绒毛上皮细胞损伤
小鼠感染 Mad 后，小肠绒毛上皮细胞空泡化及坏死。

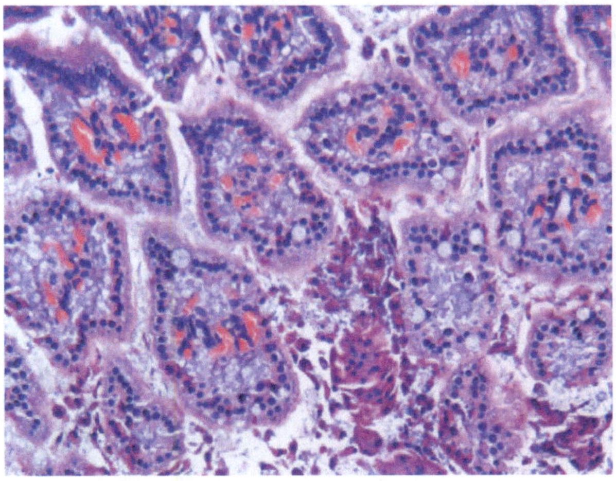

图 2.9.8　组织病理 – 小肠绒毛上皮细胞损伤
小鼠感染 Mad 后，小肠绒毛上皮细胞坏死脱落。

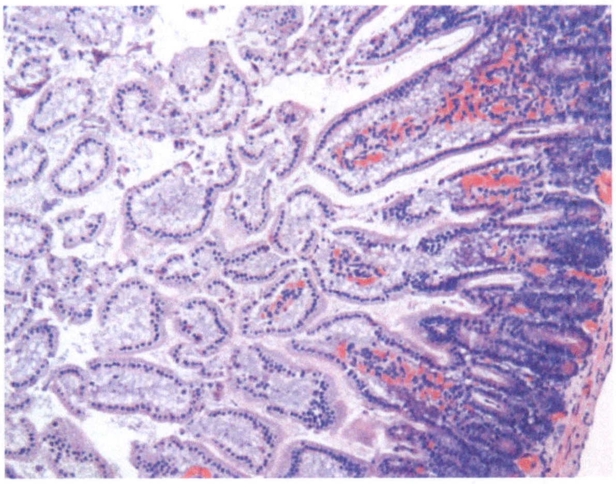

图 2.9.9　组织病理 – 小肠绒毛损伤
小鼠感染 Mad 后，小肠绒毛水肿，血管扩张充血。

内膜炎，病毒可侵入瓣膜组织细胞并在其中复制。脾及淋巴结生发中心可见少数淋巴母细胞变性、消失，有残留的核碎片和少数淋巴细胞浸润。FL 株接种裸鼠，其十二指肠绒毛及隐窝的内皮和黏膜上皮细胞核内可见包涵体。自然感染裸鼠在十二指肠、空肠或回肠黏膜细胞内，可见双嗜性包涵体。

实验室检测

Mad 在分类上属腺病毒科，哺乳动物腺病毒属，核酸型为双股 DNA，病毒粒子直径 65 ～ 80nm，呈二十面体等轴对称。不耐热，50 ～ 56℃下很快被灭活。不具有血凝素和毒素样活性。可通过病毒分离、血清学试验、动物感染试验进行诊断。可用原代乳鼠细胞培养感染小鼠的肾脏、脾脏、棕色脂肪、胸腺和淋巴结等病料，观察细胞病变。也可用长成单层的 L- 细胞做蚀斑试验。

血清学试验：血清学方法可检查感染后血液中产生的特异性抗体，但由于 FL 株和 K87 株间存在单向交叉抗原关系，故需用两型病毒分别做抗原，但在实践中多数诊断实验室采用联合抗原检测。常用的方法有补体结合试验、中和试验、免疫酶试验、免疫荧光试验（如图 2.9.10 所示）及酶联免疫吸附试验等。

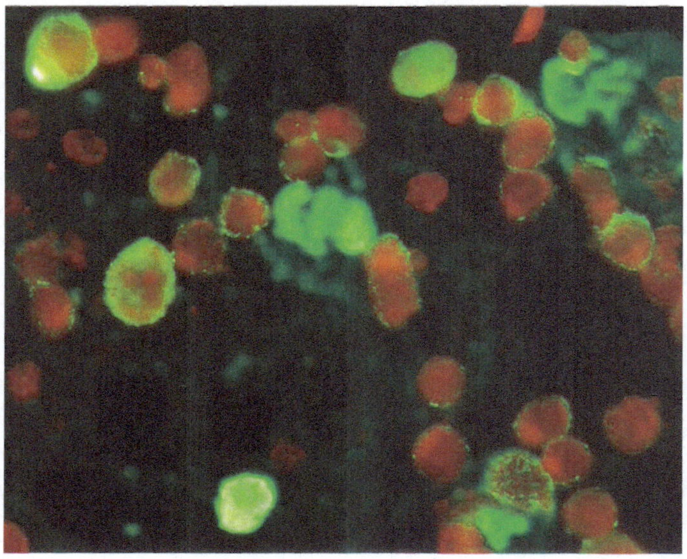

图 2.9.10　血清学检测 – 免疫荧光试验（IFA）

感染动物的血清中存在抗 Mad抗原的抗体，在以 Mad 细胞培养物作为抗原基质的抗原片上，出现特异性绿色点状荧光。

管理处置

由于 Mad 可在小鼠、肿瘤细胞及其他材料间交替传递，从而对有关的实验研究产生严重干扰。采用剖宫取胎及隔离屏障措施，同时加强饲养管理和环境卫生消毒，可使 Mad 的感染率下降，并逐步建立无 Mad 的 SPF 级鼠群。

第十节　小鼠脑脊髓炎

病因

小鼠脑脊髓炎（mouse encephalomyelitis）是由小鼠脑脊髓炎病毒 /Theiler 氏小鼠脑脊

髓炎病毒（mouse encephalomyelitis virus，MEV/Theiler's mouse encephalomyelitis virus，TMEV）引起的主要侵害小鼠中枢神经系统的病毒性传染病。自然条件下该病毒很少引起动物的临床改变，多数呈隐性感染，有时表现脑脊髓炎和后肢麻痹（如图 2.10.1 所示）等症状。也称小鼠脊髓灰质炎（mouse poliomyelitis）、Theiler 氏病和 Theiler 氏小鼠脑脊髓炎病毒病。携带该病毒可干扰其他病毒的感染实验，也会对中枢神经系统的研究产生干扰，因此我国的实验动物国家标准建议对 SPF 级小鼠是否携带此病原进行监测。

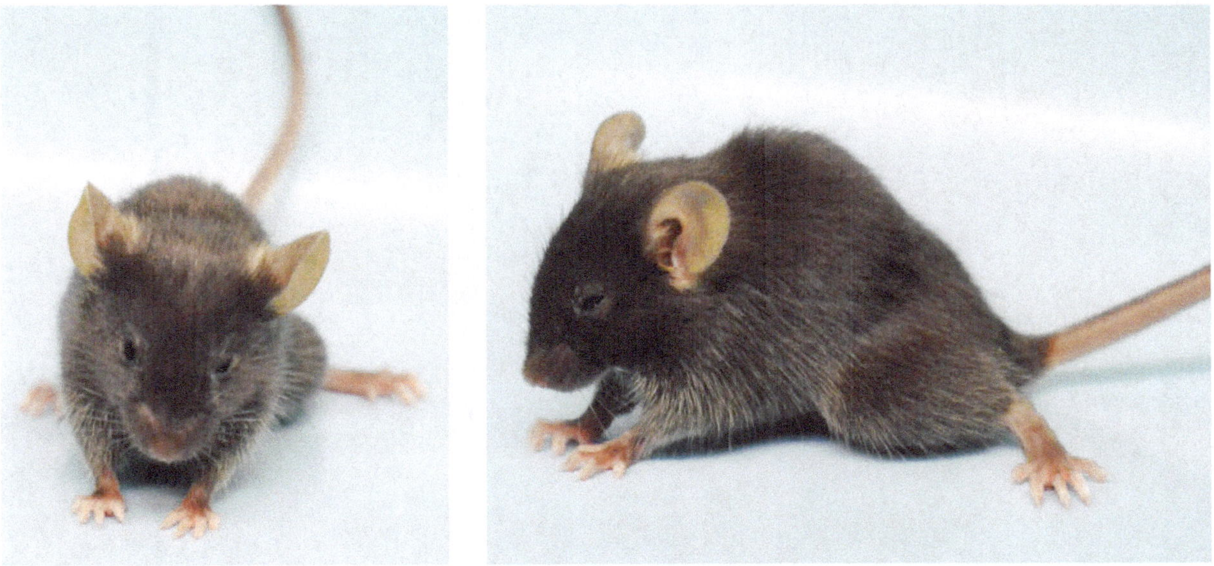

图 2.10.1　外观改变－后肢麻痹
小鼠感染 TMEV 后，出现后肢麻痹症状，小鼠表现强直性步态不稳等症状。

临床症状

因毒株、毒力和小鼠年龄的不同，临床表现差异很大。TO 毒株广泛存在于野生小鼠和实验小鼠的肠道内。新生乳鼠存在母源抗体的保护，常不发病，哺乳后期则成为危险的带毒者，主要表现后肢弛缓性麻痹等症状。FA 毒株常能引起脑炎，只有腹腔接种才会发生弛缓性麻痹。新分离的 GDVIII 毒株也可引起弛缓性麻痹，但经小鼠连续传代后，只能引起一般性脑炎。TO、FA 和 GDVII 毒株人工感染小鼠，可产生后肢麻痹症状，通常一后肢先麻痹，继而另一后肢也出现同样症状。有的小鼠可以耐过，但肌肉萎缩，甚至出现畸形。只有毒力较强的毒株，如 GDVII 和 FA 毒株，经鼻内或腹腔接种才可引起脑炎和麻痹症状。在临床症状消退后，病毒可从大多数组织、器官中清除，但在中枢神经系统中可存在较长时间，引起慢性脱髓鞘病变。病毒复制从灰质转到白质，在巨噬细胞、单核细胞和星状胶质细胞中增殖。

病理表现

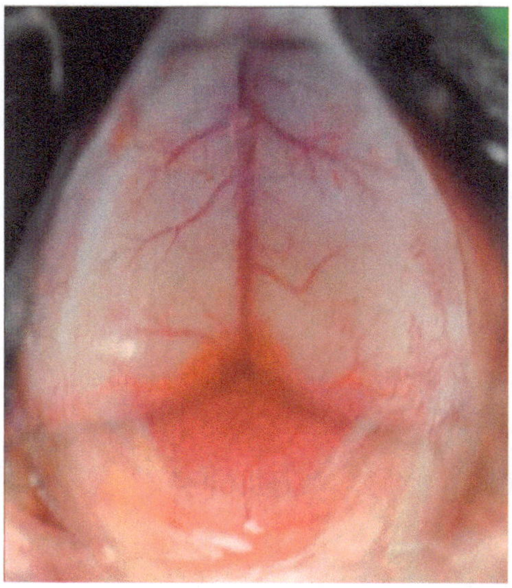

图 2.10.2　大体病理 – 脑膜充血

小鼠感染 TMEV 后，病理损伤位于脑部。人工感染小鼠，感染后 3 ～ 7 天可见脑膜充血，脑内有不同程度的充血水肿现象。

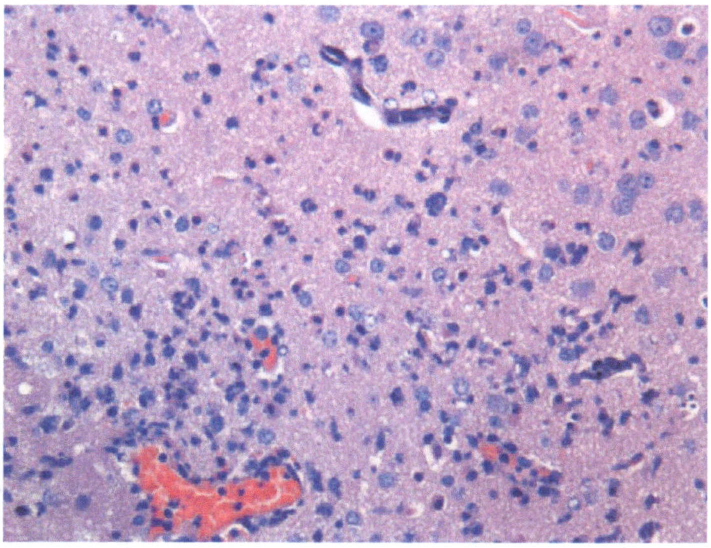

图 2.10.3　组织病理 – 脑膜炎

小鼠感染 TMEV 后，病理损伤位于脑部。脑膜血管扩张充血，炎症细胞浸润。

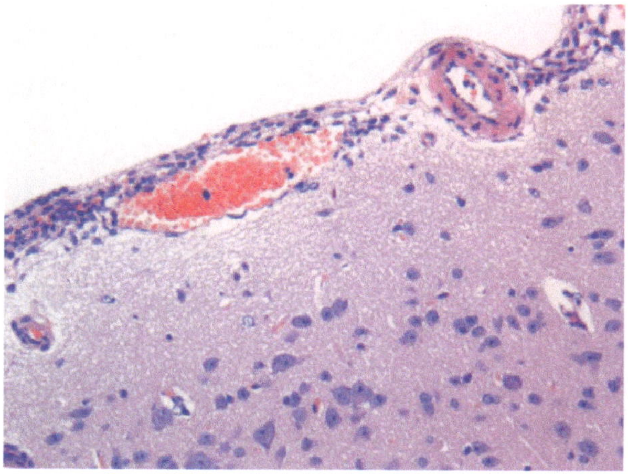

图 2.10.4　组织病理 – 脑炎

小鼠感染 TMEV 后，脑组织血管扩张充血，炎症细胞浸润。

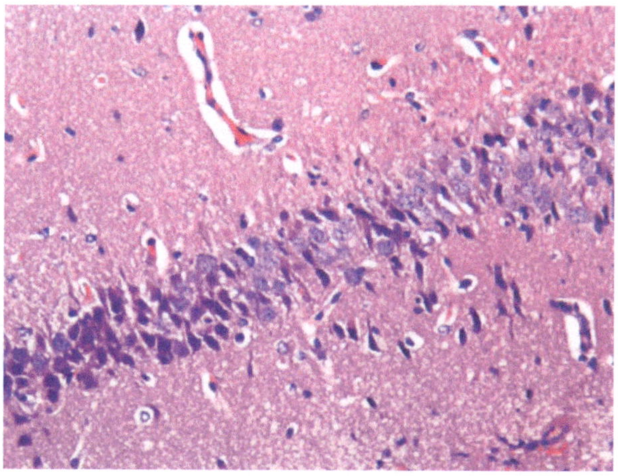

图 2.10.5　组织病理 – 脑炎

小鼠感染 TMEV 后，神经元变性坏死，炎症细胞浸润。

实验室检测

TMEV 在分类上属小 RNA 病毒科，肠道病毒属。核酸型为单股 RNA。病毒粒子呈二十面体立体对称，直径 17 ～ 28nm。TMEV 不耐热，50℃下迅速灭活。对 pH 要求严格，在 pH8.0 或 pH3.3 左右比较稳定。在 22℃条件下可凝集人 O 型血的红细胞。实验小鼠是 TMEV 的自然宿主。主要通过粪便向外排毒，污染周围环境，经口感染健康小鼠。寄生于小鼠的昆虫可能传播病毒。常用实验室诊断方法是病毒分离培养和血清学检测方法。当小鼠群中出现麻痹症状时，可初步怀疑该病。取病料（粪便样本或肠、脑的匀浆液）进行病毒分离，或者进行敏感动物脑内接种。用试验材料接种后出现麻痹的小鼠脑组织进行一定方法处理后，用人 O 型红细胞测定其血凝效价，并用已知小鼠脑脊髓炎病毒阳性血清做血凝抑制试验鉴定其特异性。

血清学试验：血清学诊断包括中和试验、补体结合试验、血凝抑制试验、免疫荧光试验、免疫酶试验、酶联免疫吸附试验和多重荧光免疫试验等。可依据各自的实验室条件选用适当的方法进行。其中，酶联免疫吸附试验和多重荧光免疫试验是目前最常用的血清学检测方法。免疫荧光试验常用于确证检验，该方法可靠、经济，能检测少量血清样本。

逆转录 - 聚合酶链反应（RT-PCR）是小鼠脑脊髓炎病毒感染的分子生物学诊断方法，可应用于无症状感染动物的快速诊断，而且可用于病毒早期感染和免疫缺陷小鼠的诊断。

管理处置

小鼠粪便排毒是本病的主要传播方式，因此，及时更换垫料，保持环境清洁，建立和完善笼具、垫料及其他用具的定期消毒是重要预防措施。尚未发现 TMEV 可经胎盘垂直传播，所以，可采取剖宫产手术和屏障隔离措施来建立无 TMEV 感染的健康鼠群。另外，亦可选择抗体检查阴性的母鼠，用兄妹交配方式保留一个品系。

第十一节　小鼠白血病

病因

小鼠白血病（murine leukemia）是由小鼠白血病病毒（murine leukemia virus，MuLV）引起的肿瘤性疾病。依病毒类型的不同，所引起的白血病包括淋巴细胞性、髓细胞性、红细胞性和网状细胞性白血病等。不同品系小鼠对 MuLV 的易感性差异很大，大多数近交系小鼠对 MuLV 较为易感。成年小鼠发病率低，潜伏期长。该病毒可以特异性引起小鼠的肿瘤性疾病，因此在肿瘤学研究中需要对此病原进行关注。特别是涉及肿瘤移植实验或是进行杂交瘤实验时，需要对移植物进行此类病毒的筛查，防止移植物中该病毒对于动物的污染。在实验动物微生物质量监测中可适时地对该病毒进行监测，而我国的实验动物微生物国家标准作为最基本的标准，并未对该病毒提出强制性的检测要求。

临床症状

小鼠的品种、品系不同，发病率也不同。常见于 6 月龄以上的小鼠，发病动物消瘦，腹部胀满，呼吸困难，可能出现死亡。患鼠发生胸腺肿瘤，肝脏、脾脏肿大（如图 2.11.1 所示），腹股沟和腋下淋巴结以及肠系膜淋巴结发生肿瘤。

病理表现

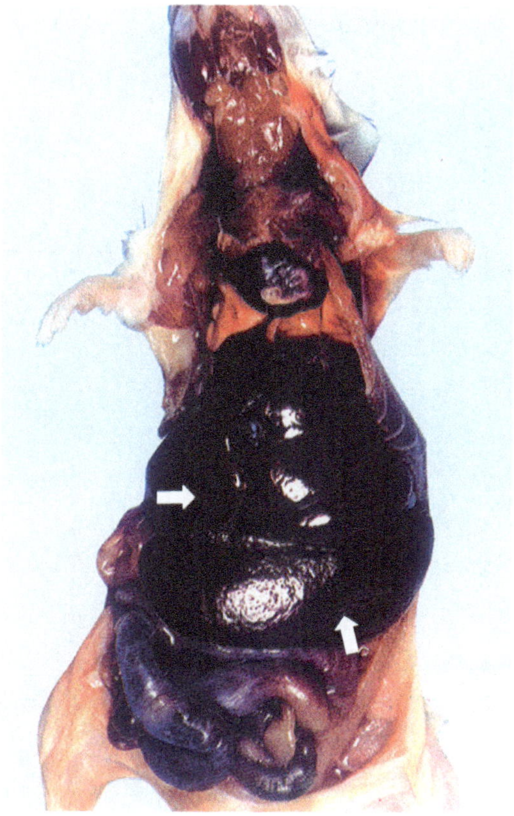

图 2.11.1　大体病理－感染动物肝脏、脾脏肿大
感染小鼠大体解剖可见肝脏、脾脏显著增大（箭头所示）。

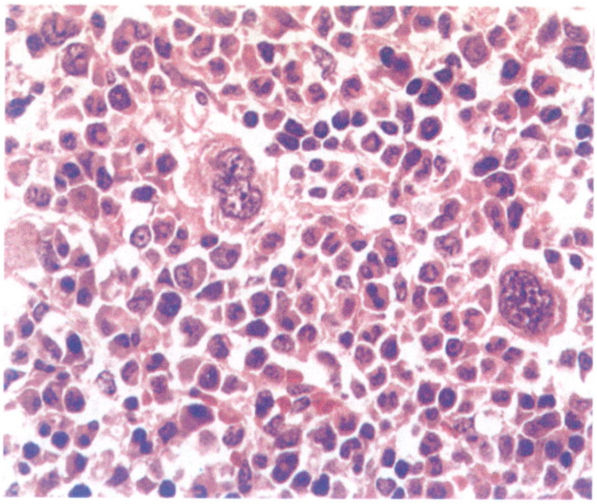

图 2.11.2　组织病理－脾脏白血病
感染动物的脾脏组织出现与正常淋巴细胞类似的细胞增加，为淋巴细胞性白血病。

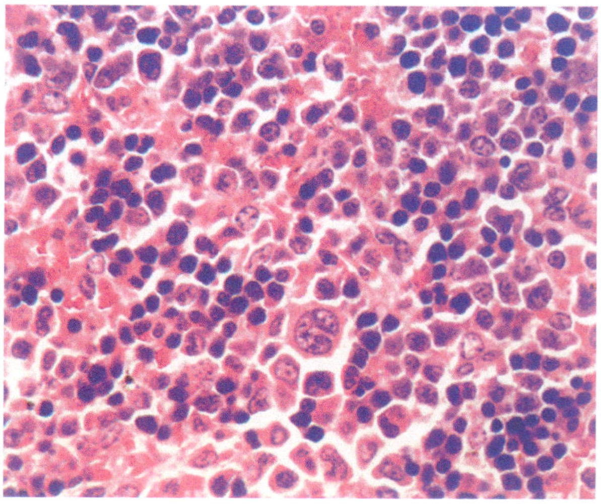

图 2.11.3　组织病理－脾脏白血病
感染动物的脾脏组织出现未分化的粒细胞增加，为髓细胞性白血病。

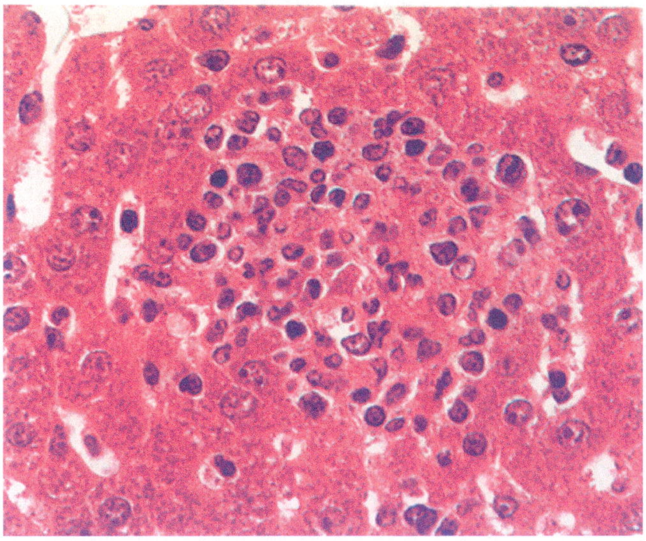

图 2.11.4　组织病理 – 肝脏白血病

感染动物的肝脏可见白血病细胞的浸润和增殖病灶。

实验室检测

MuLV 在分类上属反转录病毒科，肿瘤病毒亚科，C 型肿瘤病毒属，哺乳动物 C 型肿瘤病毒亚属。病毒粒子呈圆形，直径 75 ～ 120nm，核心直径约 68nm。MuLV 对乙醚和热敏感，56℃ 30min 即可使病毒灭活。本病可依据临床和病理所见，或者病毒滴定、细胞移植技术和血清学试验等方法进行诊断。收集病鼠肝脏、脾脏等病料进行病毒分离，以电镜观察形态进行鉴定。也可采用病鼠肝脏、脾脏、胸腺和淋巴结的超薄切片及无细胞提取液进行电镜观察。

逆转录酶（RT）活性测定方法用于逆转录病毒的定性或定量检测。概括起来主要有同位素法、酶联免疫吸附试验（ELISA）法、PCR 法三类。用地高辛代替同位素标记探针建立的以 PCR 为基础的非同位素逆转录酶活性测定方法（PBRT），无放射性危害，不需对检品进行复杂处理，可直接检测细胞培养上清液中的逆转录酶活性，在实际检测中获得良好的效果。

血清学试验 ELISA 法和免疫荧光试验（IFA）方法敏感性与特异性均较高，ELISA 法无须特殊设备，更适用于基层单位，IFA 方法需要配备荧光显微镜。

分子生物学诊断方法用于病毒感染早期和免疫缺陷小鼠的快速诊断。该方法对实验室仪器设备有一定要求。

X-C 合胞试验：X-C 细胞是一种经 Rous 肉瘤病毒（RSV）Prague 株感染的大鼠肿瘤细胞。当其接触到感染了小鼠白血病病毒的细胞后，会出现多核巨细胞，即合胞现象。经吉姆萨（Giemsa）染色后，在低倍镜下可以看到特异的多核巨细胞，提示被测定的细胞内有小鼠白血病病毒存在。合胞数量与病毒数量成正比。

管理处置

由于小鼠感染 MuLV 后，MuLV 有可能成为小鼠基因组的组成部分被垂直传播，因此，目前缺乏有效的清除措施，重点是防范控制，严格控制在屏障环境中饲育。在实验中，小鼠被高剂量的 MuLV 感染，受感染的小鼠应与未受感染的小鼠进行隔离。另外，水平传播也有可能发生，应该及时淘汰感染的动物。

第十二节　小鼠沙门菌感染

病因

沙门菌（*Salmonella* spp.）可以引起人和动物肠炎。本属具有极其广泛的动物宿主，是一种重要的人兽共患病原，不仅引起人的伤寒、副伤寒、急性胃肠炎、败血症等疾病，还侵害幼、低龄动物，使之发生败血症、胃肠炎及其他组织局部炎症。对成年动物则往往引起散发性或局限性沙门菌病，患败血症的怀孕母畜可出现流产。因此在我国的实验动物微生物国家标准中对小鼠的健康监测项目中列入了沙门菌。

临床症状

啮齿类发病呈急性暴发型，特别是幼鼠较严重。主要表现为腹泻、消瘦，约一周死亡。慢性过程多呈隐性感染，小鼠发育不良，死亡病例较少。

病理表现

在小鼠急性病例中，缺乏特征性的内脏病变，能发现肝脏、脾脏肿大（如图 2.12.1 所示）、肠及肠系膜淋巴结肿大，肠黏膜充血，在亚急性及慢性病例中可以看到肝脏、脾脏、肠系膜淋巴结肿大，以及肝脏、脾脏出现灰白色、有光泽的结节状隆起的坏死灶，这种结节称为“伤寒结节”（如图 2.12.2所示），组织病理检查可见肝脏等组织出现浸润性炎症（如图 2.12.3 所示）。

实验室检测

沙门菌是本病的病原，分类学上属于肠杆菌科（Enterobacteriaceae），沙门菌属

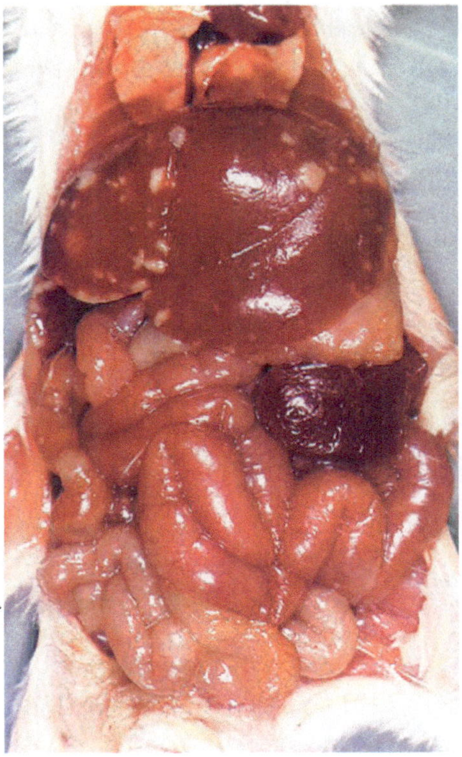

图 2.12.1　大体病理 – 肝脏、脾脏病变

小鼠感染沙门菌可出现肝脏坏死灶，脾脏肿大。

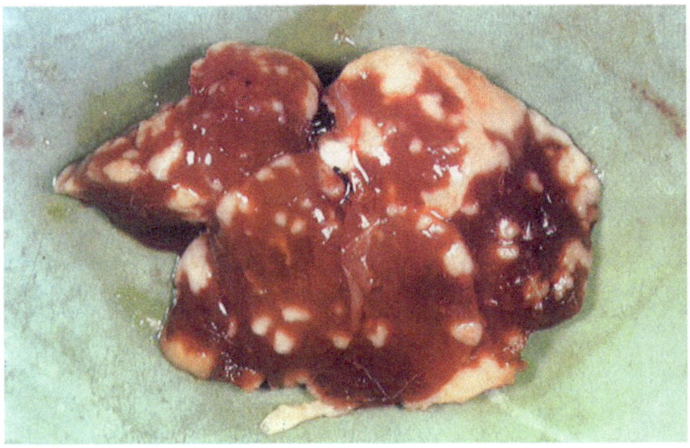

图 2.12.2　大体病理 – 伤寒结节

小鼠感染沙门菌，肝脏表面出现灰白色、有光泽的结节状隆起的坏死灶，这种结节称为“伤寒结节”。

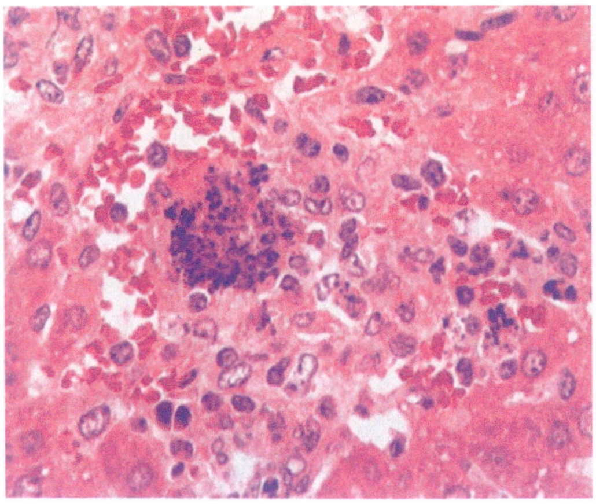

图 2.12.3　组织病理 – 肝脏炎症

小鼠感染沙门菌，肝脏组织出现炎症细胞浸润。

（*Salmonella*）。革兰阴性，呈直杆状，大小为（0.7 ～ 1.5）μm×（2.0 ～ 5）μm，需氧及兼性厌氧，最适生长温度为 37℃，最适 pH 为 6.8 ～ 7.8。在普通培养基上呈中等大小、无色、半透明、表面光滑的菌落。在肠道杆菌鉴别或选择性培养基上，大多数菌株因不发酵乳糖而形成无色菌落。

根据流行病学、临床症状和病理变化可做出初步诊断。确诊主要依靠病原学检测。实验室诊断多用分离培养法。日常监测取动物粪便或病变组织接种选择性培养基进行分离培养，取可疑菌落做生化鉴定，也可用微生物鉴定系统对细菌进行鉴定。近年来单克隆抗体技术和酶联免疫吸附试验（ELISA）已用来进行本病的快速诊断。

管理处置

沙门菌感染的主要传染途径是消化道。在发病的动物中，有占一定比例的个体是隐性感染或康复带菌者，并间歇地排菌，成为主要传染源。加强饲养管理、严防野鼠进入非常重要。同时，要防止病原污染饲料、垫料、用具和周围环境。定期进行微生物检测，一旦发现临床感染，原则上应封闭饲养车间，淘汰动物种群，彻底进行车间、环境消毒灭菌，重新引种，可以通过剖宫产净化鼠群。

第十三节　小鼠支原体感染

病因

支原体（*Mycoplasma* spp.）常定植于人及多种动物的呼吸道、泌尿生殖道、消化道黏膜表面，以及乳腺、眼等，并对胸腺、腹膜、关节滑液囊膜的间质细胞及中枢神经系统的亲和力较强。单独感染时常症状轻微或无临床表现，当发生细菌或病毒等继发感染或受外界不利因素的作用时，可引起疾病。特点是潜伏期长，呈慢性经过，地方性流行，多具有种的特性。对啮齿类实验动物致病性较强的支原体有肺支原体、关节炎支原体、溶神经支原体等。支原体可引起小鼠的急性支气管炎症，也可引起结膜炎、中耳炎等，生殖道感染支原体影响动物受精。实验动物携带支原体，可干扰肿瘤发生、发展，引起淋巴细胞水平升高，干扰营养学、老年医学、行为学、生殖医学研究。因此，支原体是实验动物微生物国家标准中小鼠必须排除的病原。

临床症状

自然状态下，多为隐性感染，显著的症状不可见。但是，转为慢性，可见异常呼吸音，呼吸困难，体重减轻。罕见斜颈，旋转、回转运动。死亡病例少。感染初期有流鼻涕、流泪、打喷嚏等症状。肺支原体感染动物生殖道，主要表现为雌性动物繁殖力下降和死胎。剖检可见脓性卵巢炎、输卵管炎和子宫积脓。小鼠易感性随品系不同而不同。

病理表现

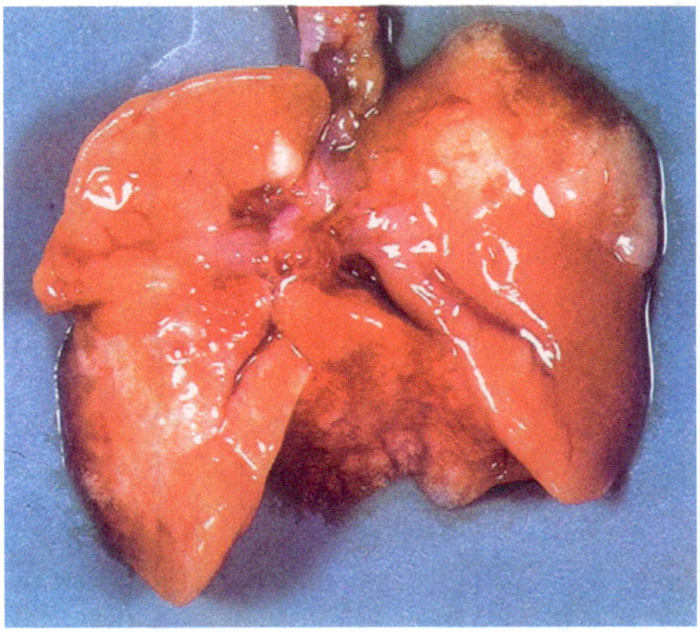

图 2.13.1　大体病理 – 肺脏病变

小鼠感染支原体，大体解剖，肺脏呈红色或红褐色肝样病变。

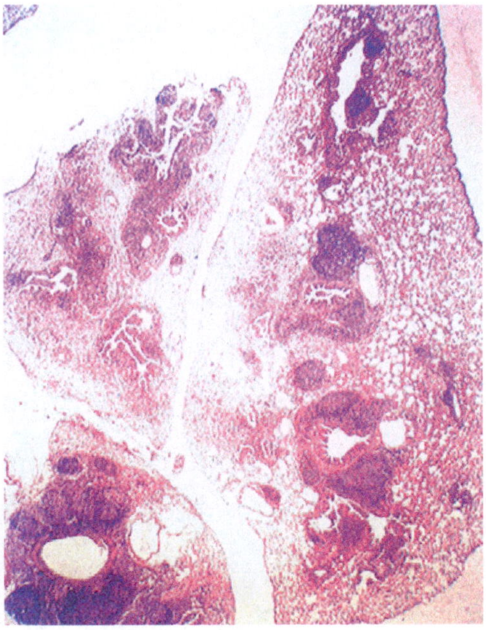

图 2.13.2　大体病理 – 肺脏、脾脏病变

小鼠感染支原体，慢性病例多呈肝样病变，同时常常形成灰白色结节性病灶。病灶内可见脓性或干酪样渗出物。

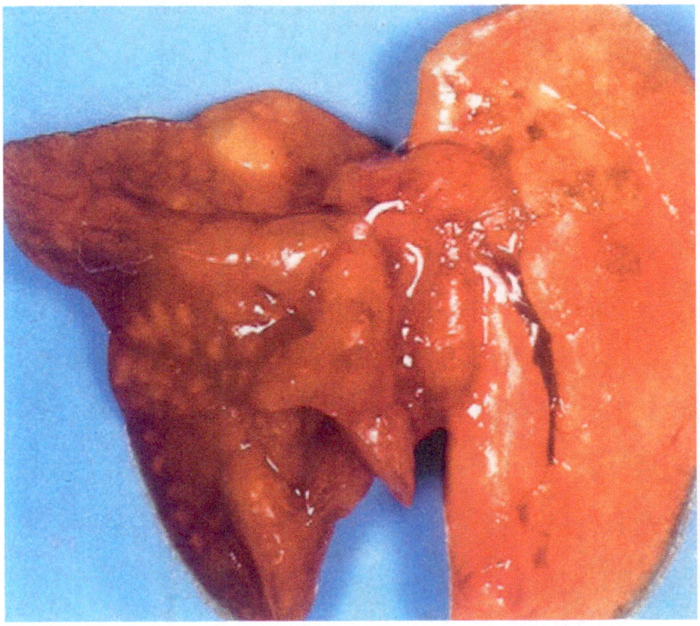

图 2.13.3　组织病理 – 支气管炎和支气管扩张

小鼠感染支原体，肺脏发生急性 - 亚急性的支气管腔和肺泡内中性粒细胞渗出，支气管和血管周围淋巴细胞浸润。病原体在气管和支气管的纤毛上皮细胞表层附着。

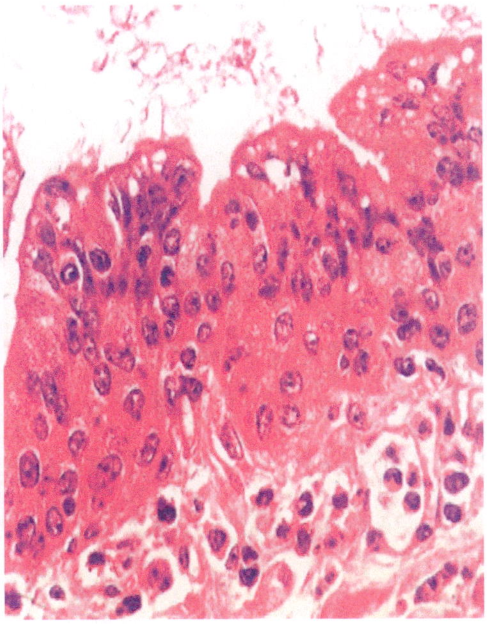

图 2.13.4　组织病理 – 慢性支气管炎

小鼠感染支原体，慢性病例支气管和血管周围淋巴细胞及浆细胞浸润，支气管扩张。支气管腔内可见渗出物。

其他病理表现：鼻腔和气管黏膜细胞发生增生。黏膜下层中性粒细胞和淋巴细胞显著浸润。中耳腔内可见大量中性粒细胞渗出，呈现化脓性中耳炎。

实验室检测

支原体是本病的病原，在分类学上属于支原体科（Mycoplasmataceae），支原体属（*Mycoplasma*）。支原体无细胞壁，细胞膜由三层结构组成，直径 0.3 ～ 0.8μm，形状不定，呈多形态性。能在无细胞的人工培养基中生长繁殖，以二分裂或芽生方式繁殖。由于细胞外围只有柔软的细胞膜，故具有多形性、可塑性和滤过性，在加压情况下，能通过孔径 220 ～ 450nm 的滤膜。革兰染色呈阴性，通常着色不良；用 Giemsa 染色或瑞氏染色，染色良好，呈淡紫色。支原体由于基因组小，生物合成能力较弱，营养要求较高，培养支原体的人工培养基需添加外源脂肪酸和甾醇。为抑制细菌生长，常加入青霉素、乙酸铊、叠氮化钠等药物。生长缓慢，在琼脂培养基上孵育 2 ～ 6 天，才长出必须用低倍显微镜才能观察到的微小菌落，直径 10 ～ 600nm 不等，圆形、透明、露滴状。支原体的典型菌落呈"荷包蛋状"，菌落中心深入培养基中、致密、色暗，周围长在培养基表面、较透明。在液体培养基中生长数量较少，不易见到浑浊，有时见到小颗粒粘于管壁或沉管底。

实验室诊断多采用分离培养法和血清学方法。分离培养法特异性好，但所用时间较长。日常监测取动物鼻咽气管分泌物或病变组织接种支原体培养基（包括液体、半流体和固体培养基）进行分离培养，分离鉴定支原体。分离培养法耗时约三周。核酸杂交技术已成功应用于无症状感染动物的快速诊断，特异性强，敏感度高。血清学方法包括酶联免疫吸附试验（ELISA）已用于支原体感染的抗体检测。

管理处置

传染源主要是患鼠和肺支原体隐性带菌鼠，经呼吸道分泌向外排毒，污染饲料、垫料、用具和周围环境。也可经胎盘垂直传播。另外，污染动物的运输也可能是重要的传染散播方式。小鼠感染肺支原体的临床表现与肺支原体不同菌株的毒力强弱，动物的品系、年龄、营养状况，饲养环境中的氨浓度，以及是否与其他病原微生物混合感染等因素密切相关。因此，不同感染群中临床症状和病理变化差异较大。一旦发现临床感染，应封闭饲养车间，淘汰动物种群，彻底进行车间、环境消毒灭菌；可以通过剖宫产净化鼠群。

第十四节　小鼠棒状杆菌感染

病因

鼠棒状杆菌（*Corynebacterium kutscheri*）是啮齿动物专性寄生菌，可经粪口途径传播。免疫功能健全动物呈隐性感染，免疫功能障碍导致带菌动物发病，主要表现为脓毒败血症造成的全身多脏器脓肿。小鼠的脓肿多发生在肾脏和肝脏，不同品系的动物对于该细菌的感染抵抗能力存在差异。合并感染其他病原体时会出现明显症状，干扰感染性动物实验，该菌可刺激 Th1 细胞分泌 IL-2 和 γ 干扰素（IFN-γ），影响动物的免疫应答。也可干扰动物肿瘤实验。因此在我国的实验动物微生物国家标准中将该病原列为啮齿动物需筛查的病原项目。

临床症状

自然条件下多呈隐性感染，免疫抑制剂、X 射线、环境条件差、食物中缺乏维生素 B_6 均可导致带菌动物发病（如图 2.14.1 所示）。

图 2.14.1　外观改变 - 弓背，被毛粗乱
感染小鼠出现弓背、被毛粗乱，活动水平降低。

病理表现

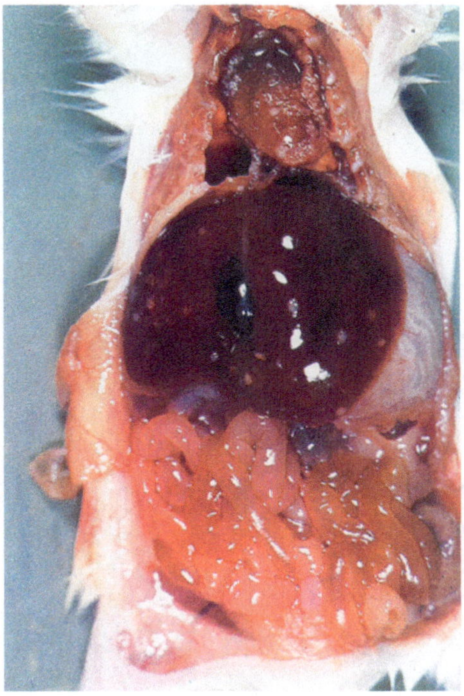

图 2.14.2　大体病理 - 肝脏灶性病变
感染小鼠肝脏出现灰白色坏死灶。

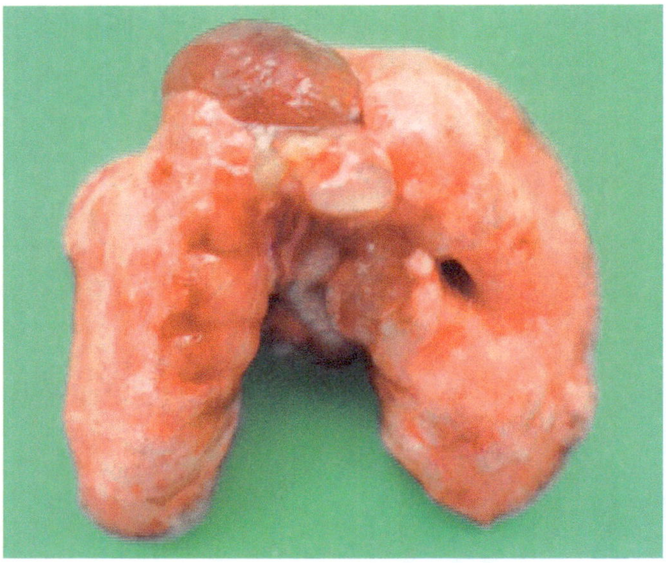

图 2.14.3　大体病理 – 肺脏灶性病变
感染小鼠肺脏出现灰白色坏死灶。

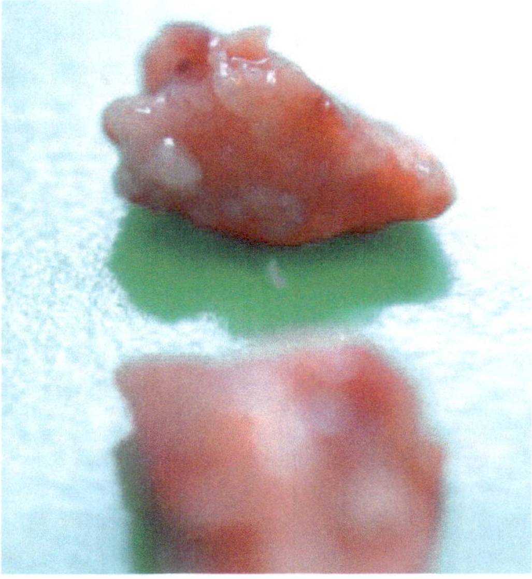

图 2.14.4　大体病理 – 肺脏病灶切面
感染小鼠肺脏出现多灶性坏死。

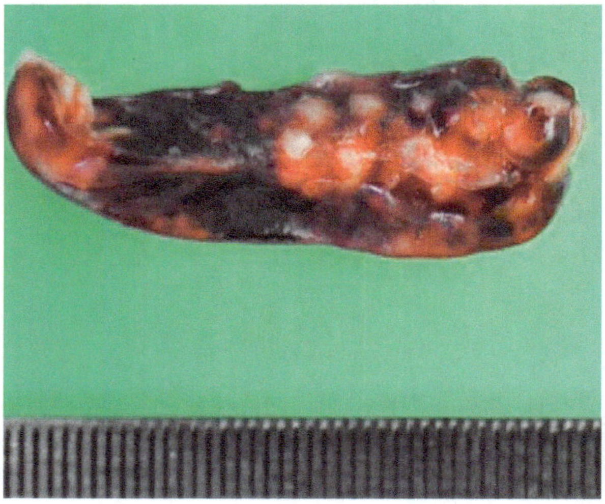

图 2.14.5　大体病理 – 脾脏灶性病变
感染小鼠脾脏出现多灶性坏死。

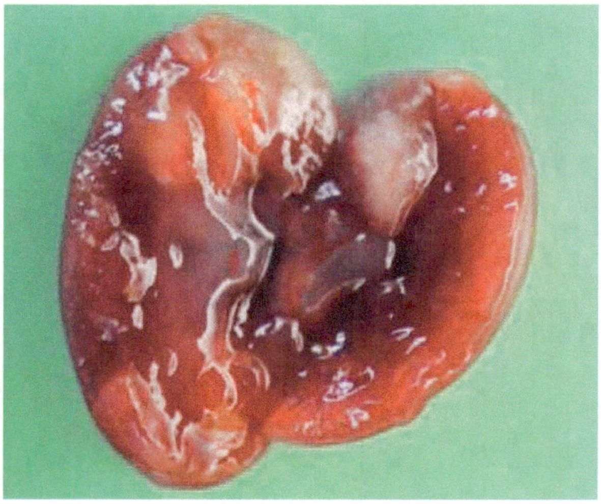

图 2.14.6　大体病理 – 肾脏病灶切面
感染小鼠肾脏出现坏死灶。

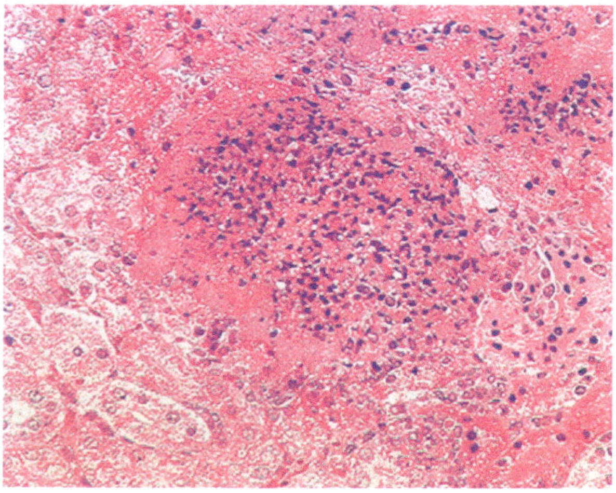

图 2.14.7　组织病理 – 肾脏脓肿
感染小鼠肾脏脓肿，可见炎症细胞浸润。

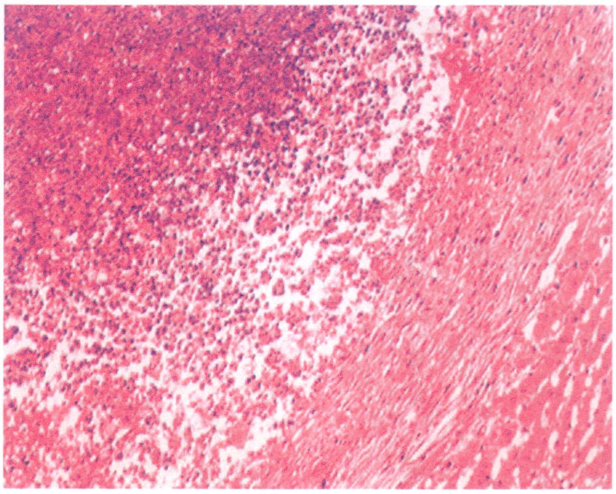

图 2.14.8　组织病理 – 肝脏脓肿
感染小鼠肝脏脓肿，中央为坏死灶、中性粒细胞显著浸润，慢性过程中形成脓肿壁，和周围组织分界明显。

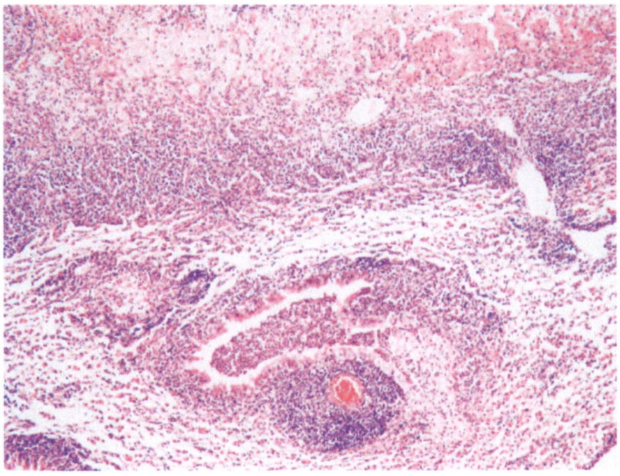

图 2.14.9　组织病理 – 肺脏脓肿
感染小鼠肺脏脓肿，融合性小叶性肺炎。

实验室检测

鼠棒状杆菌分类学上属于棒杆菌科（Corynebacteriaceae），棒杆菌属（*Corynebacterium*），又称库氏棒状杆菌。无鞭毛，不运动，不形成芽孢和荚膜。培养基中加入血液或血清可促进其生长，最适生长温度 37℃，最适生长 pH7，DNA 的（G+C）mol% 为 51 ～ 63。大小为（0.5 ～ 0.7）μm×（2.5 ～ 3.0）μm。革兰阳性小杆菌，呈棒槌状或微弯曲，排列不规则，可散在或成对或呈“V”形或呈栅栏状排列。在血琼脂平皿上可形成 1mm 左右、白色、突起、无光泽、触之较硬、涂片不易乳化、不溶血的菌落。

实验室诊断多用分离培养法。日常监测取动物鼻咽气管分泌物或病变组织接种培养基进行分离培养，取可疑菌落做生化鉴定，也可使用微生物鉴定系统对细菌进行鉴定。日本开展免疫荧光试验（IFA）及酶联免疫吸附试验（ELISA）检测棒状杆菌抗体，但多局限于实验室研究，因所用菌株不同导致特异性和敏感性不稳定，尚未有商品化试剂供应。PCR 和核酸杂交技术已成功应用于无症状感染动物的快速诊断，特异性强，敏感度高。

管理处置

鼠棒状杆菌感染主要传染途径是呼吸道和消化道。经常不表现任何临床症状。常在降低要求环境，如普通饲养环境中发生，极少在屏障环境中发生。动物实验处理等使动物处于应激状态的因素均可成为动物发病的诱因。动物一旦感染，很难清除。不推荐使用抗生素清除鼠棒状杆菌感染。一旦发现临床感染，应封闭饲养车间，淘汰动物种群，彻底进行车间、环境消毒灭菌。剖宫产净化鼠群是最有效的清除感染的方法。

第十五节　小鼠泰泽病原体感染

病因

泰泽菌（*Clostridium piliforme*）感染是此类疾病的病因。该菌又称毛发状芽孢杆菌（*Bacillus piliformis*），分类学上属于梭菌科（Clostridiaceae），梭菌属（*Clostridium*）。可感染大鼠、小鼠、豚鼠、地鼠和兔等多种动物。动物多呈隐性感染。诱发症状可见引起动物厌食、腹泻、回肠增生性炎症、肠系膜淋巴结病变，导致动物出血性坏死性肠炎，尤其是回肠、盲肠、近端结肠的充血、水肿、坏死。引起肝脏、心脏原位坏死性病灶。泰泽病原体对于免疫系统的影响体现在感染对中性粒细胞和NK细胞的消耗，特别是幼年小鼠。泰泽病原体感染干扰药理学、毒理学实验研究，也干扰感染性研究。因此在我国的实验动物微生物国家标准中将该病原列为啮齿动物需筛查的病原项目。

临床症状

多呈隐性感染。肿瘤接种、免疫抑制剂、X射线、机体抵抗力下降、应激反应等均可诱导动物发病。实验感染泰泽病原体3～7天后，发病动物可见精神萎靡不振，水样便、糊状或血性样便的腹泻，病后2～3天后死亡。

病理表现

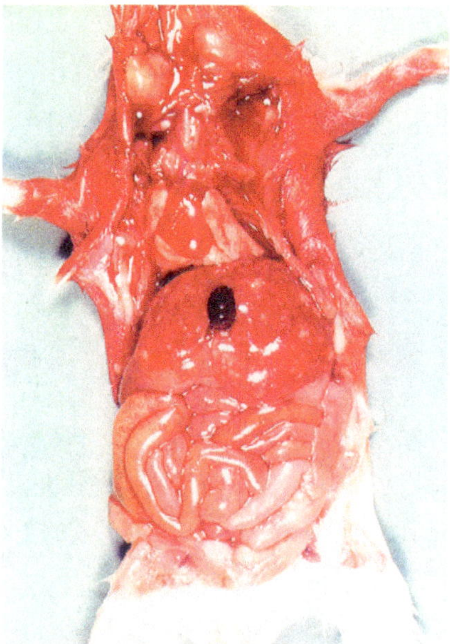

图2.15.1　大体病理－肝脏弥漫性病灶

泰泽病原体感染小鼠肝脏出现弥漫性灶性坏死。

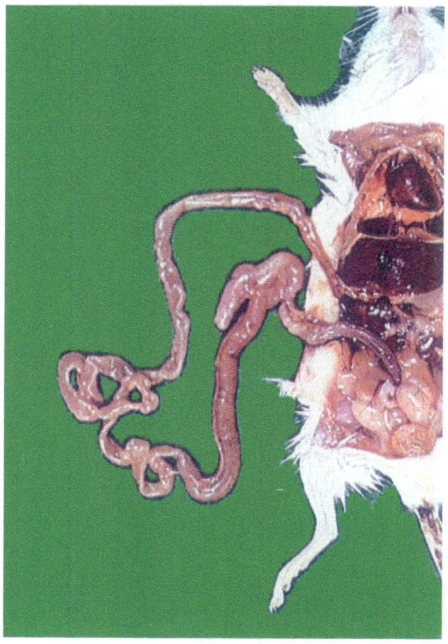

图2.15.2　大体病理－肠道病变

泰泽病原体感染小鼠，导致动物出血性坏死性肠炎，回肠、盲肠、近端结肠充血、水肿。

组织病理学表现为肠炎，病例有回肠、盲肠部的出血，固有层、黏膜下层的水肿、坏死、中性粒细胞浸润；主要是在黏膜上皮细胞，有时在平滑肌细胞内见到菌体。肝脏表现为灶性坏死（如图 2.15.3 及图 2.15.4 所示）。

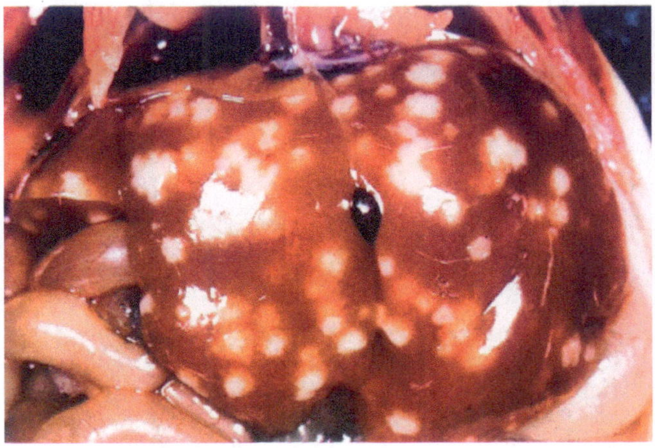

图 2.15.3　大体病理 – 肝脏灶性坏死
泰泽病原体感染小鼠，导致其肝脏灶性坏死。

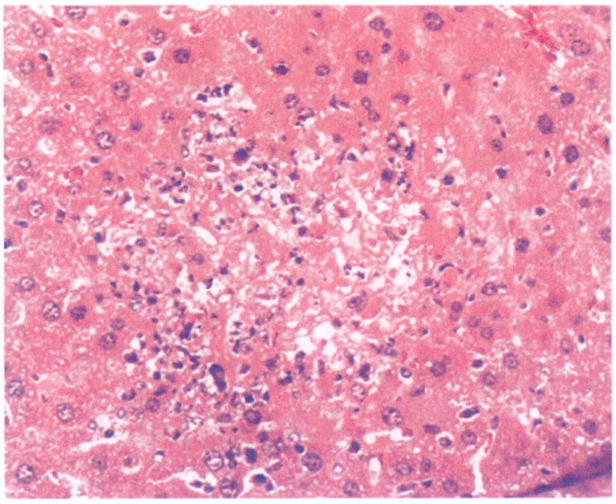

图 2.15.4　组织病理 – 肝脏灶性坏死
泰泽病原体感染小鼠，导致其肝脏灶性坏死。

实验室检测

泰泽病原体为革兰阴性，杆状，多形态性是本菌的一个特征。一般呈细长形，大小为 0.5μm ×（8.0 ～ 10）μm，在单个细胞内能大量繁殖，有时可达 40μm，有芽孢，用相差显微镜及电子显微镜可以见到芽孢及菌体周围有很多活动的鞭毛。为非抗酸性杆菌。

泰泽病原体为专性细胞内寄生，不能在人工培养基上进行生长繁殖，不能像其他细菌一样通过分离培养进行鉴定，虽然已经有用细胞培养泰泽病原体成功的报道，但是用于临床上泰泽病原体的分离仍存在困难。通过人工注射免疫抑制剂对可能感染的动物进行激发试验，可以诱发隐性感染的动物发病，不过这种方法在实际应用中费时且效果不佳。因此，实验室诊断多采用血清学方法。血清学方法包括酶联免疫吸附试验（ELISA）和免疫荧光试验（IFA）。也可对肝脏或回盲部进行 PCR 检测。但对于泰泽病原体已知基因组序列太少，PCR 特异性有待确证。

管理处置

粪口途径是泰泽病原体在物种之间传播的主要方式，隐性带菌鼠经消化道分泌向外排出繁殖体和芽孢，污染饲料、垫料、用具和周围环境。使用某些抗菌药物会有效减轻该菌引起的临床症状，但不能完全治愈。一旦发现临床感染，原则上应封闭饲养车间，淘汰动物种群，彻底进行车间、环境消毒灭菌，重新引种。可以通过剖宫产净化鼠群。

第十六节　小鼠嗜肺巴氏杆菌感染

病因

大多数啮齿动物携带嗜肺巴氏杆菌（*Pasteurella pneumotropica*），该菌感染暴发仅见于大鼠和免疫功能受限的小鼠。嗜肺巴氏杆菌通过接触传播。该菌正常存在于动物的鼻、咽等部位。该菌是条件致病菌，以隐性感染为主，在动物免疫机制受到抑制和应激因子作用时引起流行。动物感染嗜肺巴氏杆菌多无明显症状，偶见病症仅限于皮肤及其附属组织，也可引起眼部炎症如结膜炎等。还常与仙台病毒、肺支原体等呼吸道病原微生物合并感染，引起大鼠、小鼠的肺炎、中耳炎、结膜炎、皮下溃疡，并可引起动物尿道、生殖道的感染。嗜肺巴氏杆菌会对涉及皮肤组织的研究产生干扰，因此我国的实验动物微生物国家标准中将该病原列为啮齿动物，特别是免疫缺陷动物需筛查的病原项目。

临床症状

人工感染时，动物可出现眼睑分泌物增多（如图 2.16.1 所示）等外观改变。

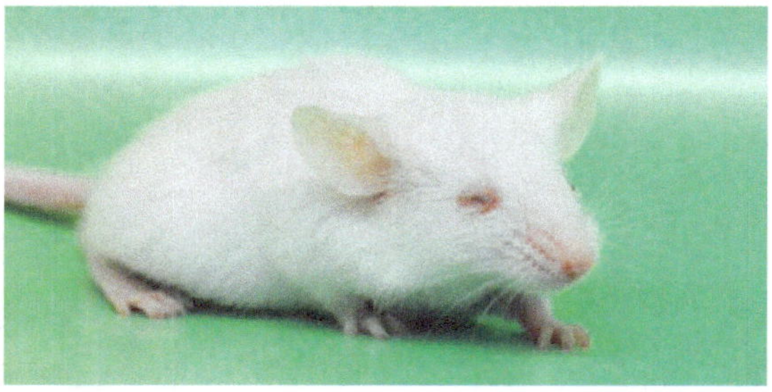

图 2.16.1　外观改变 – 眼睑分泌物增多

嗜肺巴氏杆菌感染小鼠，可见眼睑分泌物增多等外观改变。

病理表现

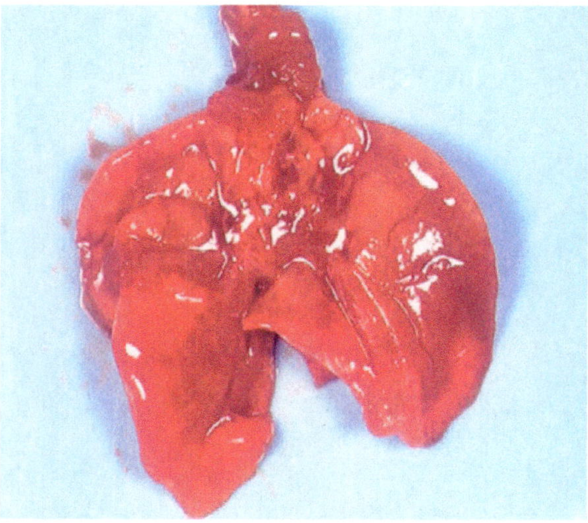

图 2.16.2　大体病理 – 肺脏肝样实变

嗜肺巴氏杆菌感染小鼠，可见肺脏肿大，呈暗红色肝样实变。

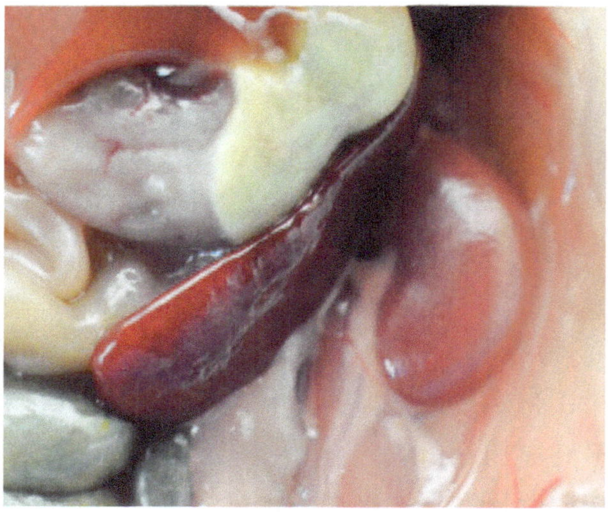

图 2.16.3　大体病理 – 脾脏肿大

嗜肺巴氏杆菌感染小鼠，可见脾脏肿大。

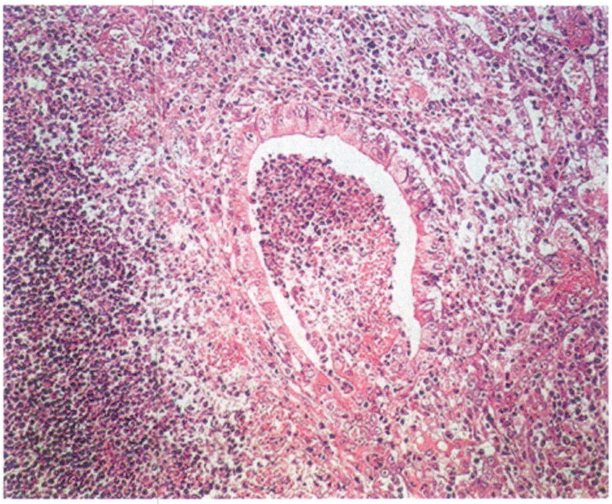

图 2.16.4　组织病理 – 肺脏脓肿

嗜肺巴氏杆菌感染小鼠，可见出现肺脏脓肿，急性期气管、支气管上皮细胞变性、脱落。

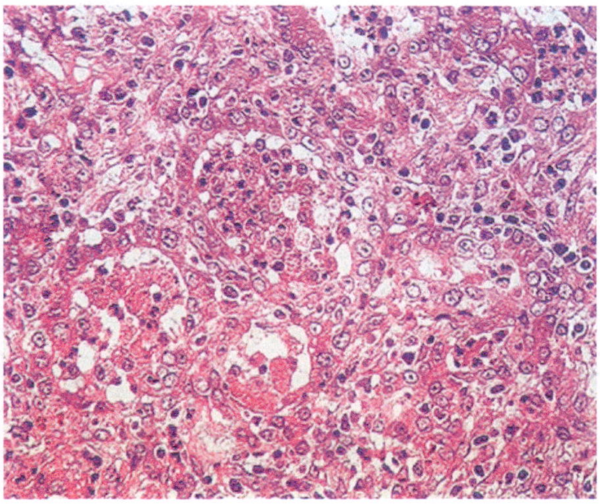

图 2.16.5　组织病理 – 化脓性肺炎

嗜肺巴氏杆菌感染小鼠，可见肺泡内中性粒细胞渗出，表现为化脓性肺炎。

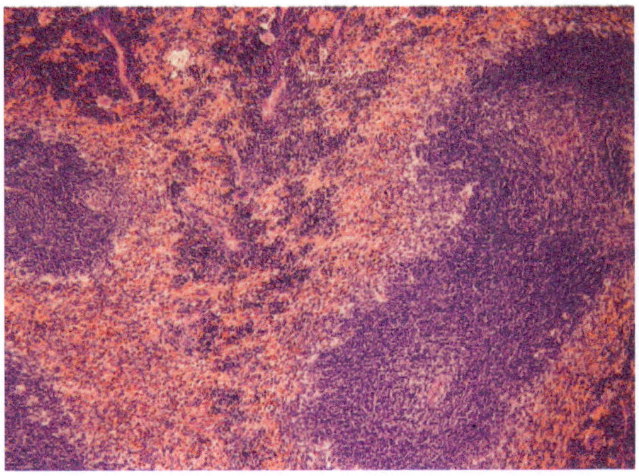

图 2.16.6　组织病理 – 脾脏出血

嗜肺巴氏杆菌感染小鼠，可见动物脾脏红髓出血。

实验室检测

嗜肺巴氏杆菌是本病的病原，分类学上属于巴氏杆菌科（Pasteurellaceae），巴氏杆菌属（*Pasteurella*）。菌体呈球杆状，长 0.5 ～ 1.2μm，少见两极着色，需氧或兼性厌氧，最适生长温度 37℃。在血琼脂平板上，37℃培养 48h，菌落呈微灰色、半透明、奶油状，不溶血，直径 1.6 ～ 2.0mm。实验室诊断多用分离培养法。日常监测取动物鼻咽气管分泌物或病变组织接种培养基进行分离培养，取可疑菌落做生化鉴定，也可使用微生物鉴定系统对细菌进行鉴定。PCR 和核酸杂交技术已成功应用于无症状感染动物的快速诊断，特异性强，敏感度高。临床样本经免疫组化染色发现嗜肺巴氏杆菌，其他公认的实验室检测方法（如血清学方法）也用于嗜肺巴氏杆菌抗体的检测。

管理处置

嗜肺巴氏杆菌感染经常不表现任何临床症状，主要传染途径是呼吸道。该菌是条件致病菌，以隐性感染为主，在动物免疫机制受到抑制和应激因子作用时引起流行。还常与仙台病毒、肺支原体等呼吸道病原微生物合并感染。嗜肺巴氏杆菌是大鼠、小鼠最易感染且污染环境的病原。群体一旦感染，很难清除。对已感染种群，子宫剖宫产净化是清除感染的最有效的方法。

第十七节　小鼠葡萄球菌感染

病因

葡萄球菌病多是由感染金黄色葡萄球菌（*Staphylococcus aureus*）引起的。金黄色葡萄球菌在自然界广泛分布，宿主为各种温血动物，可通过受损的皮肤及黏膜侵入机体。金黄色葡萄球菌一般不引起动物疾病，是条件致病菌。当动物生理状况异常，如受压力或免疫抑制影响时，该菌可致病。大鼠和小鼠可出现尾部损伤、皮肤溃疡等症状。该菌感染多表现为化脓性炎症，受累器官也可涉及呼吸道、肺脏、结膜等。金黄色葡萄球菌可以调动中性粒细胞，活化细胞介导的免疫效应，诱发并产生多种毒素，对受感染动物的免疫系统具有严重干扰作用。其他葡萄球菌如木糖葡萄球菌（*Staphylococcus xylosus*）对于免疫缺陷动物也存在致病性。因此这类葡萄球菌在实验动物微生物质量控制，特别是免疫缺陷动物的质量控制中需要加以监测。

临床症状

与实验动物相关的葡萄球菌属的细菌，研究较多的是金黄色葡萄球菌。当小鼠感染时，可见化脓性结膜炎、角膜炎、皮肤炎、败血症、全身性脓肿、尿道腺炎。可引起小鼠眼部病变（如图 2.17.1 所示）。

裸鼠或常规小鼠皮肤黏膜破损时，即可侵入机体，引起毛囊炎、疖、痈等化脓性感染，也可经血液到内脏器官，引起全身败血症或脓毒败血症。金黄色葡萄球菌感染，动物较多出现皮肤溃烂，且多发于尾部和四肢（如图 2.17.2 所示）。

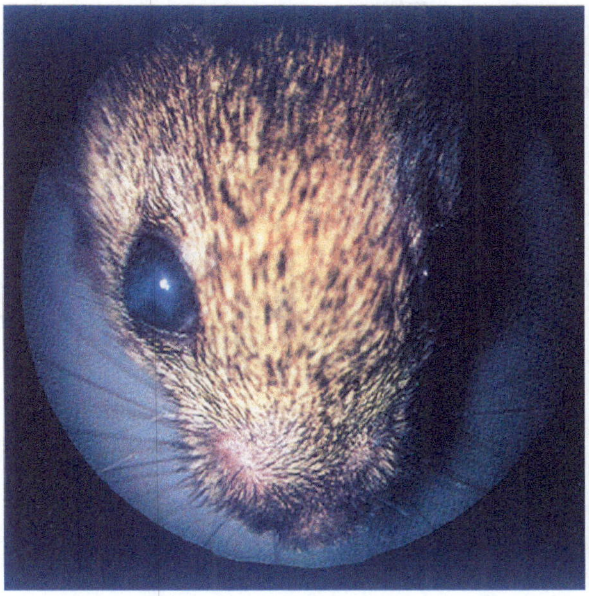

图 2.17.1　外观改变 – 眼部病变
金黄色葡萄球菌（*S. aureus*）感染小鼠，眼球肿大，突出。

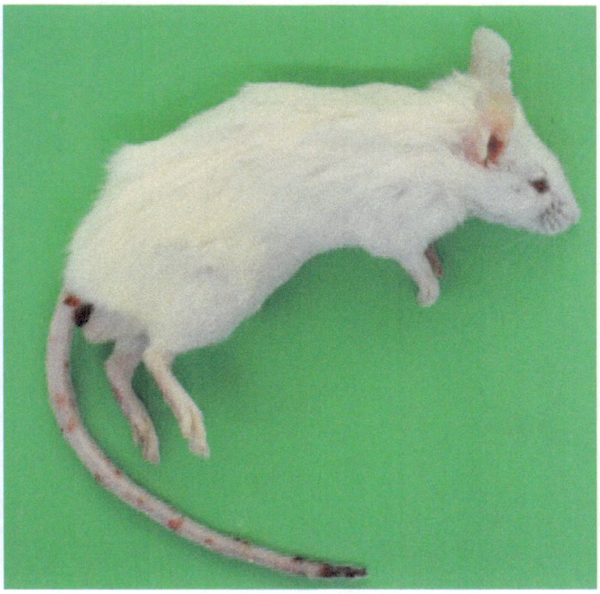

图 2.17.2　外观改变 – 尾部溃烂
金黄色葡萄球菌（*S. aureus*）感染小鼠，尾部溃烂。

病理表现

小鼠感染可见化脓性结膜炎、角膜炎、皮肤炎、败血症、全身性脓肿、尿道腺炎。大体解剖，可见小鼠脾脏肿大（如图 2.17.3 所示）。结膜和角膜上皮因中性粒细胞和淋巴细胞浸润，可见到浮肿、肥厚，有的前眼房充满了坏死的细胞，可见到出血（如图 2.17.4 及图 2.17.5 所示）。皮肤病变可见表皮层脱落、真皮层坏死和中性粒细胞浸润，皮下脓肿多表现在面部和头部。脾脏可见髓外造血现象（如图 2.17.6 所示）。

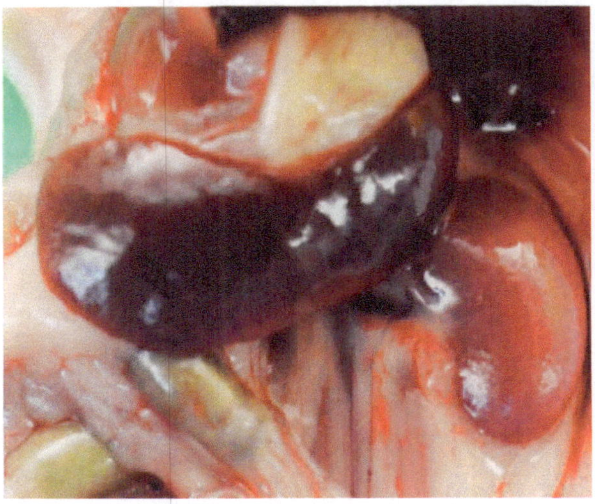

图 2.17.3　大体病理 – 脾脏肿大
金黄色葡萄球菌（*S. aureus*）感染小鼠，可见脾脏肿大。

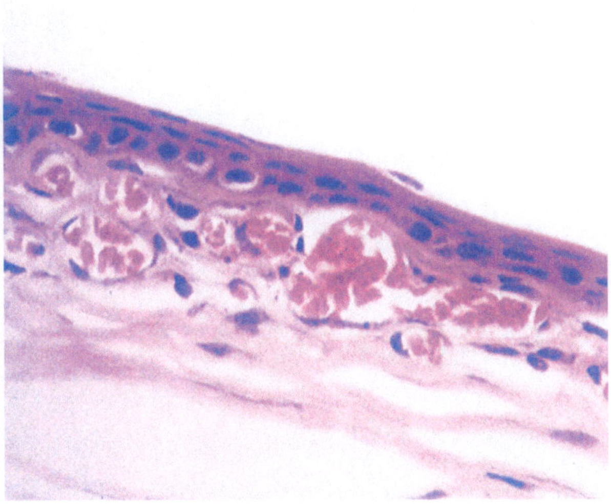

图 2.17.4　组织病理 – 角膜炎
金黄色葡萄球菌（*S. aureus*）感染小鼠，眼角膜出现炎症，上皮水肿，毛细血管增生及扩张。

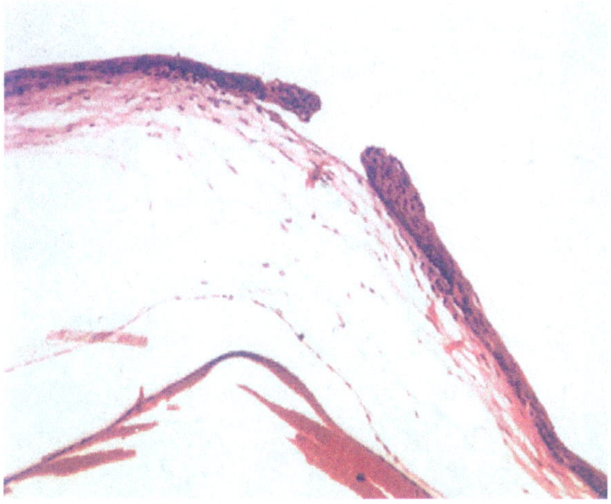

图 2.17.5 组织病理 - 坏死性角膜炎
金黄色葡萄球菌（*S. aureus*）感染小鼠，眼角膜出现炎症及坏死。

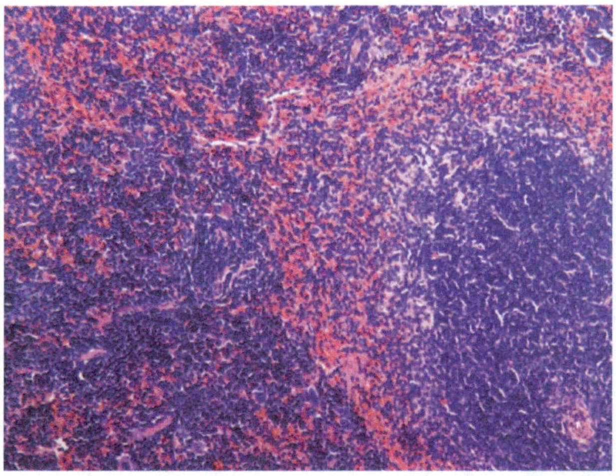

图 2.17.6 组织病理 - 脾脏髓外造血
金黄色葡萄球菌（*S. aureus*）感染小鼠，脾脏可见髓外造血现象。

木糖葡萄球菌是自然存在的一类细菌，对免疫功能正常的小鼠没有影响。但是对于某些免疫缺陷小鼠，此类细菌成为机会感染病原，可引起皮肤病变，如脱毛、皮肤结痂等（如图 2.17.7 及图 2.17.8 所示）。这些病变一方面与动物的遗传改变有关系，另一方面也与机会感染木糖葡萄球菌有关。

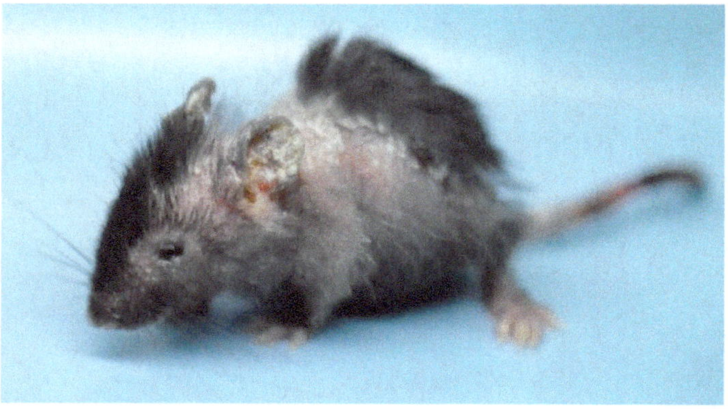

图 2.17.7 外观改变 - 皮肤病变
木糖葡萄球菌（*S. xylosus*）感染免疫缺陷小鼠（*FoxP3* 基因敲除小鼠），出现脱毛、皮肤结痂等现象。

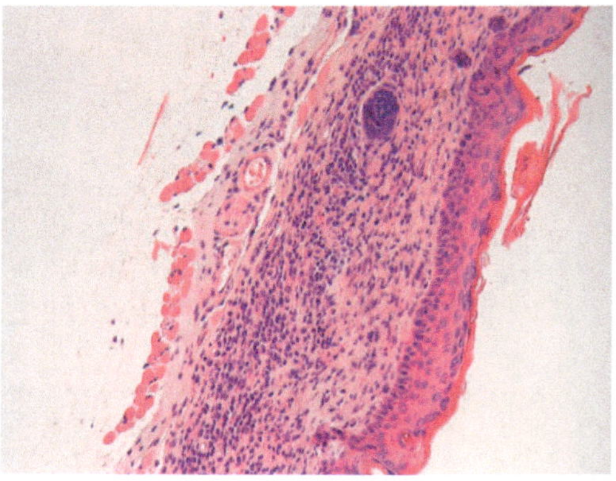

图 2.17.8 组织病理 - 皮肤病变
木糖葡萄球菌（*S. xylosus*）感染免疫缺陷小鼠（*FoxP3* 基因敲除小鼠），表皮增厚，真皮层可见肥大细胞、淋巴细胞和中性粒细胞浸润。毛囊数量减少，正常毛囊结构萎缩，外根鞘和内根鞘萎缩。

实验室检测

金黄色葡萄球菌是本病的病原，分类学上属于葡萄球菌科（Staphylococcaceae），葡萄球菌属（*Staphylococcus*）。革兰阳性球菌，排列成葡萄状，在液体培养基中常呈双球或短链状，直径为 0.5 ～ 1.0μm。致病性菌株的菌体稍小。无芽孢，某些菌株可形成荚膜或黏液层。需氧或兼性厌氧。可在普通培养基、血琼脂等培养基生长，不在麦康凯（MacConkey）培养基生长。最适温度 35 ～ 36.5℃，最适 pH 为 7.0 ～ 7.5。在普通琼脂平板形成湿润、光滑、隆起的圆形菌落，直径 1 ～ 2mm，有时可达 4 ～ 5mm，菌落颜色依菌株而异，初为灰白色，继而为金黄色、白色或柠檬色，致牛乳腺炎以及耐药菌株为深黄色。色素的形成依培养条件而异，致病性菌株多能产生脂溶性的黄色或柠檬色素，不着染培养基。通常在 22℃条件下或在固体培养基中含有糖、牛乳或血清等时，产生色素较多；在有 O_2 及 CO_2 环境下易形成色素。在血液琼脂平板形成的菌落较大，产溶血素的菌株多为致病菌，菌落周围呈现明显的 β 溶血。条件致病菌，主要传播途径为损伤的皮肤和黏膜，感染可发生于各种温血动物。实验室诊断可采用分离培养法和 PCR 方法。

日常监测取动物粪便或病变组织接种选择性培养基进行分离培养，取可疑菌落做生化鉴定，也可使用微生物鉴定系统对细菌进行鉴定。葡萄球菌的鉴定必须在确定菌属无误的基础上进行种的鉴定。革兰阳性球菌一些菌属的细菌间在形态学上很相似，极易造成菌属间的鉴定错误，因此必须借助一些要点加以区别，如血浆凝固酶试验和甘露醇发酵试验阳性。血清学检测有琼脂扩散试验、对流免疫电泳、放射免疫分析等。定量 PCR、RT-PCR 可应用于无症状感染动物的快速鉴定，特异性强，敏感度高。

管理处置

金黄色葡萄球菌广泛分布于自然界，主要通过受损处的皮肤和黏膜感染，引起发病。环境潮湿、底网粗糙、卫生条件差是动物发病的重要诱因。应加强饲养管理，定期进行设施、笼具消毒，以杜绝传染源。控制每笼动物数量、雌雄比例适当，防止伤害雄鼠阴茎现象的发生，避免激发感染。一旦发现临床感染，应封闭饲养车间，淘汰动物种群，彻底进行车间、环境消毒灭菌。可以通过剖宫产净化鼠群。

第十八节　小鼠绿脓杆菌感染

病因

绿脓杆菌（*Pseudomonas aeruginosa*）是广泛分布于土壤、水和空气中的环境微生物，亦存在于正常人与动物肠道和皮肤上。只在动物的机体发生免疫抑制或是存在免疫缺陷时可导致动物疾病。本菌可产生内毒素，广泛侵袭机体各个脏器组织，引起各种病变和炎症。主要通过接触和空气传播。绿脓杆菌感染可调动细胞免疫和体液免疫。该菌感染产生的外毒素具有超抗原作用。在对动物进行射线照射、环磷酰胺给药、巨细胞病毒感染等实验时，该菌感染会引起动物过早死亡，并且绿脓杆菌感染会加重某些致病状态，因此在对实验动物，特别是免疫缺陷动物进行健康检测时需要检测此项目。

临床症状

图 2.18.1　外观改变 – 眼睑分泌物增多
裸鼠（BALB/c-nu）实验感染绿脓杆菌后，可见眼睑分泌物增多。

多为隐性感染，一般情况下不引起临床症状，其致病主要是由继发感染或混合感染所致，常为慢性炎症，如中耳炎、内耳炎，临床表现为动物斜颈或转圈。可引起动物眼部病变。绿脓杆菌感染皮肤，可引起动物局部皮肤脱毛、溃疡。

病理表现

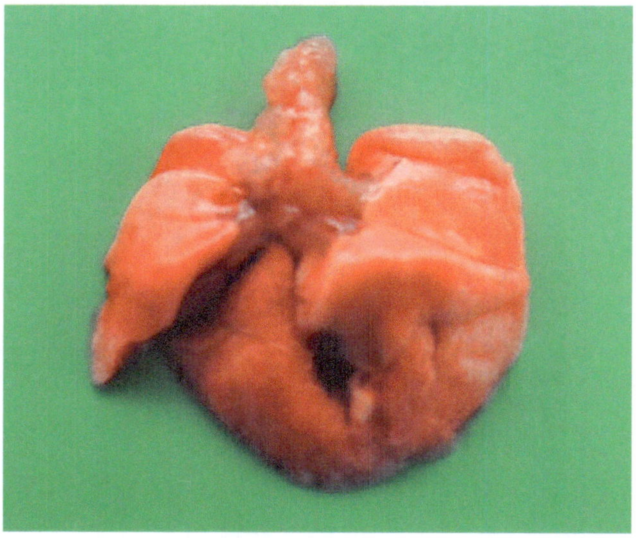

图 2.18.2　大体病理 – 肺脏充血
小鼠实验感染绿脓杆菌后，可见动物肺脏出现不同程度的充血，局部出现灶性病变。

大体病理可见肺脏、肾脏、肝脏、心脏等脏器受累，可出现脓性病变。中耳内有脓液。组织病理学方面观察到心脏、肝脏、肾脏实质细胞坏死，中性粒细胞、单核细胞浸润（如

图 2.18.3 所示）。中耳壁过度增生，内耳壁融解，内、中耳脓肿等。小鼠肺脏组织肺泡间隔增宽、局部融合，肺泡腔消失；间质血管扩张充血，炎症细胞浸润（如图 2.18.4 所示）。

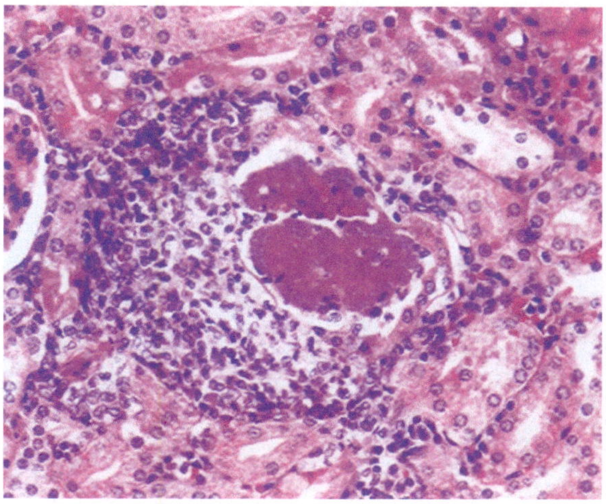

图 2.18.3　组织病理－肾脏脓肿
小鼠感染绿脓杆菌，可见肾脏实质细胞变性坏死，中性粒细胞、单核细胞浸润，出现脓肿。

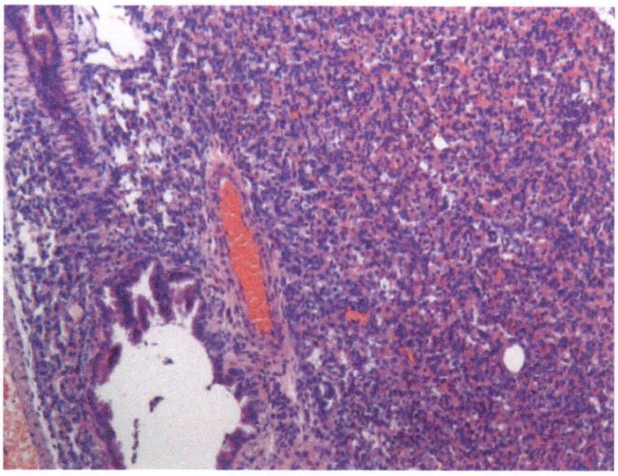

图 2.18.4　组织病理－肺部病变
小鼠感染绿脓杆菌，可见肺泡间隔增宽、局部融合，肺泡腔消失，炎症细胞浸润，间质血管扩张充血。

实验室检测

绿脓杆菌为铜绿假单胞菌的惯称。分类学上属于假单胞菌科（Pseudomonadaceae），假单胞菌属（*Pseudomonas*）。革兰阴性杆菌，大小为（0.5 ～ 0.7）μm ×（1.5 ～ 3.0）μm，单个或成双排列，偶见短链，多以端生单鞭毛运动。DNA 的（G+C）mol% 为 67.2。专性需氧菌，最适生长温度为 35℃，20 ～ 42℃可生长，4℃不生长。营养要求不严格，在普通固体培养基上可产生两种类型的菌落，一种大而光滑，另一种小而粗糙。大多数菌株能产生水溶性的蓝色的绿脓素和蓝绿色的荧光素，色素由菌落向周围扩散，使培养基也着色，在血平板上出现溶血环。

实验室诊断多用分离培养法。日常监测取动物粪便或病变组织接种选择性培养基进行分离培养，取可疑菌落做生化鉴定，也可使用微生物鉴定系统对细菌进行鉴定。血清学方法包括酶联免疫吸附试验（ELISA）、间接血凝试验、琼脂扩散试验。近年来 PCR 方法用于绿脓杆菌感染的快速检测，特异性强，敏感度高。

管理处置

绿脓杆菌广泛存在于自然界，通过多种途径传播。保持饲养环境干燥，减少应激，避免长时间高温运输和频繁转移对减少该菌有重要意义。一旦发病，应封闭饲养车间，淘汰动物种群，彻底进行车间、环境消毒灭菌，重新引种。

第十九节　小鼠念珠状链杆菌感染

病因

念珠状链杆菌（*Streptobacillus moniliformis*）的宿主是啮齿动物，被认为是实验动物大鼠可正常携带的微生物，大鼠感染后多无明显临床症状，小鼠感染时则可引起疾病。当人被鼠类咬伤，出现人类鼠咬热和哈弗里尔热（Haverhill）。因此念珠状链杆菌为人兽共患的病原菌，在对啮齿类实验动物进行微生物监测时需要考虑此病原。

临床症状

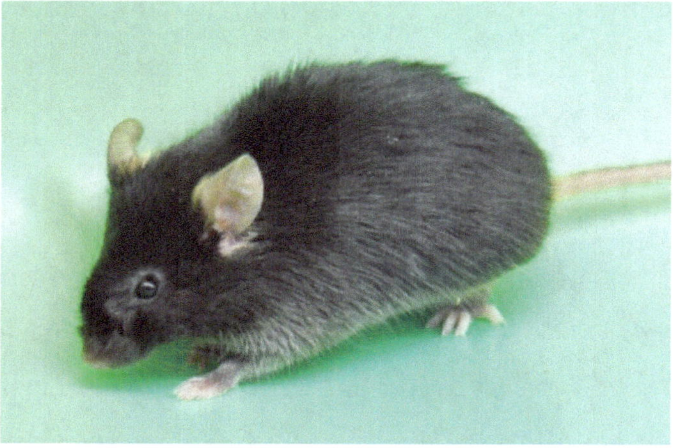

图 2.19.1　外观改变 – 被毛粗乱

小鼠感染念珠状链杆菌，外观表现可见被毛粗乱、无光泽，以及活动能力降低等。

自然条件下该菌对免疫功能正常的小鼠致病性低。严重免疫缺陷时可患念珠状链杆菌病，典型症状是败血性淋巴结炎，主要是侵犯颈部淋巴结，在疾病后期腹股沟处及腋下淋巴结也可被侵犯，而肠系膜淋巴结常见，严重的可导致致死性的败血症。可引起妊娠小鼠的流产。人工感染动物可出现多器官病变。

病理表现

大体变化主要表现在多器官炎症，广泛的淋巴结肿大。急性感染可发展为化脓性关节炎和多发性关节炎，四肢、尾关节、脊柱均可受累，有多发性微细脓肿，如卵巢和肝脏脓肿，脾脏肿大。组织病理学可见，感染动物脾脏白髓萎缩，红髓髓外造血，以及化脓性角膜结膜炎等。

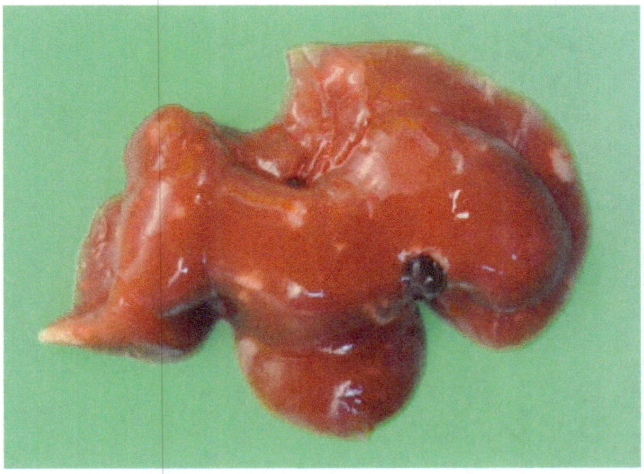

图 2.19.2　大体病理 – 肝脏灶性病变

小鼠感染念珠状链杆菌，大体解剖可见肝脏灶性坏死。

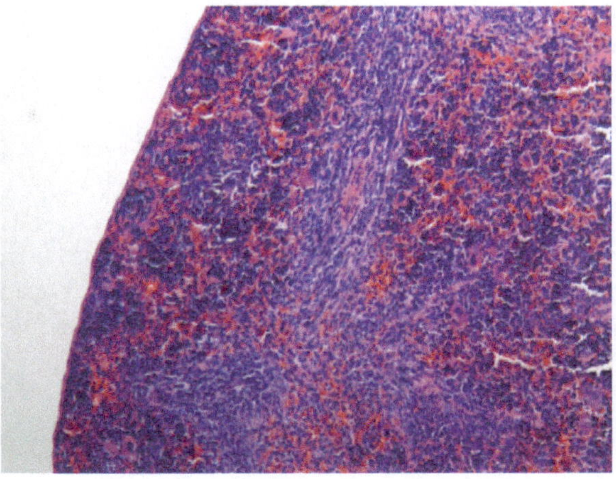

图 2.19.3　组织病理 – 脾脏红髓髓外造血

小鼠感染念珠状链杆菌，脾脏白髓萎缩，红髓髓外造血。

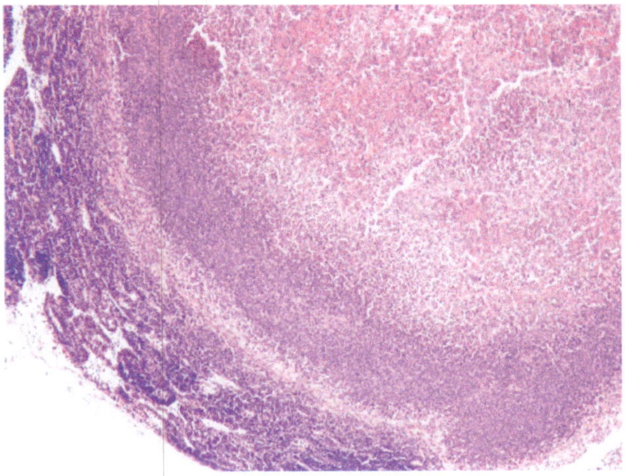

图 2.19.4　组织病理 – 淋巴结脓肿

小鼠感染念珠状链杆菌，淋巴结出现脓肿。

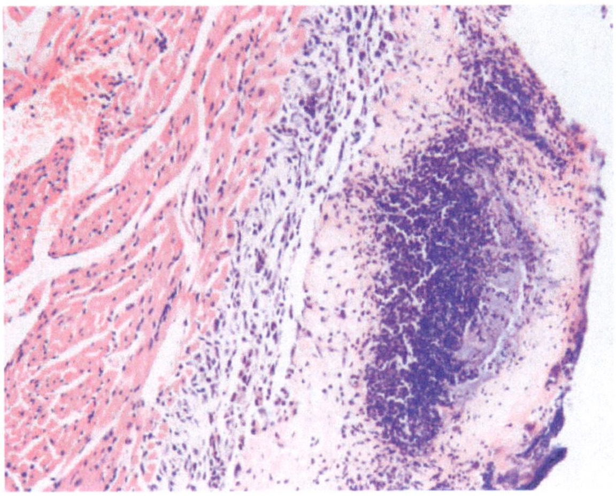

图 2.19.5　组织病理 – 心外膜炎症

小鼠感染念珠状链杆菌，感染动物心外膜炎症细胞浸润。

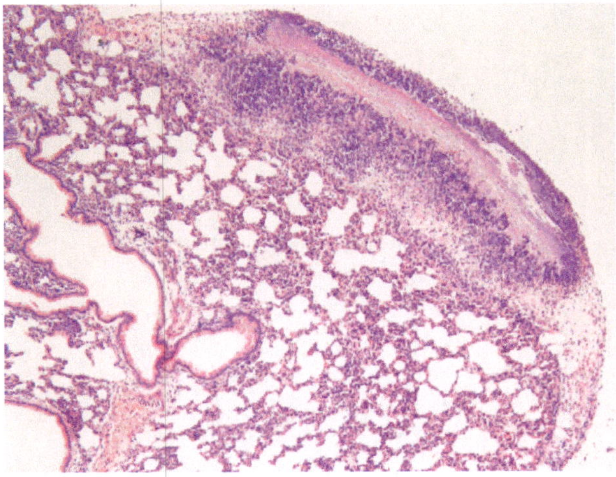

图 2.19.6　组织病理 – 胸膜炎症

小鼠感染念珠状链杆菌，肺脏胸膜增厚，炎症细胞浸润。

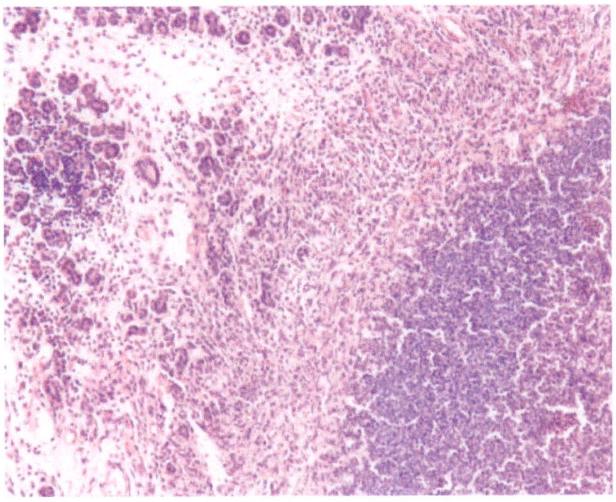

图 2.19.7　组织病理 – 唾液腺脓肿

小鼠感染念珠状链杆菌，唾液腺出现脓肿。

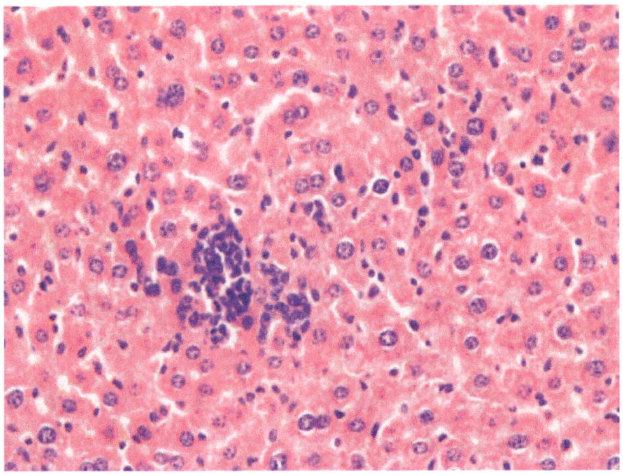

图 2.19.8 组织病理 - 肝脏病变

小鼠感染念珠状链杆菌，肝脏库普弗细胞增生，灶样炎症细胞浸润。

实验室检测

念珠状链杆菌分类学上属于梭杆菌科（Fusobacteriaceae），链杆菌属（*Streptobacillus*）。该菌是野鼠、实验大鼠等动物鼻咽部的正常菌群，带菌率可达 10%～100%，对人、实验小鼠、非人灵长类等都有极强的致病性，念珠状链杆菌有明显的多形性，多呈短杆状，常形成丝状。单独存在的杆菌常于中央部显示膨胀，而长丝形的一系列膨胀区相连，呈念珠状。通常为革兰阴性，无动力，无芽孢，无荚膜。兼性厌氧，在普通琼脂上不生长，必须在含有血液、血清、蛋黄或淀粉的培养基中方能生长。本菌在血琼脂平皿上可形成 1mm 左右、灰白色、不溶血、涂片不易乳化的菌落。在人工培养基上极易形成 L 型变异，血清肉汤培养物呈白色、絮状沉淀于管底或黏附于管壁上，上部液体澄清。国外也采用 PCR 方法作为常规检测方法。

实验室诊断多用分离培养法。进行细菌分离鉴定时，从血液、脓液、关节腔液和其他病变部位取样培养，可分离到念珠状链杆菌，细菌生长后可根据其典型的形态学特征及生化特性进行鉴定。以气相色谱进行脂肪酸谱分析，血清肉汤中的纯培养产生特殊图谱，可快速诊断。鼠咬热的诊断还要与鼠棒状杆菌、肠炎沙门菌和鼠痘病毒引起的败血症进行鉴别。血清学方法包括酶联免疫吸附试验（ELISA）和间接免疫荧光试验已用于念珠状链杆菌的抗体检测。近年来 PCR 方法用于念珠状链杆菌感染的快速检测，特异性强，敏感度高。

管理处置

念珠状链杆菌主要是通过直接接触感染动物进行传播，因此预防的关键是防止带菌动物进入动物设施。加强饲养管理、严防野鼠进入非常重要。外来动物必须经过检疫。一旦发现临床感染，应封闭饲养车间，淘汰动物种群，彻底进行车间、环境消毒灭菌。

第二十节 小鼠肺炎链球菌感染

病因

肺炎链球菌（*Streptococcus pneumoniae*）在自然界中分布广泛，可引起人大叶性肺炎或脑膜炎，亦可致幼畜肺炎或败血症。正常状态下，存在于人和动物上呼吸道中，当机体抵抗力下降时，即可引起发病。与其他链球菌科细菌类似，该菌属于人兽共患的病原体。在自然条件下对免疫功能正常的动物没有显著影响，但对免疫缺陷动物的致病性强，因此在对啮齿类实验动物进行微生物监测时应考虑此病原。

临床症状

其感染多呈隐性感染，可引起小鼠的肺炎及败血症，并可能导致气管炎、中耳炎、肺炎等。

病理表现

大体病理改变主要是肺脏表面有纤维素样渗出、化脓性鼻炎和中耳炎。组织病理学可见肺泡间隔增宽，血管扩张充血（如图 2.20.1 所示）。其他组织也可出现炎症病变，如可见脾脏白髓有较多固缩淋巴细胞，红髓髓外造血（如图 2.20.2 所示）。

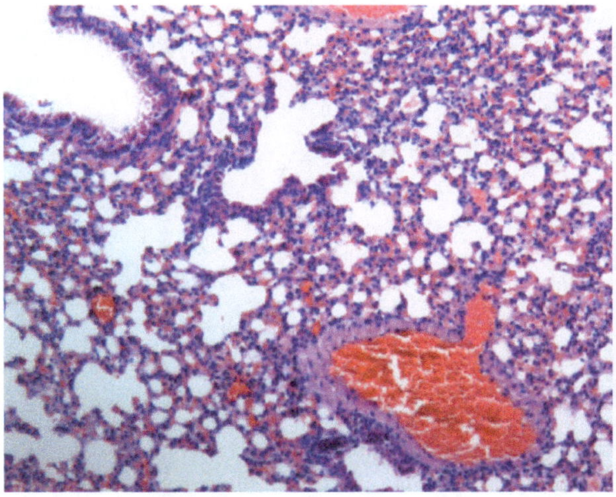

图 2.20.1 组织病理 - 肺脏病变

小鼠感染肺炎链球菌，肺脏可见肺泡间隔增宽，血管扩张充血。

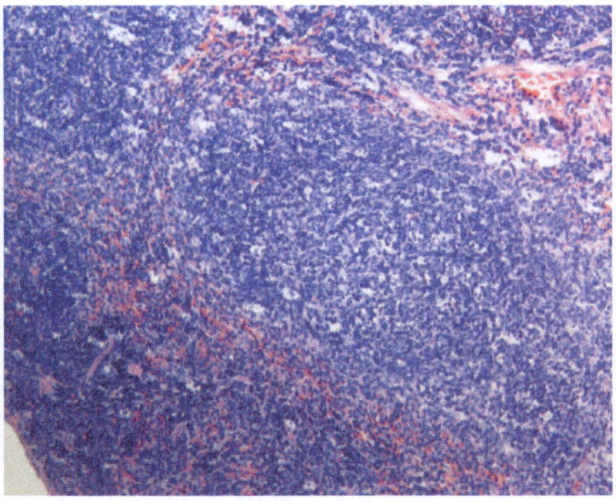

图 2.20.2 组织病理 - 脾脏病变

小鼠实验感染肺炎链球菌，脾脏白髓有较多固缩淋巴细胞，红髓髓外造血。

实验室检测

肺炎链球菌又名肺炎球菌，旧称肺炎双球菌，分类学上属于链球菌科（Streptococcaceae），链球菌属（*Streptococcus*）。革兰阳性双球菌，钝头相对、尖头相背、似矛头状，直径0.5～1.25μm，典型的排列为双球状，有时呈短链排列。肺炎链球菌在最初几代荚膜染色阳性，经培养后荚膜逐渐消失，菌体也可转为阴性。该菌为兼性厌氧菌，在血琼脂平皿上形成直径0.5～1.5mm、圆形、灰白、半透明、扁平、周围有狭窄草绿色溶血环（α溶血）的菌落。在厌氧条件下，产生β溶血。对营养要求高，在普通营养琼脂和普通营养肉汤中不生长，必须加入全血、血清或腹水才能促进生长。随培养时间的延长，由于自溶作用，菌落呈肚脐状。最适pH为7.6～7.8，最适温度为37℃。肺炎链球菌可发生变异，主要表现在菌落类型或菌体形态的变化、溶血现象的消失、毒力减弱或消失等。在抗生素等因素影响下，可以变为L型。菌落一般可分为3种类型，即黏液型（M）、光滑型（S）及粗糙型（R）。

实验室诊断多用分离培养法。日常监测取动物鼻咽气管分泌物或病变组织接种培养基进行分离培养，取可疑菌落做生化鉴定，也可使用微生物鉴定系统对细菌进行鉴定。PCR、核酸杂交技术已成功应用于无症状感染动物的快速诊断，特异性强，敏感度高。市面上亦有一些肺炎链球菌试剂盒出售，能快速、便捷地鉴定肺炎链球菌。

管理处置

肺炎链球菌感染的主要传染途径是呼吸道。可引起人和动物的严重疾病，对与动物有接触的人员有一定风险。应提高动物饲养管理，控制饲养密度，一旦发现临床感染，应封闭饲养车间，淘汰动物种群，彻底进行车间、环境消毒灭菌，重新引种，可以通过剖宫产净化鼠群。

第二十一节　小鼠乙型溶血性链球菌感染

病因

乙型溶血性链球菌（β-hemolytic streptococcus）是一类革兰阳性链球菌的总称，主要特点是在菌落周围形成完全透明的β溶血环。本类细菌主要包括A群化脓性链球菌，以及C群的马腺疫链球菌、兽疫链球菌、类马腺疫链球菌。和其他链球菌科细菌类似，该类病原菌有些属于人兽共患的病原体。在自然条件下对免疫功能正常的动物没有显著影响，但对免疫缺陷动物的致病性强，因此在对啮齿类实验动物进行微生物监测时应考虑此病原。

临床症状

其感染多呈隐性感染，实验感染小鼠可见被毛粗乱，精神差（如图 2.21.1 所示）。感染小鼠有鼻腔分泌物。

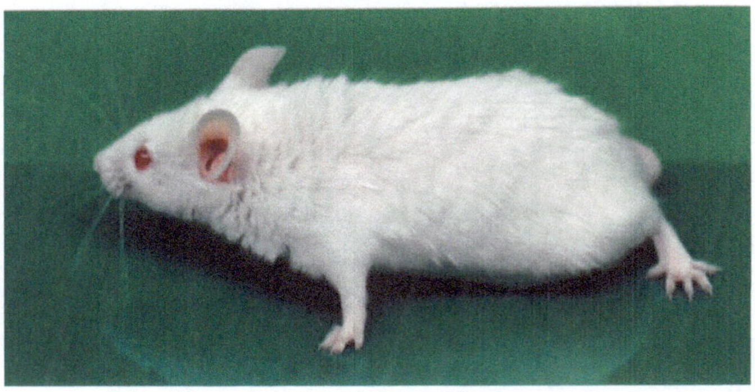

图 2.21.1　外观改变 – 被毛粗乱

小鼠实验感染乙型溶血性链球菌，可见被毛粗乱，精神差。

病理表现

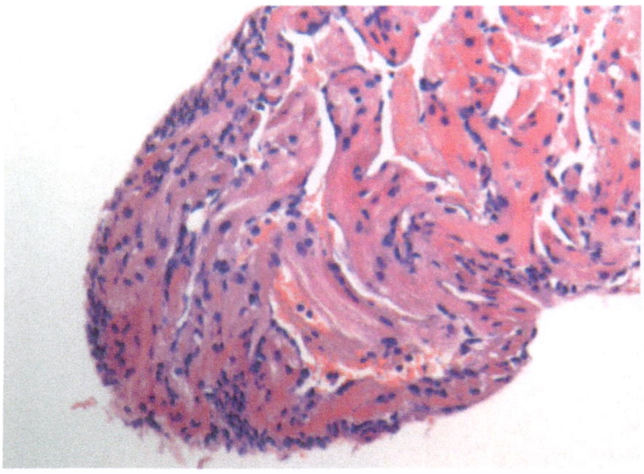

图 2.21.2　组织病理 – 心包炎症

小鼠感染乙型溶血性链球菌，心耳外膜面炎症细胞浸润，心耳部心肌细胞变性，间质炎症细胞浸润。

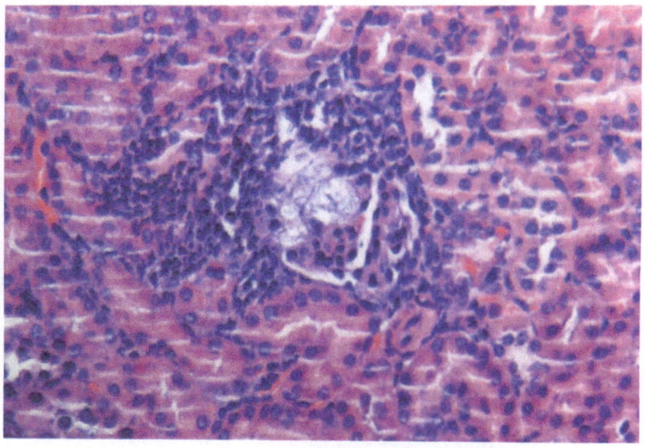

图 2.21.3　组织病理 – 肾小球坏死

小鼠感染乙型溶血性链球菌，肾脏出现小灶性炎症细胞浸润，单个肾小球坏死。

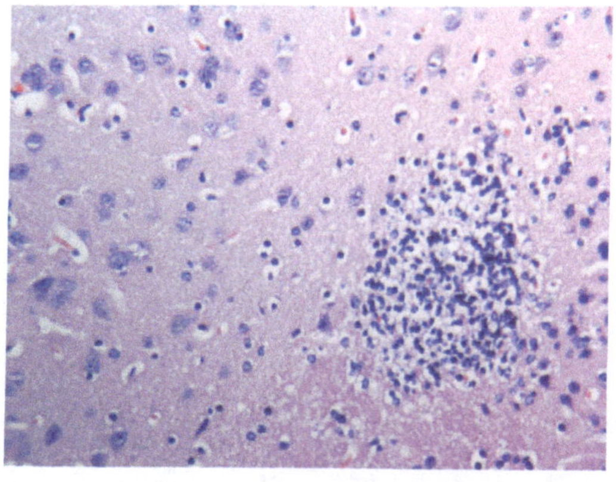

图 2.21.4　组织病理 – 脑部炎症

小鼠感染乙型溶血性链球菌，脑组织小灶性坏死，炎症细胞浸润。

隐性感染各脏器看不到明显变化。动物发病后可见多脏器炎性反应，如化脓性卡他性鼻炎、鼻窦炎、结膜炎、皮下血管扩张。组织病理学可见化脓性炎性反应，溶血，上皮细胞变性、脱落、坏死等。

实验室检测

乙型溶血性链球菌是一类革兰阳性链球菌的总称，主要特点是在菌落周围形成完全透明的β溶血环。革兰阳性，球形或椭圆形，直径0.6～1.0μm，呈链状排列，短者4～8个，长者20个左右。固体培养基上生长者多呈短链或葡萄状，而液体培养基中则可形成典型的链球状排列。在血琼脂平皿上（36±1）℃培养18～24h形成1.0mm左右、灰白色、圆形、突起、半透明或不透明、表面光滑、周围有2～4mm界限分明的无色透明溶血环（β溶血）的小菌落。链激酶试验阳性。杆菌肽敏感试验阳性。

实验室诊断多用分离培养法。日常监测取动物鼻咽气管分泌物或病变组织接种培养基进行分离培养，取可疑菌落做生化鉴定，也可使用微生物鉴定系统对细菌进行鉴定。PCR、核酸杂交技术已成功应用于无症状感染动物的快速诊断，特异性强，敏感度高。如有标准血清可进行蓝氏链球菌分群试验（Lancefield’s streptococcal grouping test，简称“蓝氏分群”），蓝氏分群为B群的β溶血性链球菌可以确定为无乳链球菌，蓝氏分群为A群的β溶血性链球菌可以确定为化脓性链球菌。再利用杆菌肽的敏感性和吡咯烷酮基芳香基酰胺酶反应来确认化脓性链球菌。

管理处置

乙型溶血性链球菌感染的主要传染途径是呼吸道和消化道。控制饲养密度，一旦发现临床感染，应采取以下措施：①原则上应封闭饲养车间，淘汰动物种群，彻底进行车间、环境消毒灭菌。②如果不是所有车间发生，应淘汰感染种群，彻底消毒灭菌污染车间。采取环境隔离措施，确保未感染车间动物不被感染。③可以通过剖宫产净化鼠群。

第二十二节　小鼠啮齿柠檬酸杆菌感染

病因

啮齿柠檬酸杆菌（*Citrobacter rodentium*）是引起小鼠传染性鼠结肠增生症的病原。20世纪六七十年代相继在美国、日本暴发流行以小鼠降结肠严重增厚为病理特征的传染性鼠结肠增生症，病原分离证实为啮齿柠檬酸杆菌。近年来以啮齿柠檬酸杆菌作为模拟人类肠出血性大肠埃希菌（enterohemorrhagic *Escherichia coli*，EHEC）和肠致病性大肠埃希菌（enteropathogenic *E.coli*，EPEC）感染的替代病原进行了动物模型研究。*C. rodentium* 是一种条件致病菌，对于免疫功能健全的成年小鼠，该菌感染多无明显症状，但可造成乳鼠死亡，免疫功能受损的小鼠感染该菌可致病、致死。因此在实验动物微生物质量监测时需要关注此病原。

临床症状

啮齿柠檬酸杆菌可对乳鼠致病，引起乳鼠腹泻。2 ～ 3 周龄小鼠的发病率最高，呈黄色水样便，排泄物污染肛门周围及全身的皮毛，经 2 ～ 5 天死亡。成年动物多无明显外观改变。

病理表现

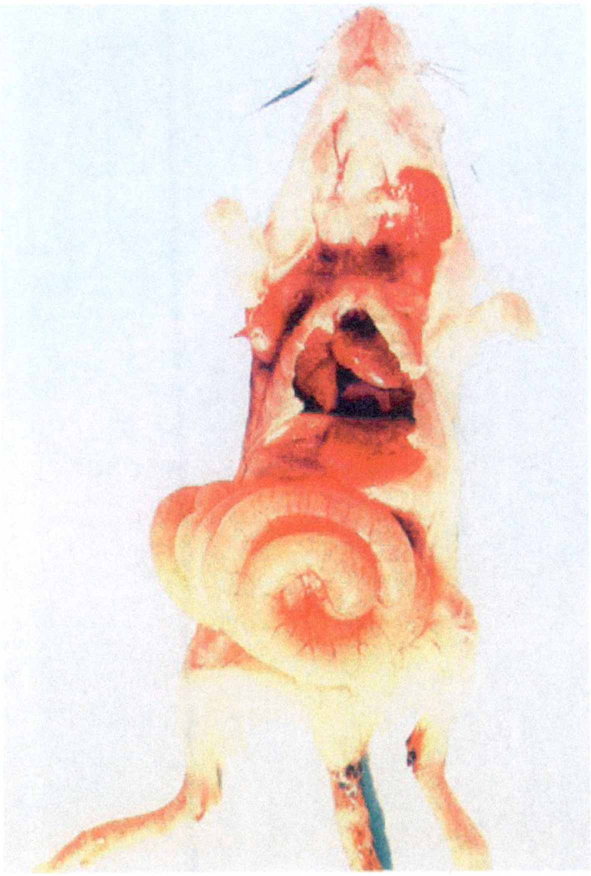

图 2.22.1　大体病理 – 肠道肥厚
小鼠感染啮齿柠檬酸杆菌，出现盲肠增厚现象。

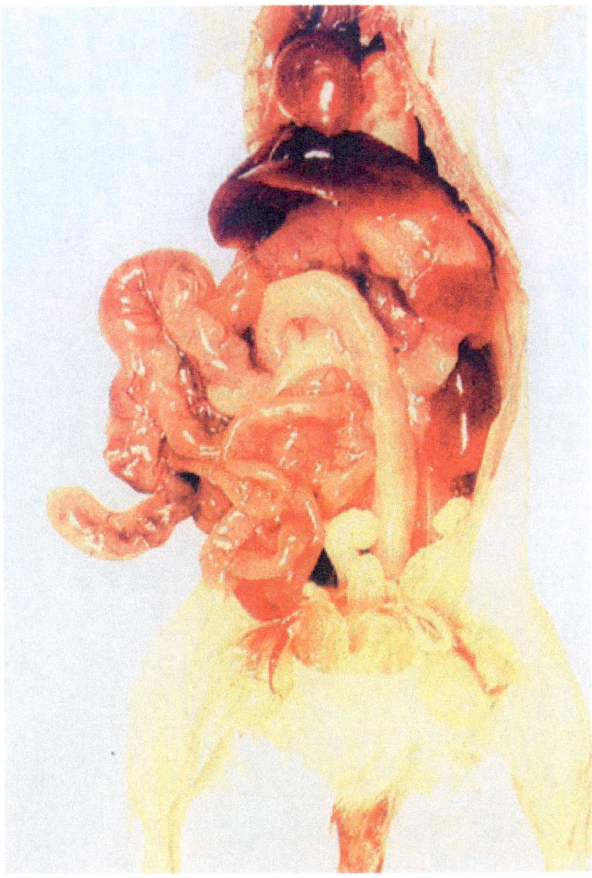

图 2.22.2　大体病理 – 肠道肥厚
小鼠感染啮齿柠檬酸杆菌，降结肠严重增厚。肠管内含有无色或者淡黄色水样性的内容物，从盲肠到肛门的部位均呈肥厚，肠浆膜、黏膜表面可见出血斑。

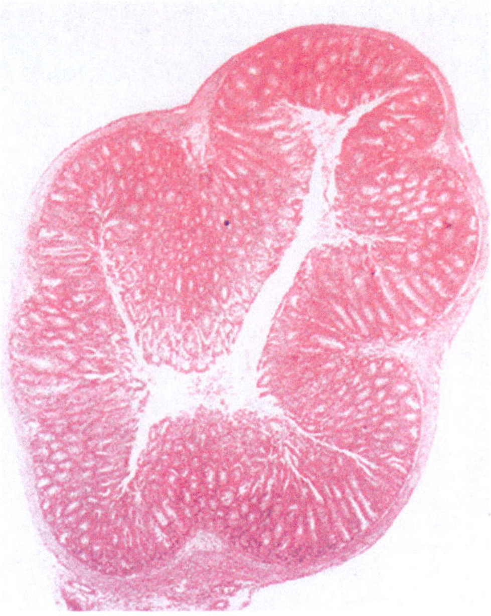

图 2.22.3　组织病理 - 肠道黏膜增生
小鼠感染啮齿柠檬酸杆菌，结肠黏膜显著增生。

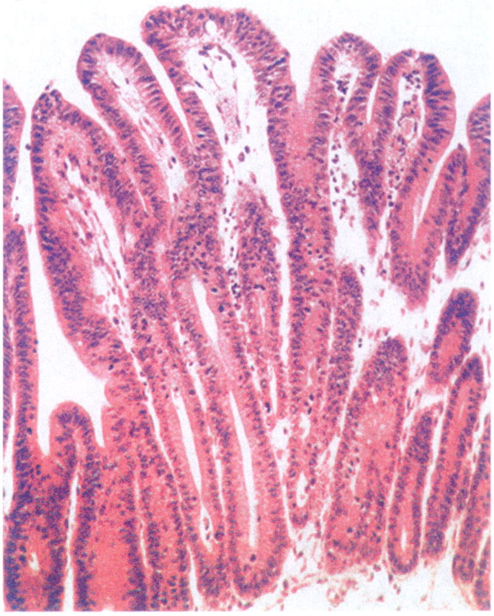

图 2.22.4　组织病理 - 肠道黏膜增生
小鼠感染啮齿柠檬酸杆菌，小肠黏膜柱状上皮过度增生，杯状细胞则显著减少。

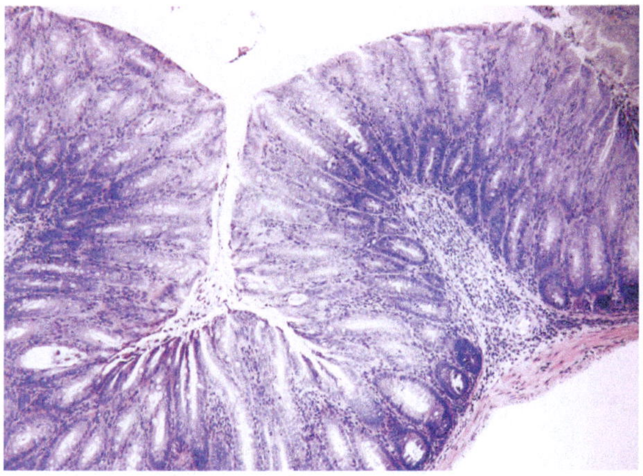

图 2.22.5　组织病理 - 大肠黏膜增生，黏膜下层炎症
小鼠感染啮齿柠檬酸杆菌，大肠黏膜上皮增生，黏膜下层炎症细胞浸润。

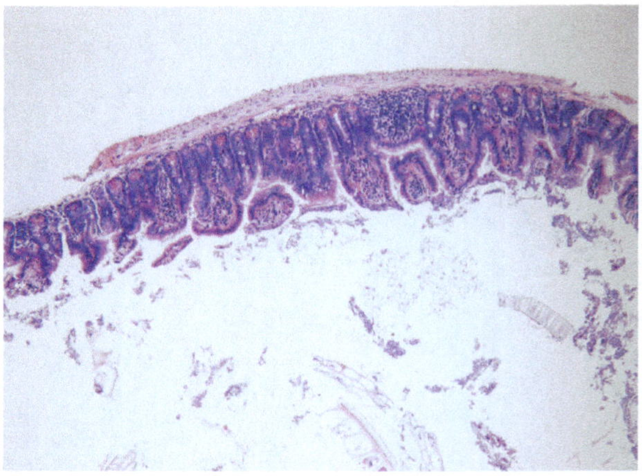

图 2.22.6　组织病理 - 大肠黏膜炎症
小鼠感染啮齿柠檬酸杆菌，大肠黏膜固有层可见炎症细胞浸润。

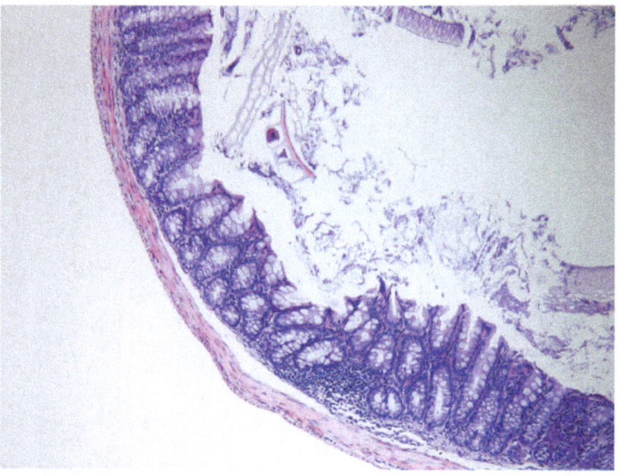

图 2.22.7　组织病理 - 大肠黏膜固有层炎症
小鼠感染啮齿柠檬酸杆菌，大肠黏膜固有层炎症细胞浸润。

实验室检测

实验室诊断多用分离培养法。柠檬酸杆菌能在多种常用实验室培养基上生长，根据几个关键的生化反应可容易地将柠檬酸杆菌属和肠杆菌科中的其他大多数属分开。目前已开发出许多不同的柠檬酸杆菌属各种的抗原分型系统。尽管许多分子技术已应用于柠檬酸杆菌属的指纹图谱，但目前没有一种单一的方法有足够的鉴别能力来最终对所有分离株进行分型。多数研究依赖与常规生化 - 血清试验和分子技术结合来取得最高的敏感度。

管理处置

啮齿柠檬酸杆菌感染的主要传染途径是消化道。啮齿柠檬酸杆菌仅对 2 ～ 5 周乳鼠致病。一旦发现临床感染，应封闭饲养车间，淘汰动物种群，彻底进行车间、环境消毒灭菌；如果不是所有车间发生，应淘汰感染种群，彻底消毒灭菌污染车间。采取环境隔离措施，确保未感染车间动物不被感染。

第二十三节　小鼠鞭毛虫病

病因

鞭毛虫病是由贾第鞭毛虫（*Giardia muris*）感染引起的一种原虫感染性肠道病变。鞭毛虫（flagellates）在系统分类上属于原生动物，属于六鞭毛虫科（Hexamitidae）。单细胞，其运动细胞器为鞭毛，鞭毛的数目不定。以滋养体和包囊的形式出现。致病种属多属于六鞭毛虫属（*Hexamita*）及贾第虫属（*Giardia*）。此类寄生虫主要寄生于不同动物的肠道，引起腹泻。不同种属的寄生虫有的有宿主嗜性，只感染某一类宿主；有的可以寄生于多个物种的宿主；有的成为人兽共患的病原，如某些贾第鞭毛虫。在实验动物中鞭毛虫的寄生既影响动物的健康，同时也是威胁从业人员健康的人兽共患病原，因此在对小鼠等实验动物进行寄生虫监测时需要排除此病原。

临床症状

通常感染无明显的临床表现。动物一般表现为腹部膨胀、腹泻、体重减轻，低龄动物甚至死亡。

病理表现

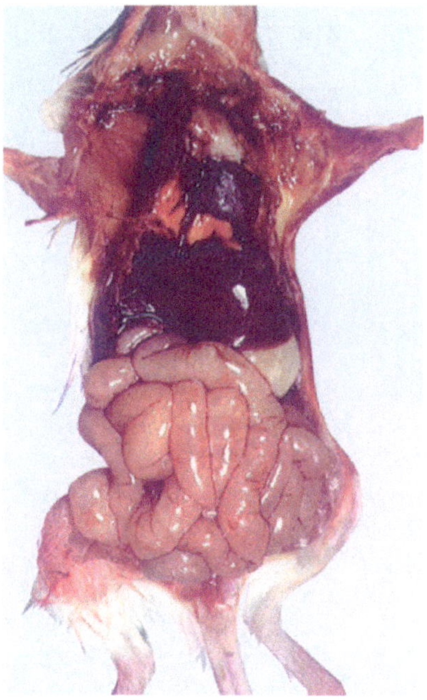

图 2.23.1　大体病理 - 肠道肿大
小鼠感染鞭毛虫，可见小肠肿大，肠道扩张明显。

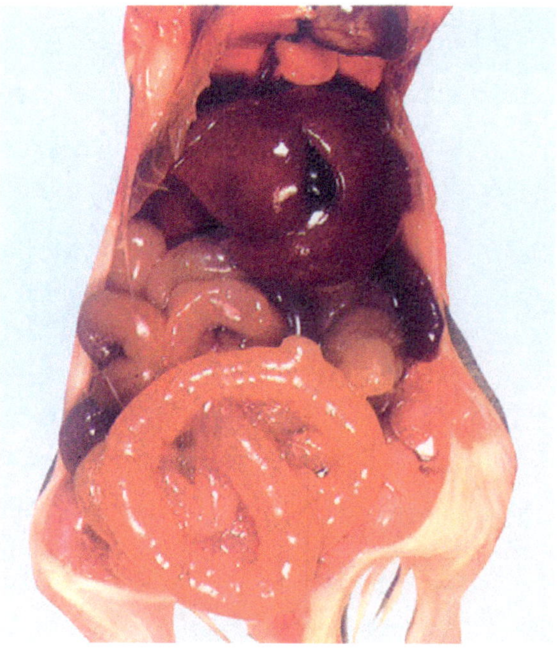

图 2.23.2　大体病理 - 肝脏、肠道肿大
小鼠感染鞭毛虫，可见肝脏肿大，肠道扩张明显，肠腔内充满黄色泡沫样内容物。

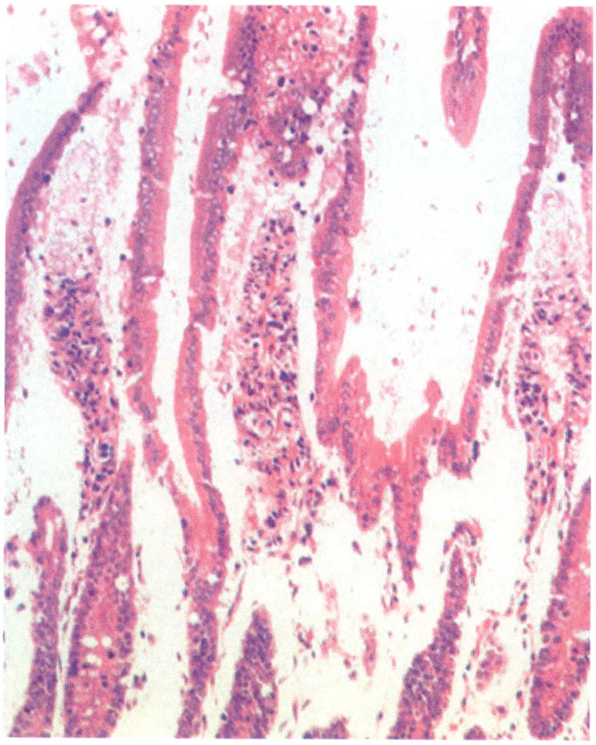

图 2.23.3　组织病理 - 小肠黏膜绒毛水肿
小鼠感染鞭毛虫，组织病理表现为小肠黏膜绒毛水肿，小肠上皮细胞增生。

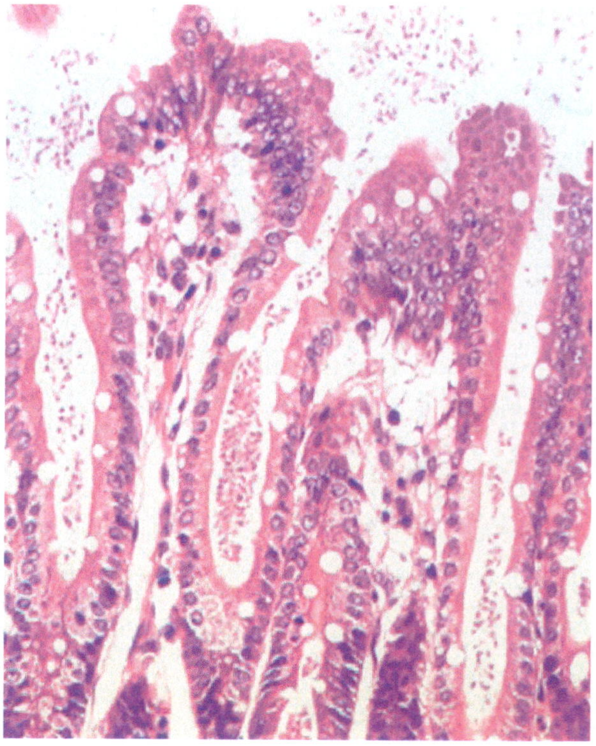

图 2.23.4　组织病理 - 小肠黏膜肿大
小鼠感染鞭毛虫，组织病理表现为小肠黏膜固有层和黏膜下层水肿，可见炎症细胞浸润。

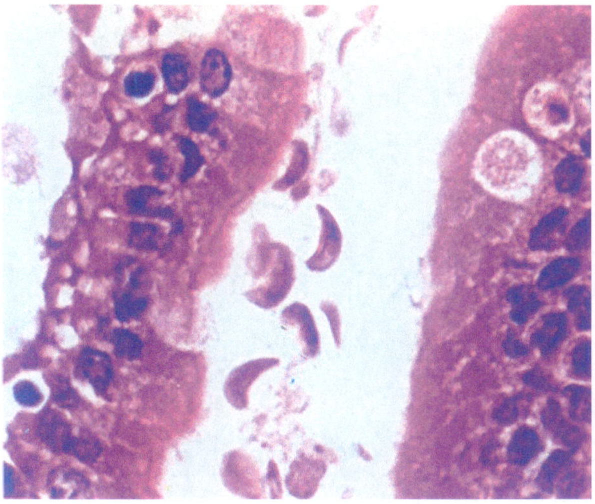

图 2.23.5　组织病理－肠腔内虫体
小鼠感染鞭毛虫，组织病理学检查可见肠腔内虫体。

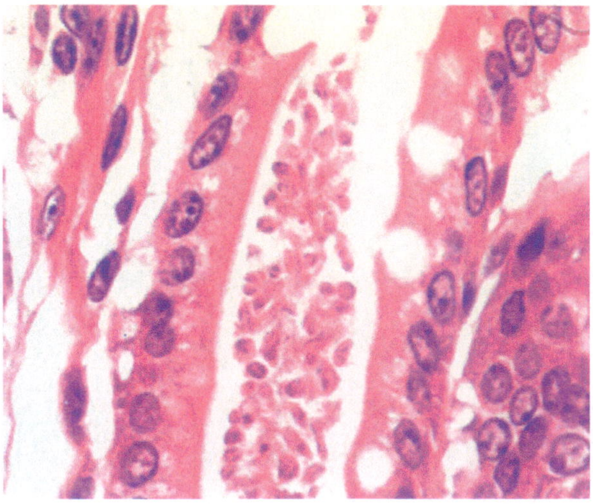

图 2.23.6　组织病理－肠腔内虫体
小鼠感染鞭毛虫，组织病理学检查可见肠腔内有大量鞭毛虫虫体。

实验室检测

在显微镜下观察动物盲肠内容物或是新鲜粪便，可发现虫体运动（如图 2.23.7 及图 2.23.8 所示）。在肠道粪便中检出包囊和滋养体可确诊。血清学方法可用于检测抗体但不常用。核酸检测特异性不高，应注意鉴别诊断。

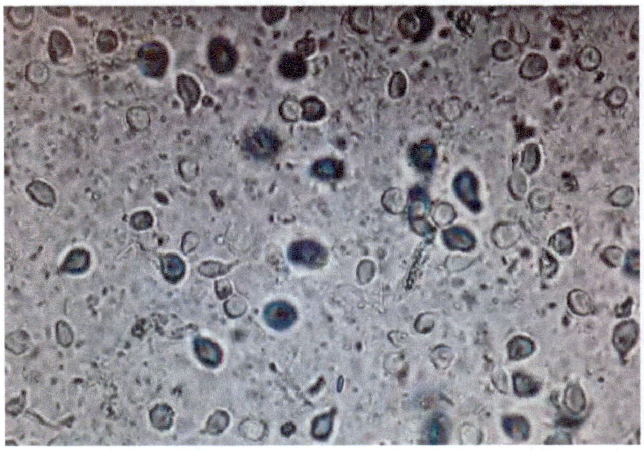

图 2.23.7　显微镜检查－活动的虫体
小鼠感染鞭毛虫，采盲肠内容物或粪便样品进行镜检，可见异亮的虫体游动，尾端有鞭毛。

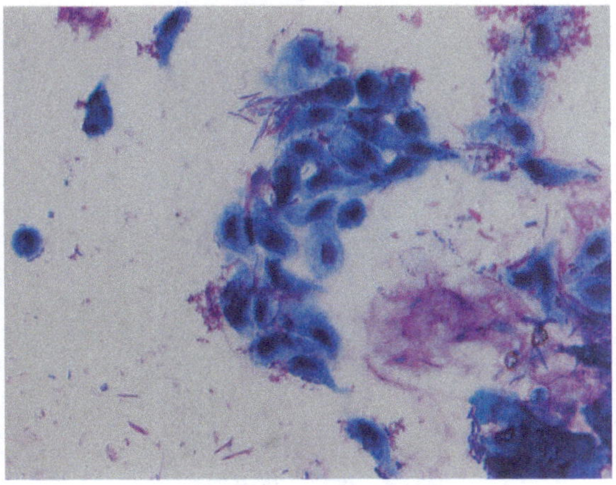

图 2.23.8　显微镜检查－虫体染色
小鼠感染鞭毛虫，取盲肠内容物或粪便样品进行吉姆萨染色，可见虫体卵圆形或梭形，虫体细胞核深染。

管理处置

鞭毛虫感染主要是粪口传染，猫、犬等动物污染的垫料、水、食物、用品等都是传染源。屏障环境和隔离环境能有效防止该病原污染。重点防止环境设施的破损，饲料和垫料应充分消毒灭菌，防止污染。

第二十四节　小鼠螨虫病

病因

螨虫是一类体外寄生虫。感染啮齿动物的主要有 3 个种，鼠肉螨（*Myobia musculi*）、鼠疥螨（*Myocoptes musculinus*）多感染小鼠，而雷螨（*Radfordia affinis*）多感染大鼠。螨的发育经过卵、幼虫、若虫、成虫四个阶段。虫体在皮肤内挖凿隧道，在隧道内发育和繁殖，以皮肤的细胞和组织液为营养。雌雄成虫交配后，雄虫即死亡，雌虫在皮肤隧道内产卵，经过 3 ～ 8 天孵出幼虫，幼虫爬到皮肤表面再开凿小穴，在小穴内蜕皮 1 次发育成若虫，若虫再钻入皮肤发育成成虫。生活史 12 ～ 13 天。C57BL 小鼠对螨虫病更易感。动物携带此病原多产生 I 型超敏反应，感染后动物的免疫应答、行为习惯等发生改变，因此需要在实验动物健康监测中排除此类病原。

临床症状

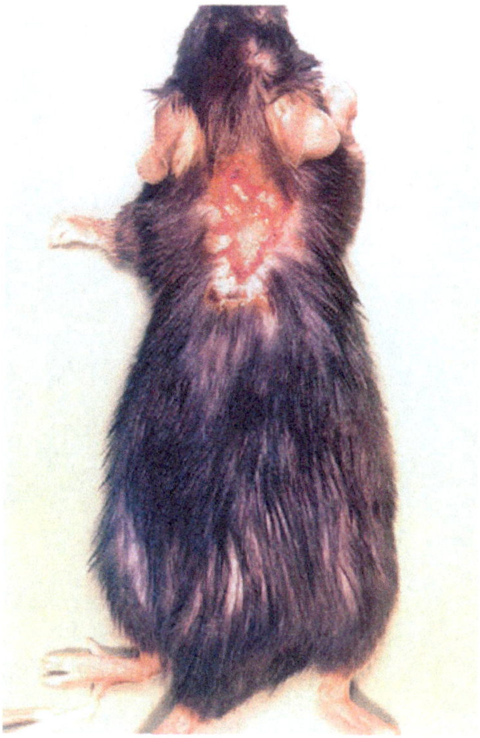

图 2.24.1　外观改变 – 头颈部溃疡
小鼠感染螨虫，可见头颈部皮肤发生溃疡、掉毛等。

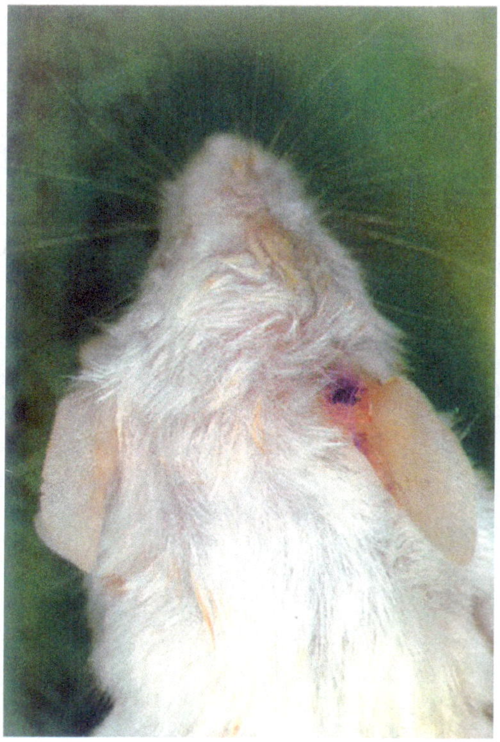

图 2.24.2　外观改变 – 耳根部溃疡
小鼠感染螨虫，可见耳根部皮肤发生溃疡。

常见于卫生条件和饲养通风条件差的啮齿类。其病变特征为动物头部病变部位掉毛，出现结节、溃疡，引起动物不安、消瘦甚至死亡。

病理表现

动物患病部位皮肤坏死、脱毛、溃烂。组织病理表现为患病部位组织缺失、出血、痂皮样改变，常伴有炎症表现。可检出螨虫寄生于皮肤深层。螨虫严重感染时，可引起脓肿、出血，以及表皮下层成纤维细胞和淋巴细胞成堆聚集等现象。

实验室检测

常采取皮肤刮取物进行实验室检查。皮肤刮取物应在患部与健康部位的交界处采取，先剪去被毛，再用外科刀刮取，刮取的病料可直接观察或镜检。小鼠在进行皮毛样品采集时，可用胶带直接粘取动物毛发，可以检出虫体和虫卵（如图 2.24.3 及图 2.24.4 所示）。

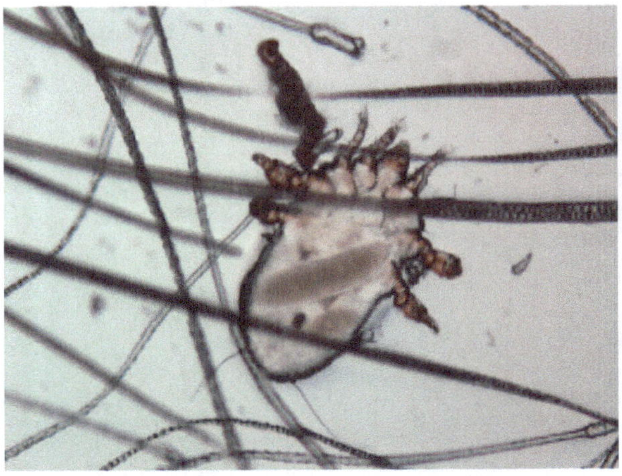

图 2.24.3　显微镜检测－螨虫成体
小鼠感染螨虫，在毛发中可见到成熟虫体。

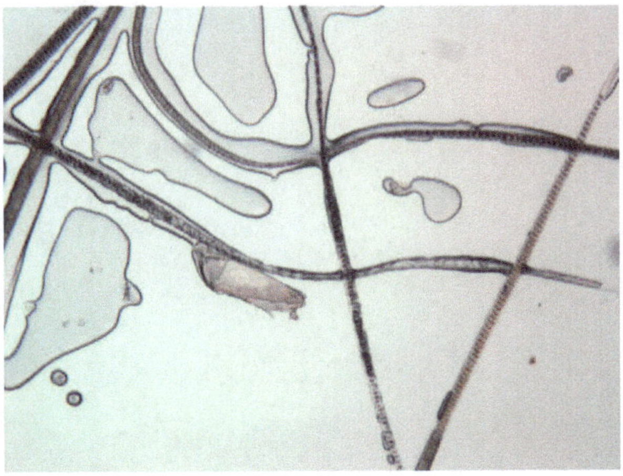

图 2.24.4　显微镜观察－螨虫虫卵
小鼠感染螨虫，在毛发上附着螨虫虫卵，多为梭形，偶见孵化幼虫。

管理处置

螨虫是最常见的实验动物体外的寄生虫。螨对外界的抵抗力强，能在适宜的温度、湿度下存活较长时间。污染的垫料、用品等都是传染源。屏障环境和隔离环境能有效防止该病原污染。重点防止环境设施的破损，饲料和垫料应充分消毒灭菌，防止污染。

第二十五节　小鼠卡氏肺孢子菌病

病因

本病是由卡氏肺孢子菌（*Pneumocysis carinii*）感染引起的肺脏病变。该病原的分类一直存在争议。以往认为其属于原生动物，称为卡氏肺孢子虫。现将其归为真菌类，定名为卡氏肺孢子菌。该病原对于免疫功能健全的人或动物没有致病性，可正常携带，但当出现免疫抑制或是免疫缺陷时，可引起间质性肺炎类疾病。该病原有人兽共患的传染风险，在对实验动物，特别是免疫缺陷动物进行健康监测时，可考虑此病原。

临床症状

通常感染无特征性临床表现。属条件致病病原，在机体免疫力低下或用于实验过程中，感染动物表现呼吸困难。裸鼠表现明显，消瘦甚至死亡。

病理表现

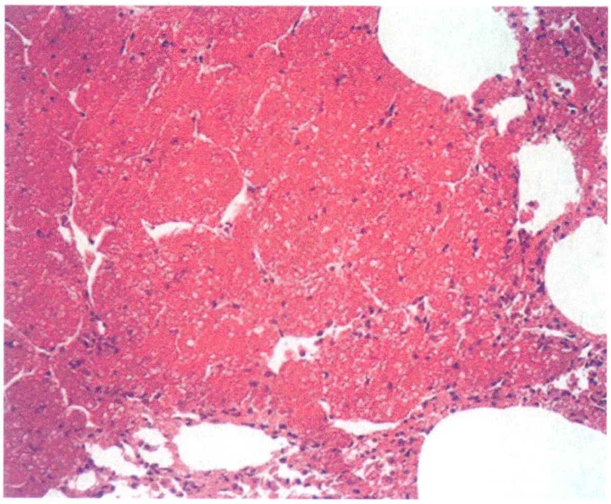

图 2.25.1　组织病理 – 肺脏囊肿
小鼠感染卡氏肺孢子菌，肺脏组织呈蜂窝状改变，肺泡充填大量渗出物，肺泡间隔增宽。

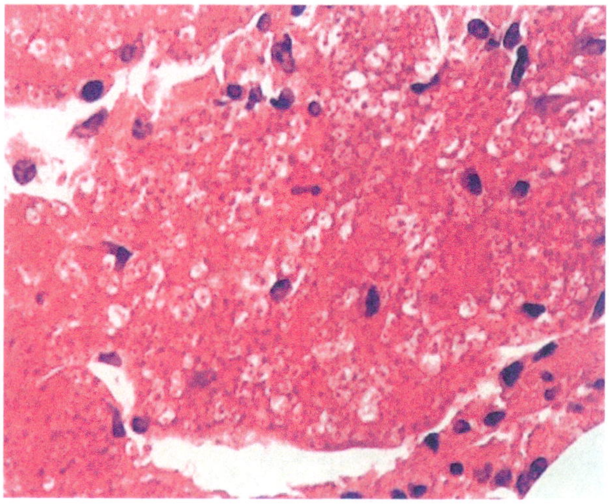

图 2.25.2　组织病理 – 肺脏炎症
小鼠感染卡氏肺孢子菌，肺脏组织单核细胞浸润，肺泡内有大量泡沫状渗出物。

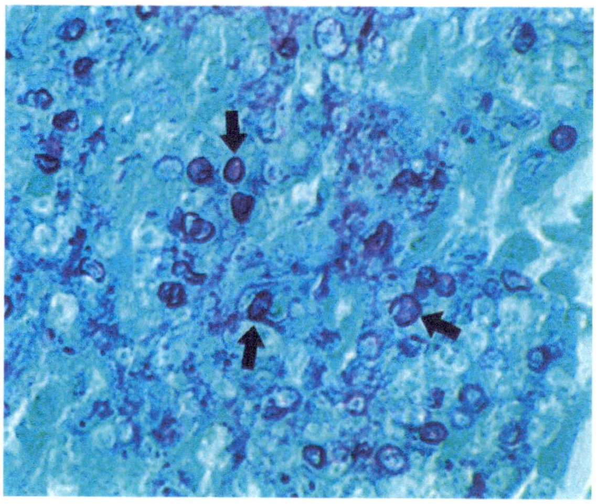

图 2.25.3　组织病理 – 卡氏肺孢子菌染色
小鼠感染卡氏肺孢子菌，肺脏组织内可见卡氏肺孢子菌包囊（箭头所示）。Grocott 染色。

动物肺脏表面呈现大小不一的灰白色结节状病灶，肺泡壁充血，肺泡腔内有泡沫状渗出物，含有大量的包囊和滋养体。

实验室检测

肺脏组织和呼吸道分泌物中检出卡氏肺孢子菌的包囊和滋养体可确诊。血清学方法可检测抗体，但仅限于早期，而且效价不高。核酸检测的特异性易受到干扰，应注意鉴别诊断。

管理处置

卡氏肺孢子菌广泛存在于自然环境中，感染多种动物和人，啮齿动物、兔、猪、马、牛、羊、犬等都易感。通常通过空气、接触等传播。屏障环境和隔离环境能有效防止该菌污染。重点防止环境设施的破损，饲料和垫料应充分消毒灭菌。

第二十六节　小鼠球虫病

病因

球虫病是由艾美耳球虫（*Eimeria* spp.）感染而引起的疾病。此类寄生虫宿主广泛，主要寄生在宿主的肠黏膜上皮组织。当动物出现下列症状时，应对动物群体进行该病原的筛查。

临床症状

成年鼠通常感染无明显的临床表现。低龄动物在机体免疫力低下或用于实验过程中时，表现稀便或腹泻，逐渐消瘦，甚至死亡。

病理表现

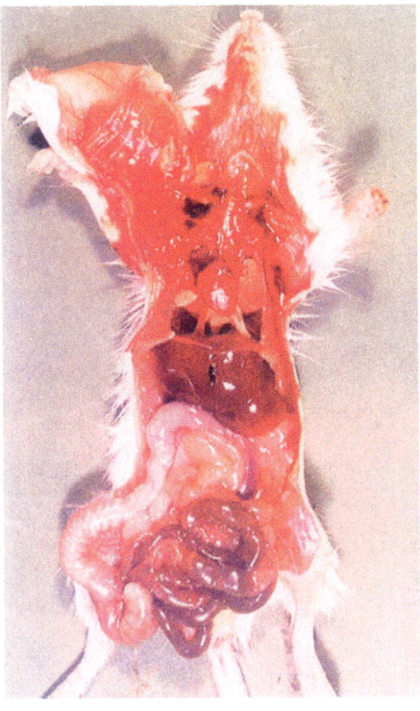

图 2.26.1　大体病理 – 肠道水肿增厚

小鼠感染球虫，肠道从小肠到大肠表面呈现水肿，肠壁增厚，充血、出血，有血性黏液。

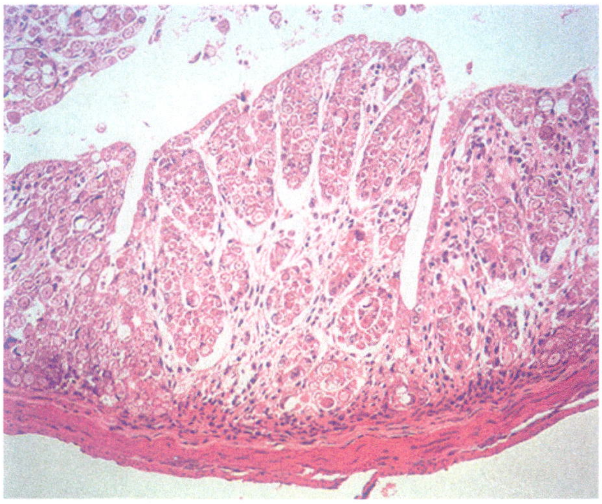

图 2.26.2 组织病理 - 大肠球虫肠炎
小鼠感染球虫，肠壁黏膜增厚，水肿。
黏膜固有层和黏膜下层少量炎症细胞浸润。

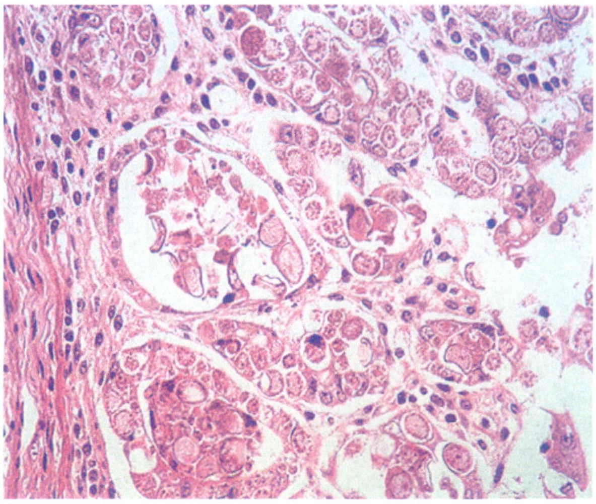

图 2.26.3 组织病理 - 大肠球虫肠炎
小鼠感染球虫，大肠肠腺上皮细胞脱落。

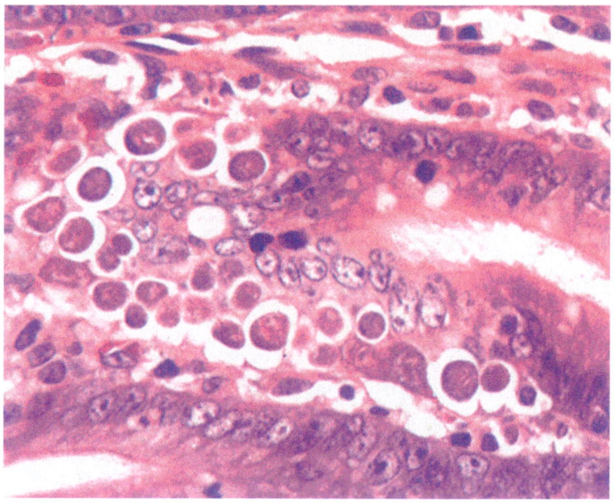

图 2.26.4 组织病理 - 大肠球虫肠炎
小鼠感染球虫，大肠腺腔内可见未成熟、成熟的卵囊。

实验室检测

感染小鼠的球虫主要有 *E. falciformis*、*E. pragensis*、*E. vermiformis* 和 *E. papillata* 四种。卵呈无色透明，大小为（14 ～ 26）μm×（11 ～ 24）μm。寄生在从小肠至大肠的肠道。一般是从粪便中检测球虫卵囊（如图 2.26.5 所示）。组织病理学检测肠道组织中发现卵囊（如图 2.26.4 所示）、虫体为金标准。

管理处置

艾美耳球虫感染主要是粪口传染，污染的垫料、水、食物、用品等都是传染源。啮齿

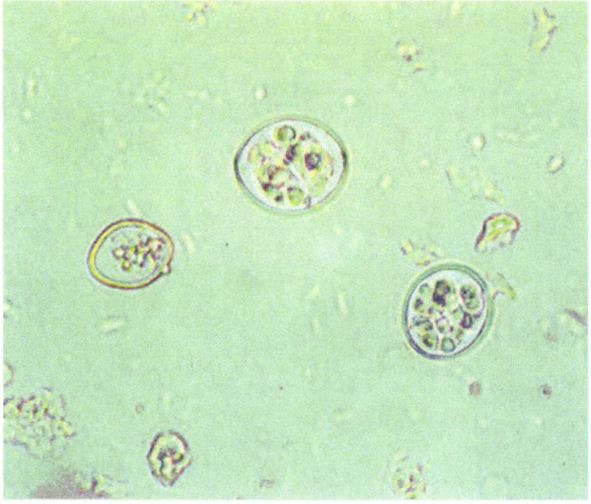

图 2.26.5　显微镜检查 - 球虫卵囊

小鼠粪便样品显微镜检查，可见 *E. falciformis* 的卵囊。

类动物、兔等都易感。屏障环境和隔离环境能有效防止该病原污染。重点防止环境设施的破损，饲料和垫料应充分消毒灭菌，防止污染。

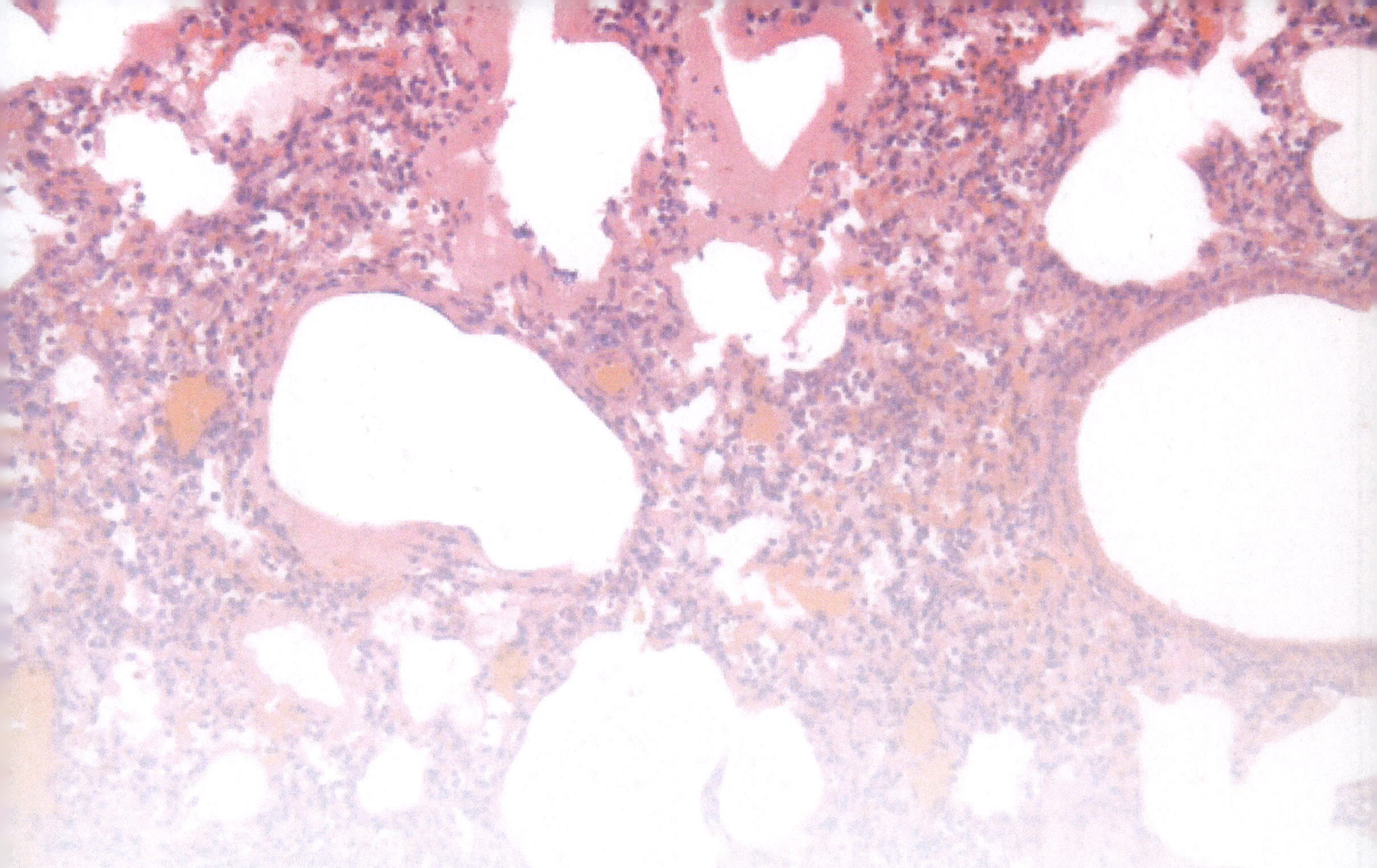

第3章

大鼠常见感染性疾病

第一节 大鼠汉坦病毒感染

病因

流行性出血热（epidemic hemorrhagic fever，EHF）是一类可在人间流行的由汉坦病毒（hantavirus，HV）感染引起的，以发热、出血和肾脏损害为主要临床表现的烈性传染病。汉坦病毒的天然宿主是啮齿动物，但啮齿动物多不发病，该病毒主要在啮齿类实验动物，特别是大鼠中存在，因此汉坦病毒是啮齿动物介导的人兽共患病原。我国的实验动物微生物国家标准中规定了啮齿动物需要排除此病原。

临床症状

大鼠或小鼠感染该病毒多无临床症状。乳小鼠对该病毒易感，病毒经脑或腹腔接种可引起乳小鼠播散性感染，由于病毒侵袭大脑，引起严重脑炎而发病死亡。

病理表现

受感染的动物肺脏和其他组织中可能含有大量的病毒，但无形态方面的改变。

野生的黑线姬鼠和褐家鼠感染可见轻度的肺部炎症反应，在乳小鼠、乳长爪沙鼠等动物模型中，可见病变组织广泛性充血，出血、渗出、变性和坏死，其中充血、出血等血液循环障碍以肺脏、肾脏最严重，变性、坏死等实质细胞病变以肾脏、肝脏、脑最为严重。在家鼠型病毒感染的乳长爪沙鼠脑组织中，可见典型的炎症反应，小血管充血明显，周围炎症细胞浸润。用环磷酰胺处理的金黄仓鼠，人工接种病毒可造成各器官的血液循环障碍和血管损害，表现为血管扩张、充血、出血和浆液渗出，其中以肾脏、肺脏最严重。实质器官可见变性、坏死，以肾脏、肝脏和脑最为严重。

实验室检测

汉坦病毒在分类上属布尼病毒科，汉坦病毒属。病毒粒子呈多形性、圆形、椭圆形或不规则状，直径 80 ～ 120nm。病毒核酸型为单股负链 RNA。对脱氧胆酸盐和脂溶剂敏感，紫外线照射可迅速灭活，4 ～ 20℃条件下稳定，60℃ 1h 可完全灭活。不耐酸，pH2 ～ 3 条件下 1h 失去感染性，γ 射线照射可完全使病毒失活。自然宿主主要是小型啮齿动物，主要为动物源性传播。可通过病毒分离和鉴定、血清学试验、中和试验及组织病理学等方法进行检测和诊断。

小鼠、大鼠感染该病毒多无临床症状，因此，定期进行实验室检查对了解感染情况非常重要。实验室检查包括检查抗原和检查抗体。

病毒分离可采用病料接种敏感动物（黑线姬鼠）或细胞（Vero E6、A549）进行，新分离物必须做毒株鉴定，以便确诊。需要强调的是，这些工作需由具备资质的实验人员在高生物安全级别的实验室进行。

血清学方法是较常用的检测方法。免疫荧光试验是最经典的特征性的检测方法，可检出病毒特异性抗体（如图 3.1.1 所示）。免疫酶试验不太适宜该病毒的检测。酶联免疫吸附试验敏感、可靠，排除了观察结果时主观因素的影响，可用于特异性抗原或特异性抗体的检查。血凝试验和血凝抑制试验是根据病毒的血凝特性建立的，方法简便，但稳定性和特异性较差。

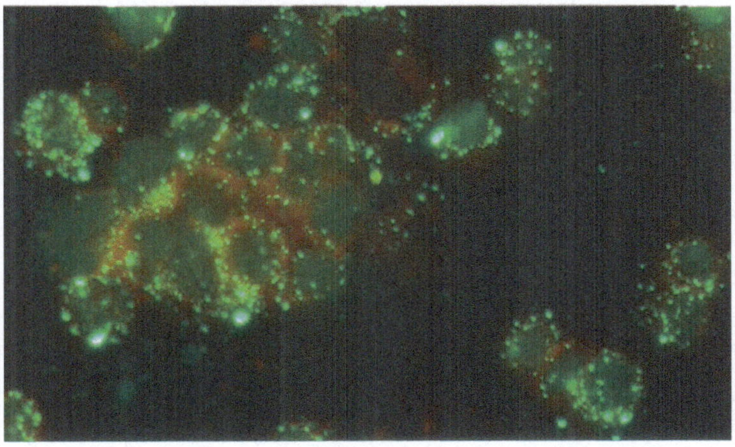

图 3.1.1　血清学检测－免疫荧光试验

感染动物的血清中存在抗汉坦病毒抗原的抗体，在 HV 细胞培养物作为抗原基质的抗原片上，出现特异性绿色点状荧光。

管理处置

预防汉坦病毒感染是最好的办法。实验用动物、可移植肿瘤以及其他生物材料在实验前应测试是否存在感染。加强实验室管理，防止饲料、垫料等被野鼠排泄物污染，杜绝外来传染源；加强防护，实验人员与鼠接触或进入动物设施应戴口罩，防止被鼠咬伤。感染的鼠群应立即淘汰。

第二节　大鼠涎泪腺炎

病因

大鼠涎泪腺炎是由大鼠感染涎泪腺炎病毒（sialodacryoadenitis virus，SDAV）引起的，以唾液腺和泪腺的炎性损害为主要临床特征的高度传染性疾病。该病毒对免疫正常的小鼠不致病，但可实验感染乳鼠和 SCID 小鼠。因此在免疫功能正常小鼠的质量检测中多不做该病原的检测。大鼠感染 SDAV 和小鼠的 MHV 类似，这两个病毒都属冠状病毒科。在大鼠种群中该病毒可以引起新生鼠和乳鼠发病，且该病毒潜伏期短，发病周期也短。在涉及唾液腺、消化道、生殖发育、眼科学、免疫学和肿瘤学等研究时，该病毒的存在将产生干扰，因此 SDAV 为我国实验动物微生物国家标准中大鼠需要监测的病原。

临床症状

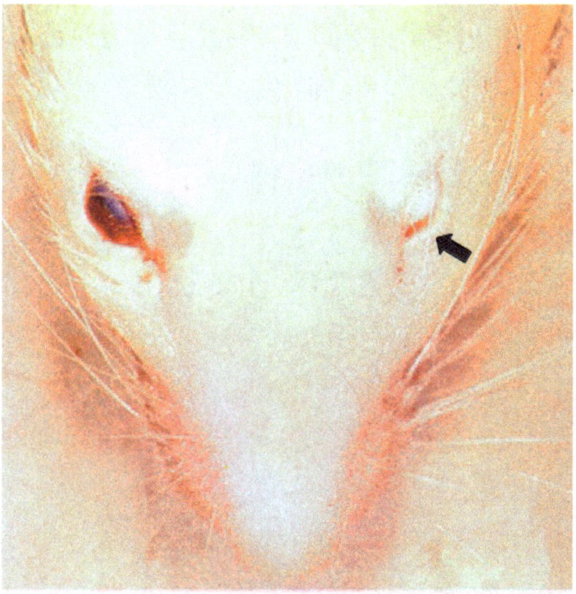

图 3.2.1 外观改变－大鼠感染 SDAV 眼部症状
大鼠感染 SDAV 后，可见眼部异常，如眼睑分泌物增多，流泪（可见红色分泌物），弥漫性角膜混浊（箭头所示）。

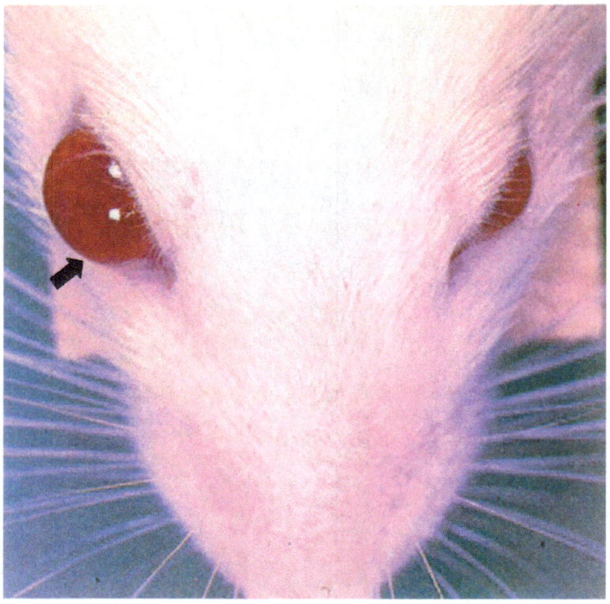

图 3.2.2 外观改变－大鼠感染 SDAV 眼部症状
大鼠感染 SDAV 后，可见眼部异常，如眼球突出，肿大（箭头所示）。

以唾液腺和泪腺炎性损害为主要临床特征。SDAV 感染鼠临床表现颈部肿大、打喷嚏、畏光、流出淡红色鼻眼分泌物等症状可对疾病作初步诊断。自然感染乳鼠有的可表现为角膜结膜炎症状，如频繁眨眼、眼睑持续存在分泌物，然而这些症状通常轻微且易被忽视。断乳和成年患病鼠还可见流泪、角膜周边晕红、弥漫性角膜混浊、角膜溃疡、眼前房积脓，这些症状通常在 7 ～ 14 天内完全恢复，但有时可产生慢性活动性角膜炎。这些显性症状突然高发，预示疾病存在暴发可能。眼睛损害的发病率在慢性感染的种鼠中较高。在急性感染期，还可发生局灶性支气管炎、细支气管炎和肺炎。感染也可能呈亚临床经过。

病理表现

鼻咽部上皮细胞多灶性坏死，基底层炎性水肿，分泌物中可见中性粒细胞、黏液和坏死细胞碎片，固有层中分泌腺坏死，并伴有局灶性黏膜上皮坏死，同时可见轻度非化脓性气管炎，以及支气管周围淋巴细胞浸润。自然感染的新生乳鼠可见间质性肺炎。

颌下腺和腮腺早期病变为导管上皮细胞坏死，很快发展为弥漫性腺泡坏死。实验感染的大鼠可发生中度至重度间质性炎性水肿，腺体结构很快消失，腺体周围组织的主要病变是炎性水肿（如图 3.2.3 及图 3.2.4 所示），偶尔有局灶性出血，感染后 5～7 天可见导管上皮的鳞化再生（如图 3.2.5 所示）。

泪腺病变与唾液腺相似，即炎症、坏死（如图 3.2.6 所示），以及导管上皮细胞的鳞化再生（如图 3.2.7 所示）。所有腺体的鳞状上皮化于感染后 30 天消失，恢复正常的细胞结构。

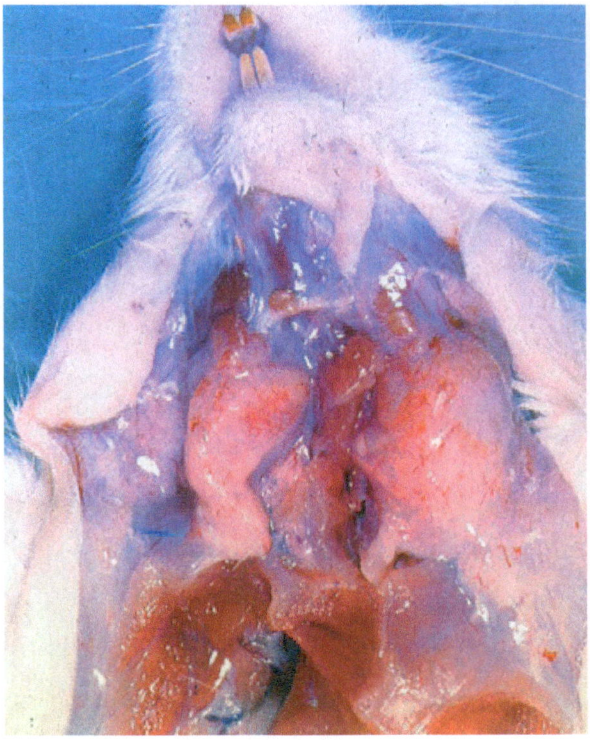

图 3.2.3　大体病理 – 颈部浮肿
大鼠感染 SDAV 后，可见颌下腺、腮腺、颈部淋巴结肿大，苍白、水肿，有时可见出血点和出血斑。

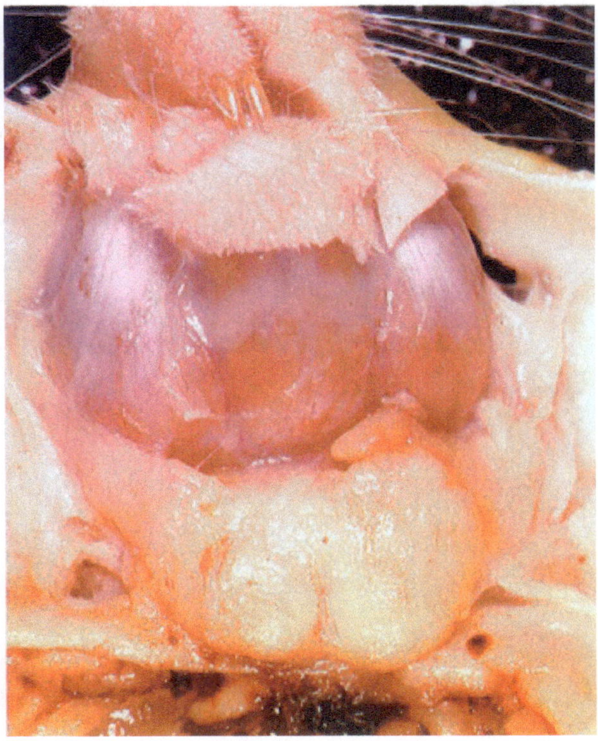

图 3.2.4　大体病理 – 颌下腺肿大
大鼠感染 SDAV 后，可见颌下腺肿大。

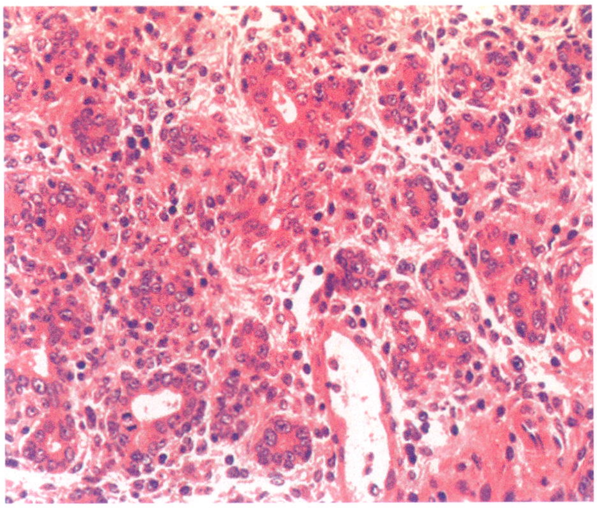

图 3.2.5　组织病理 – 颌下腺炎
大鼠感染 SDAV 后期，可见颌下腺导管上皮的鳞化再生。

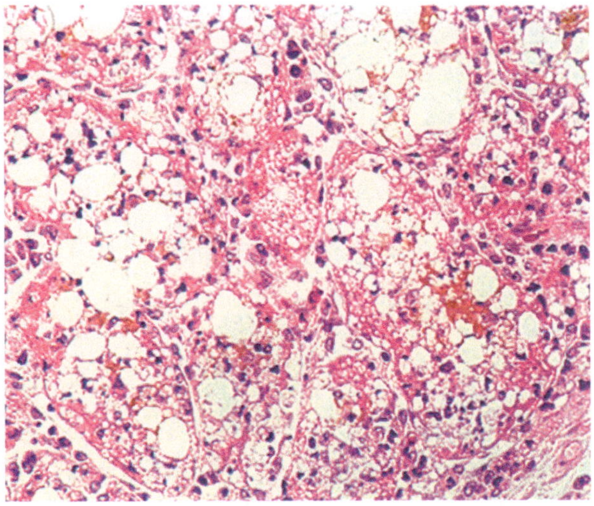

图 3.2.6　组织病理 – 唾液腺炎（早期）
大鼠感染 SDAV 后期，可见唾液腺出现炎症、坏死。

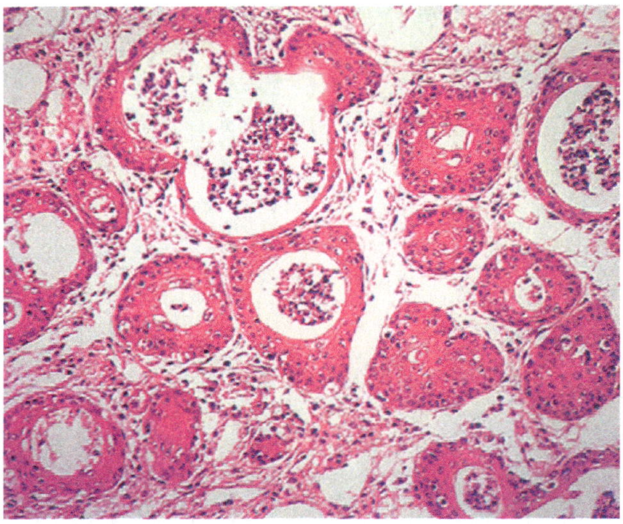

图 3.2.7 组织病理－唾液腺炎（后期）
大鼠感染 SDAV 后期，可见唾液腺出现导管上皮细胞的鳞化再生。

颈部淋巴结发生局灶性坏死和周围组织水肿，继发增生性变化，胸腺发生局灶性坏死和小叶间隔的增宽。

实验室检测

SDAV 在分类上属冠状病毒科，冠状病毒属。病毒粒子呈多形性，60～220nm。有囊膜，囊膜突起规则地排列成皇冠状，单股 RNA 病毒。与大鼠冠状病毒（RCV）、小鼠肝炎病毒（MHV）的抗原性非常相近。不能使兔、豚鼠、鹅红细胞发生凝集。对乙醚、氯仿等脂溶剂敏感，在酸性条件下（pH3.0）相对稳定，56℃ 5min 灭活，在 –20℃中很快失去感染性。大鼠是 SDAV 的自然宿主，各种年龄的大鼠均易感。

根据临床症状可做出初步诊断，然而 SDAV 感染动物的一些症状与大鼠冠状病毒（RCV）感染、仙台病毒感染、巨细胞病毒感染等类似，需进行鉴别诊断。实验室诊断可采用血清学试验方法、病毒分离与鉴定方法进行。需要特别说明的是，由于 SDAV 和 RCV 在抗原性、理化性质和细胞培养等方面很相似，很难通过病毒学和血清学方法进行区分，因此要进一步结合临床和病理表现，以及分子生物学方法进行进一步的区分。

病毒分离与鉴定：取感染鼠呼吸道分泌物，接种原代大鼠肾细胞，观察细胞病变。也可采用免疫荧光试验检测细胞内的病毒抗原。还可取感染严重的大鼠的唾液腺或泪腺组织，通过分子生物学方法来鉴定。

血清学方法通常应用酶联免疫吸附试验、免疫荧光试验、流式荧光试验等检查大鼠涎泪腺炎病毒特异性抗体：由于大鼠涎泪腺炎病毒与其他冠状病毒有交叉反应，因此仅根据血清学试验结果不能确诊。但通常情况下，感染大鼠血清对同种病毒的抗体滴度比抗原性相关的其他病毒高 2～4 倍。据此可同时检查大鼠血清对几种病毒的反应情况，以确定其为何种病毒感染。

有人发现感染鼠补体结合抗体在发病期升高，之后迅速下降；而中和抗体在感染期上升，下降较慢。提示补体结合抗体可作为新近感染的指标，中和抗体可作为既往感染指标。在进行血清学检查时，最好同时检查补体结合抗体和中和抗体，以确定感染情况。

分子生物学诊断已成功应用于无症状感染动物的快速诊断，目前也应用于某些特殊实验动物的健康监测。

管理处置

受感染的鼠群中有效控制的关键是控制 SDAV 在种群中的迅速传播。因此，实验大鼠应在严格隔离的条件下饲养，并由熟练的工作人员管理，可有效控制 SDAV 感染。

SDAV 在易感鼠群中传播很快，所有同室饲养的大鼠在 21 ～ 35 天内均发生感染并产生免疫力，因此，发生感染的实验鼠群至少要监测 28 天。在繁殖鼠群中，排除易感鼠（断乳大鼠和从其他种群中引进的大鼠），感染就会消失。可通过血清学检查了解鼠群的感染状况。

第三节　大鼠支原体感染

病因

支原体（*Mycoplasma* spp.）常常定植于人及多种动物的呼吸道、泌尿生殖道、消化道黏膜表面及乳腺、眼等，并对胸腺、腹膜、关节滑液囊膜的间质细胞及中枢神经系统的亲和力较强。单独感染时常症状轻微或无临床表现，当发生细菌或病毒等继发感染或受外界不利因素的作用时，可引起疾病。实验动物携带支原体，可干扰肿瘤发生、发展，引起大鼠神经性炎症，也引起气管周围组织神经纤维的退行性减少，可引起呼吸道黏膜损伤，引起淋巴细胞水平升高，干扰营养学、老年医学、行为学、生殖医学研究。因此，支原体是实验动物微生物国家标准中大鼠必须排除的病原。

临床症状

自然状态下，多为隐性感染，显著的症状不可见。但是，转为慢性，可见异常呼吸音，呼吸困难，体重减轻。罕见斜颈，旋转、回转运动。死亡病例少。感染初期有流鼻涕、流泪、打喷嚏等症状。肺支原体感染动物生殖道，主要表现为雌性动物繁殖力下降和死胎。剖检可见脓性卵巢炎、输卵管炎和子宫积脓。大鼠较小鼠症状明显，有时并发中耳炎，形成动物“歪头病”，小鼠品系不同，易感性也不同。

病理表现

大体解剖，肺脏呈红色或红褐色肝样变（如图 3.3.2 所示）。慢性病例常见此种肝样变发生，同时常常形成灰白色结节性病灶（如图 3.3.1 所示）。病灶内可见脓性或干酪样渗出物（如图 3.3.3 所示）。中耳腔中可见脓性渗出物残留。

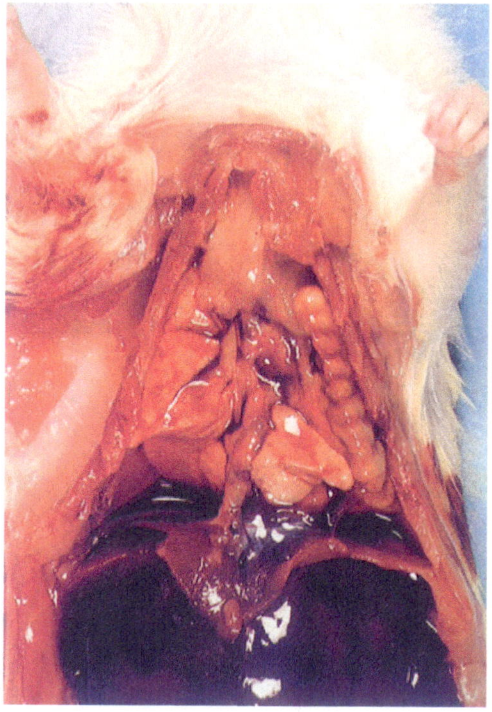

图 3.3.1　大体病理－大鼠肺连珠样结节
大鼠感染支原体后，可见肺脏出现结节，如连珠状。

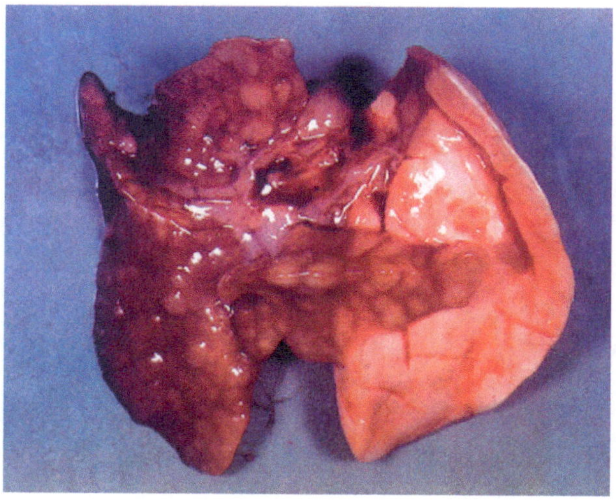

图 3.3.2　大体病理－肺脏肝样变
大鼠感染支原体后，可见肺叶出现肝样病变，并可见支气管扩张。

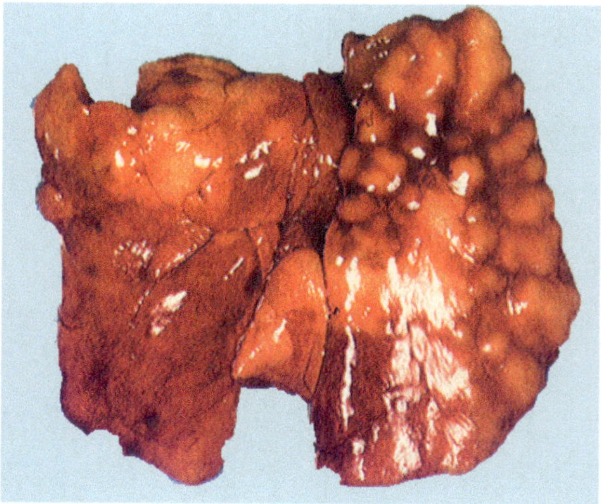

图 3.3.3　大体病理－肺脏脓肿
大鼠感染支原体后，可见肺支气管扩张，肺脏出现脓肿。

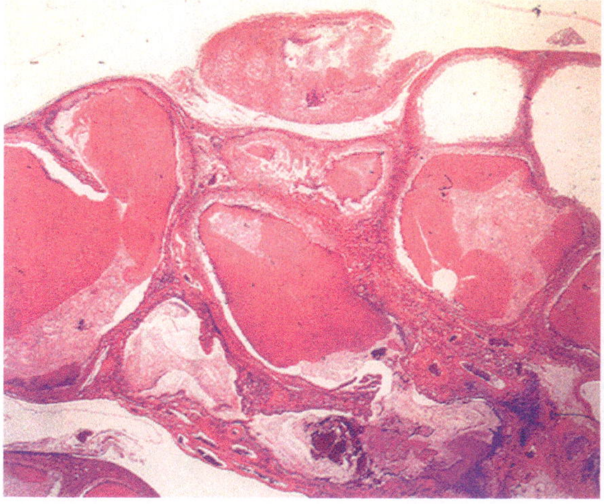

图 3.3.4　组织病理 - 肺脏脓肿

大鼠感染支原体后，可见肺脏脓肿。

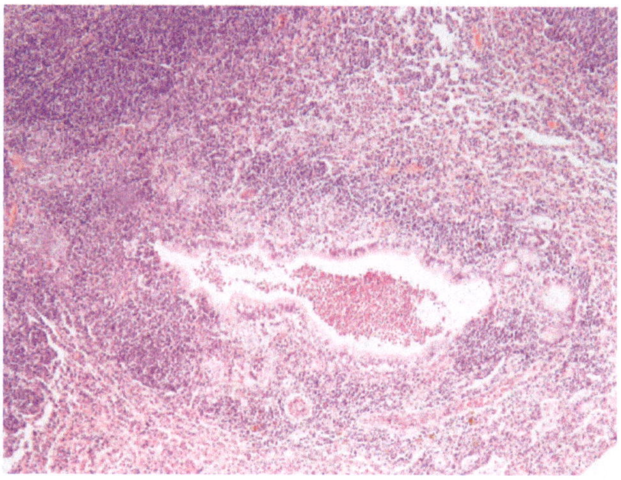

图 3.3.5　组织病理 - 肺脏结构破坏

大鼠感染支原体后，可见肺脏组织结构破坏，大量炎症细胞浸润。

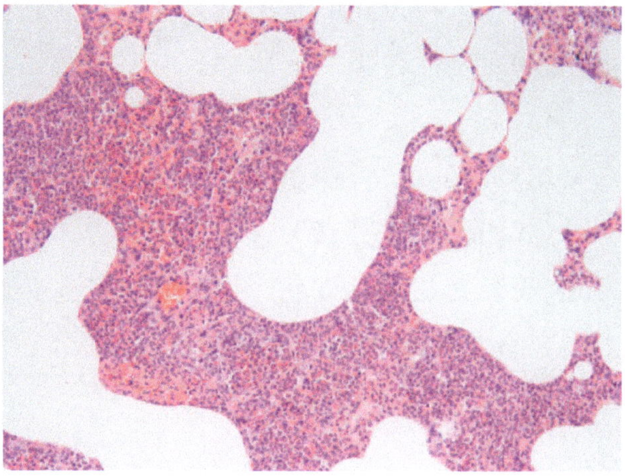

图 3.3.6　组织病理 - 代偿性肺气肿

大鼠感染支原体后，肺泡间隔增宽，大量炎症细胞浸润。

镜下可见，肺脏发生急性 - 亚急性的支气管腔和肺泡内中性粒细胞渗出，支气管和血管周围可见淋巴细胞浸润。病原体在气管和支气管的纤毛上皮细胞表层附着。慢性病例支气管和血管周围淋巴细胞和浆细胞大量浸润，支气管扩张。而且，腔内充满大量的渗出物，使支气管闭塞，形成闭塞性支气管扩张症。鼻腔和气管黏膜上皮细胞增生，黏膜下层中性粒细胞和淋巴细胞浸润。支气管腔内中性粒细胞渗出。中耳腔内可见大量的中性粒细胞渗出，呈现化脓性中耳炎。

实验室检测

支原体（*Mycoplasma* spp.）在分类学上属于支原体科（Mycoplasmataceae），支原体属（*Mycoplasma*）。支原体无细胞壁，细胞膜由三层结构组成，直径 0.3 ～ 0.8μm，形状不定，呈多形态性。能在无细胞的人工培养基中生长繁殖，以二分裂或芽生方式繁殖。由于细胞外围只有柔软的细胞膜，故具有多形性、可塑性和滤过性，在加压情况下，能通过孔径 220 ～ 450nm 的滤膜。革兰染色呈阴性，通常着色不良，用吉姆萨染色或瑞氏染色效果良好，呈淡紫色。支原体由于基因组小，生物合成能力较弱，营养要求较高，培养支原体的人工培养基需添加外源脂肪酸和甾醇。为抑制细菌生长，常加入青霉素、乙酸铊、叠氮化钠等药物。生长缓慢，在琼脂培养基上孵育 2 ～ 6 天，才长出必须用低倍显微镜才能观察到的微小菌落，直径 10 ～ 600nm，圆形、透明、露滴状。支原体的典型菌落呈“荷包蛋状”，菌落中心深入培养基中、致密、色暗，周围长在培养基表面、较透明。在液体培养基中生长数量较少，不易见到浑浊，有时见到小颗粒粘于管壁或沉管底。支原体常常定植于多种动物呼吸道、泌尿生殖道、消化道黏膜表面及乳腺、眼等，并对胸腺、腹膜、关节滑液囊膜的间质细胞及中枢神经系统的亲和力较强。单独感染时常症状轻微或无临床表现，当发生细菌或病毒等继发感染或受外界不利因素的作用时，引起疾病。特点是潜伏期长，呈慢性经过，地方性流行，多具有种的特性。对啮齿类实验动物致病性较强的支原体有肺支原体、关节炎支原体、溶神经支原体等。

实验室诊断多采用分离培养法。日常监测取动物鼻咽气管分泌物或病变组织接种支原体培养基（包括液体、半流体和固体培养基）进行分离培养，分离鉴定支原体。分离培养法耗时约三周。PCR 和核酸杂交技术已成功应用于无症状感染动物的快速诊断，特异性强，敏感度高。血清学方法包括酶联免疫吸附试验（ELISA）已用于支原体感染的抗体检测。

管理处置

传染源主要是患鼠和肺支原体隐性带菌鼠，经呼吸道分泌向外排毒，污染饲料、垫料、用具和周围环境。也可经胎盘垂直传播。另外，动物的运输转移也可能是重要的传染散播方式。大鼠感染肺支原体的临床表现与肺支原体不同菌株的毒力强弱，动物的品系、年龄、营养状况，饲养环境中的氨浓度，以及是否与其他病原微生物混合感染等因素密切相关。因此，不同感染群中临床症状和病理变化差异较大。一旦发现临床感染，应封闭饲养车间，淘汰动物种群，彻底进行车间、环境消毒灭菌；可以通过剖宫产净化鼠群。

第四节　大鼠泰泽病原体感染

病因

泰泽菌（*Clostridium piliforme*）感染是此类疾病的病因。该菌又称毛发状芽孢杆菌

（*Bacillus piliformis*），分类学上属于梭菌科（Clostridiaceae），梭菌属（*Clostridium*）。可感染大鼠、小鼠、豚鼠、地鼠和兔等多种动物。动物多呈隐性感染。诱发症状可见引起动物厌食、腹泻、回肠增生性炎症、肠系膜淋巴结病变，导致动物出血性坏死性肠炎，尤其是回肠、盲肠、近端结肠的充血、水肿、坏死。引起肝脏、心脏原位坏死性病灶。泰泽病原体对于免疫系统的影响体现在中性粒细胞和 NK 细胞的消耗。实验动物感染泰泽病原体干扰药理学、毒理学实验研究，也干扰感染性研究。因此在我国的实验动物微生物国家标准中将该病原列为啮齿动物需筛查的病原项目。

临床症状

多呈隐性感染。肿瘤接种、免疫抑制剂、X 射线、机体抵抗力下降、应激反应等均可诱导动物发病。实验感染泰泽病原体 3 ～ 7 天后，发病动物可见精神萎靡不振，水样便、糊状或血性样便的腹泻，病后 2 ～ 3 天死亡。

病理表现

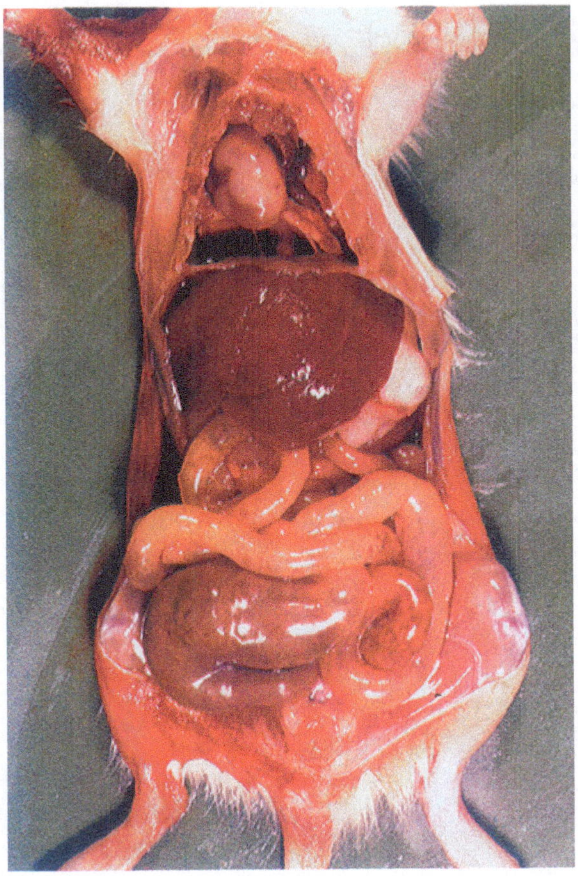

图 3.4.1　大体病理 - 回肠扩张

大鼠感染泰泽病原体，导致出血性坏死性肠炎，包括回肠、盲肠、近端结肠的充血、水肿、坏死。可见心脏坏死。

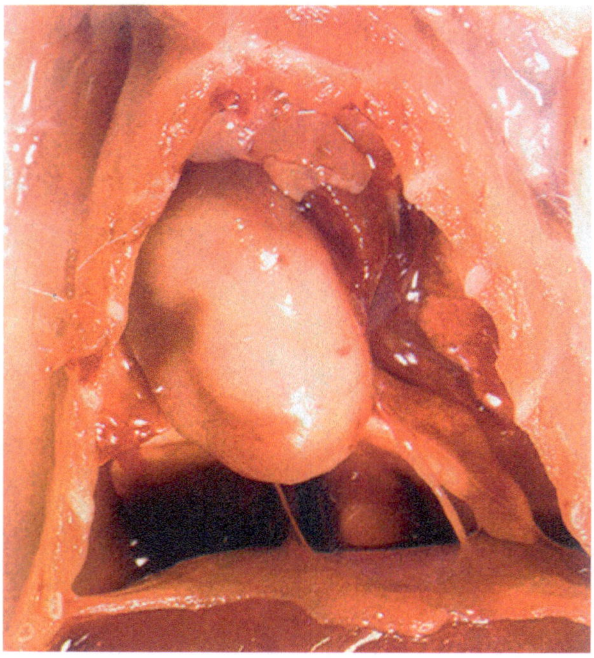

图 3.4.2 大体病理 - 心脏坏死

大鼠感染泰泽病原体，可见心脏广泛性坏死。

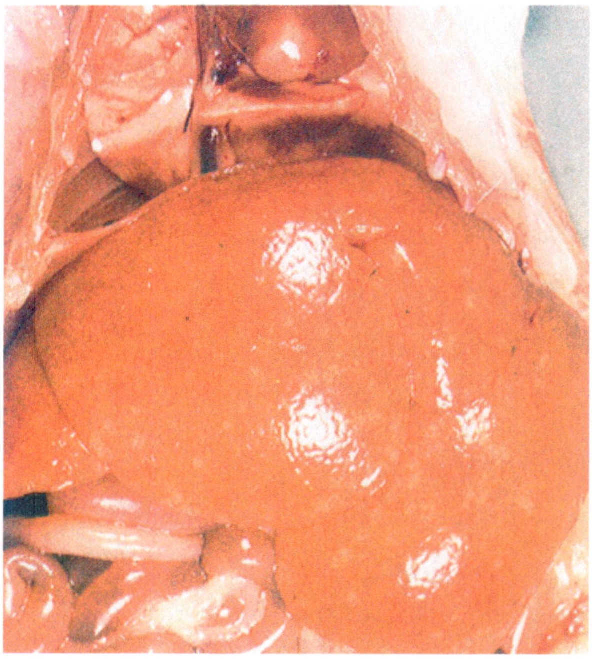

图 3.4.3 大体病理 - 肝脏坏死

大鼠感染泰泽病原体，导致肝脏出现灶状坏死。

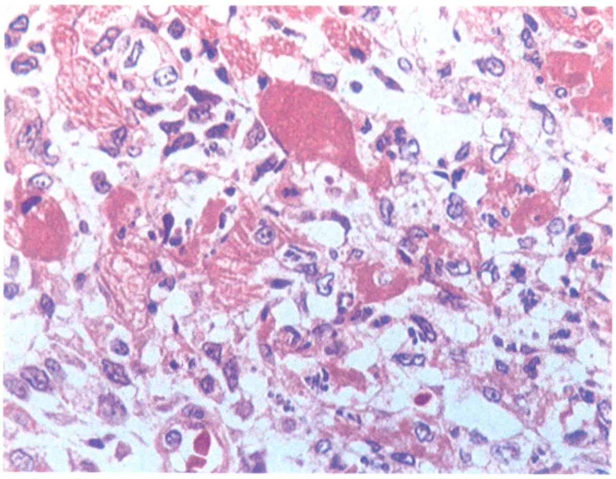

图 3.4.4 组织病理 - 坏死性心肌炎

大鼠感染泰泽病原体，导致心脏出现坏死性心肌炎。

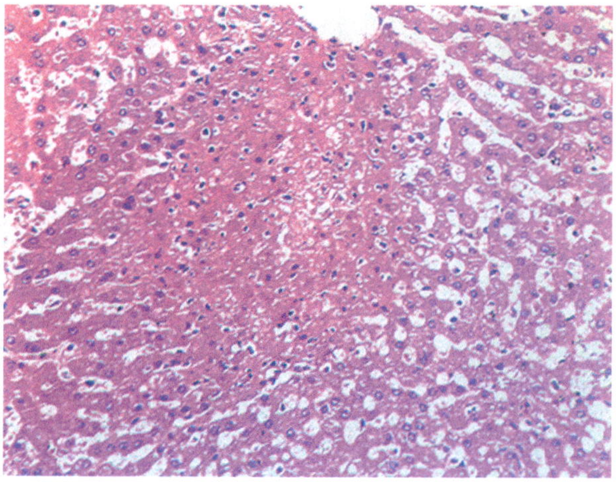

图 3.4.5 组织病理 - 肝脏灶性坏死

大鼠感染泰泽病原体，导致肝脏出现坏死灶。

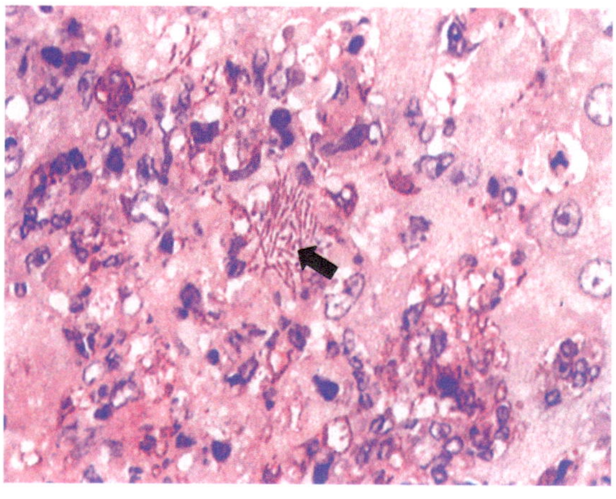

图 3.4.6 组织病理 - 肝脏内的病原菌

大鼠感染泰泽病原体，肝脏细胞内的泰泽病原体，PAS 染色，如箭头所示。

肠炎病例有回肠、盲肠部的出血，固有层、黏膜下组织的水肿、坏死、中性粒细胞浸润，有时在黏膜上皮细胞，有时在平滑肌细胞内见到菌体。

实验室检测

泰泽病原体为革兰阴性菌，杆状、多形态性是本菌的一个特征。一般呈细长形，大小为 0.5μm×（8.0 ～ 10）μm，在单个细胞内能大量繁殖，有时可达 40μm，有芽孢，用相差显微镜及电子显微镜可以见到芽孢及菌体周围有很多活动的鞭毛。为非抗酸性杆菌。

泰泽病原体为专性细胞内寄生，不能在人工培养基上进行生长繁殖，不能像其他细菌一样通过分离培养进行鉴定，虽然已经有用细胞培养泰泽病原体成功的报道，但是用于临床上泰泽病原体的分离仍存在困难。通过人工注射免疫抑制剂对可能感染的动物进行激发试验，可以诱发隐性感染的动物发病，不过这种方法在实际应用中费时且效果不佳。因此，实验室诊断多采用血清学方法。血清学方法包括酶联免疫吸附试验（ELISA）和免疫荧光试验（IFA）。也可对肝脏或回盲部进行 PCR 检测。但对于泰泽病原体已知基因组序列太少，PCR 特异性有待确证。

管理处置

粪口途径是泰泽病原体在物种之间传播的主要方式，隐性带菌鼠经消化道分泌向外排出繁殖体和芽孢，污染饲料、垫料、用具和周围环境。使用某些抗菌药物会有效减轻该菌引起的临床症状，但不能完全治愈。一旦发现临床感染，原则上应封闭饲养车间，淘汰动物种群，彻底进行车间、环境消毒灭菌，重新引种。可以通过剖宫产净化鼠群。

第五节　大鼠肺炎链球菌感染

病因

肺炎链球菌（*Streptococcus pneumoniae*）在自然界中分布广泛，正常状态下，存在于人和动物上呼吸道中，当机体抵抗力下降时，即可引起发病。该菌属人兽共患的病原。在自然条件下对免疫功能正常的动物没有显著影响，但对免疫缺陷动物的致病性强，因此在对啮齿类实验动物进行微生物监测时应考虑此病原。

临床症状

多呈隐性感染，临床上可见鼻孔周围污浊（如图 3.5.1 所示），出现眼眵、食欲减退、竖毛、消瘦、流产等，可引起大鼠的肺炎及败血症，并可能导致气管炎、中耳炎、肺炎等。

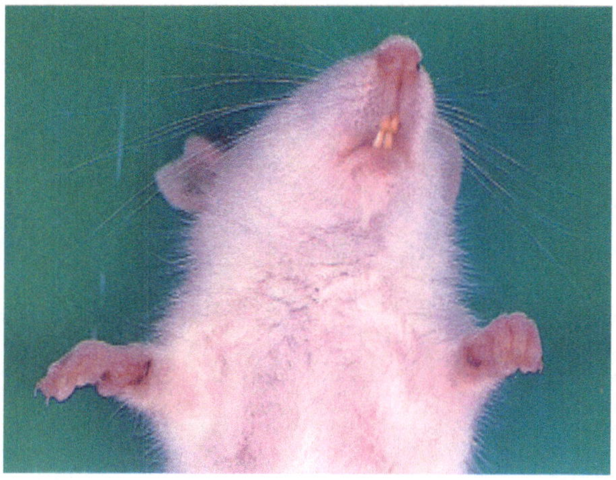

图 3.5.1　外观改变－流鼻涕

大鼠感染肺炎链球菌后，感染动物流鼻涕，前肢污染。

病理表现

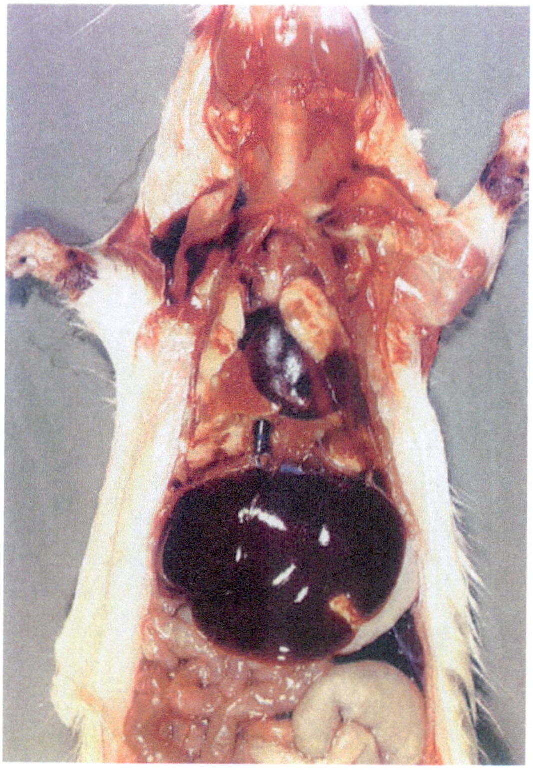

图 3.5.2　大体病理－肺部病变

大鼠感染肺炎链球菌后，前肢污染，肺脏充血。

常见有大叶性纤维素样肺炎、心外膜炎、胸膜炎，心外膜和心包、胸膜与胸壁粘连。肺脏也有肝样变（如图 3.5.3 所示），急性死亡的病例中也可以看到纤维素样腹膜炎及纤维素样化脓性腹水。

在组织学方面以纤维素样化脓性肺炎或胸膜肺炎为主（如图 3.5.4及图 3.5.6 所示）。终末支气管和肺泡内混有很多中性粒细胞和纤维素样渗出物（如图 3.5.5 所示），可见到肺泡间质充血。胸膜因纤维素渗出和中性粒细胞浸润而肥厚。

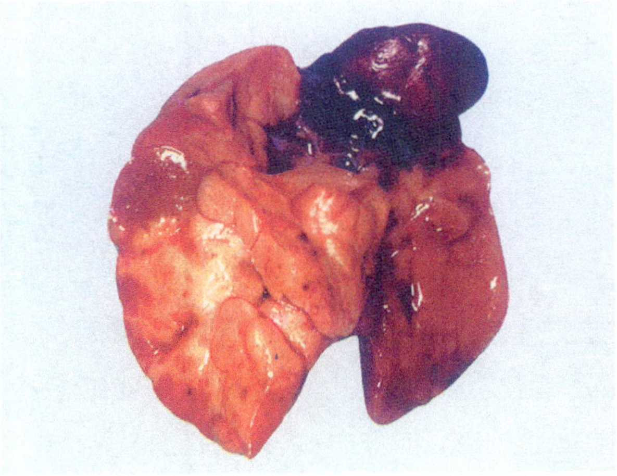

图 3.5.3　大体病理 – 肺脏肝样实变
大鼠感染肺炎链球菌引起大叶性肺炎，肺脏充血，出现肝样实变。

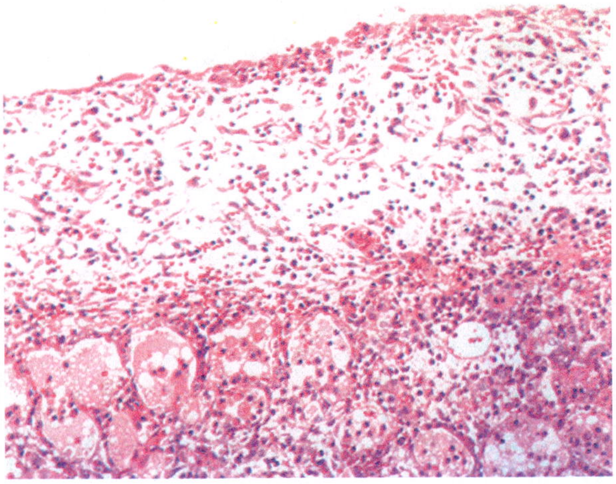

图 3.5.4　组织病理 – 纤维素样胸膜肺炎
大鼠感染肺炎链球菌，出现胸膜肺炎。胸膜因水肿、纤维素渗出和中性粒细胞浸润而肥厚。

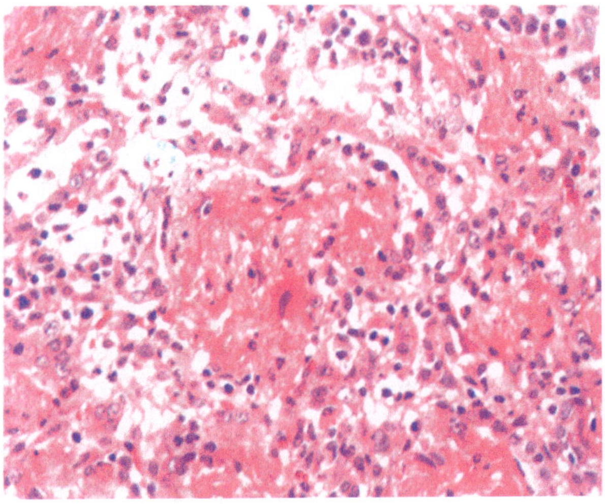

图 3.5.5　组织病理 – 纤维素样胸膜肺炎
大鼠感染肺炎链球菌，终末支气管和肺泡内可见很多中性粒细胞和纤维素样混合的渗出物。

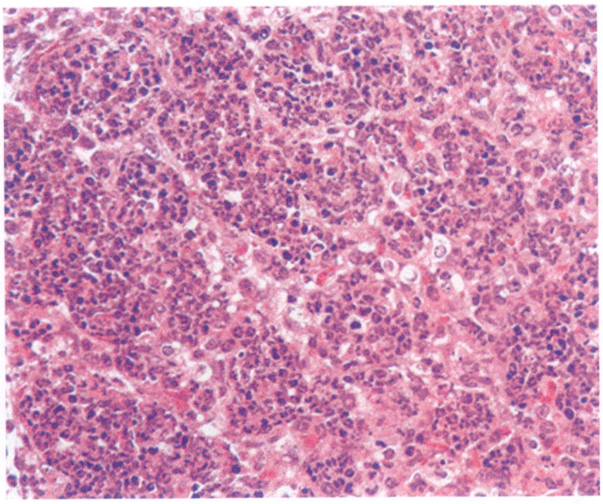

图 3.5.6　组织病理 – 化脓性肺炎
大鼠感染肺炎链球菌，出现化脓性肺炎。

实验室检测

肺炎链球菌又名肺炎球菌，旧称肺炎双球菌，分类学上属于链球菌科（Streptococcaceae），链球菌属（*Streptococcus*）。革兰阳性双球菌，钝头相对、尖头相背、似矛头状，直径 0.5 ～ 1.25μm，典型的排列为双球状，有时呈短链排列。肺炎链球菌在最初几代荚膜染色阳性，经培养后荚膜逐渐消失，菌体也可转为阴性。该菌为兼性厌氧菌，在血琼脂平皿上形成直径 0.5 ～ 1.5mm、圆形、灰白、半透明、扁平、周围有狭窄草绿色溶血环（α 溶血）的菌落。在厌氧条件下，产生 β 溶血。对营养要求高，在普通营养琼脂和普通营养肉汤中不生长，必须加入全血、血清或腹水才能促进生长。随培养时间的延长，由于自溶作用，菌落呈肚脐状。最适 pH 为 7.6 ～ 7.8，最适温度为 37℃。肺炎链球菌可发生变异，主要表现在菌落类型或菌体形态的变化、溶血现象的消失、毒力减弱或消失等。在抗生素等因素影响下，可以变为 L 型。菌落一般可分为 3 种类型，即黏液型（M）、光滑型（S）及粗糙型（R）。肺炎链球菌在自然界中分布广泛，可引起人大叶性肺炎或脑膜炎，亦可致幼畜肺炎或败血症。正常状态下，存在于人和动物上呼吸道中，当机体抵抗力下降时，即可引起发病。实验室诊断多采用分离培养法。

实验室诊断多用分离培养法。日常监测取动物鼻咽气管分泌物或病变组织接种培养基进行分离培养，取可疑菌落做生化鉴定，也可使用微生物鉴定系统对细菌进行鉴定。PCR 和核酸杂交技术已成功应用于无症状感染动物的快速诊断，特异性强，敏感度高。市面上亦有一些肺炎链球菌试剂盒出售，能快速、便捷地鉴定肺炎链球菌。

管理处置

肺炎链球菌感染的主要传染途径是呼吸道。控制饲养密度，一旦发现临床感染，应采取以下措施：①原则上应封闭饲养车间，淘汰动物种群，彻底进行车间、环境消毒灭菌。②如果不是所有饲养间发生，应淘汰感染种群，彻底消毒灭菌污染车间。采取环境隔离措施，确保未感染车间动物不被感染。③可以通过剖宫产净化鼠群。

第六节　大鼠球虫病

病因

球虫病主要是由艾美耳球虫（*Eimeria* spp.）感染而引起的疾病。此类寄生虫宿主广泛，主要寄生在宿主的肠黏膜上皮组织。主要有 *E. miyairii*、*E. nieschulzi*、*E. separata* 和 *E. contorta* 等 9种球虫感染大鼠。 *E. miyairii*、*E. nieschulzi* 和 *E. contorta* 主要寄生在小肠，*E. separata* 主要寄生在大肠。*E. nieschulzi* 致病性最强。当动物出现下列症状时，应对动物群体进行该病原的筛查。

临床症状

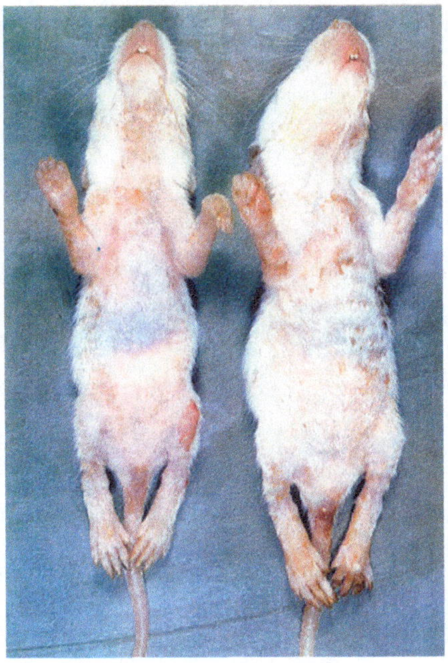

图 3.6.1　外观改变－乳大鼠腹泻，消瘦
大鼠感染球虫病，乳大鼠腹泻，消瘦。

成年鼠感染从无明显的临床表现到稀便、腹泻都有。低龄动物在机体免疫力低下或用于实验过程中时，表现稀便或腹泻，逐渐消瘦，甚至死亡。

病理表现

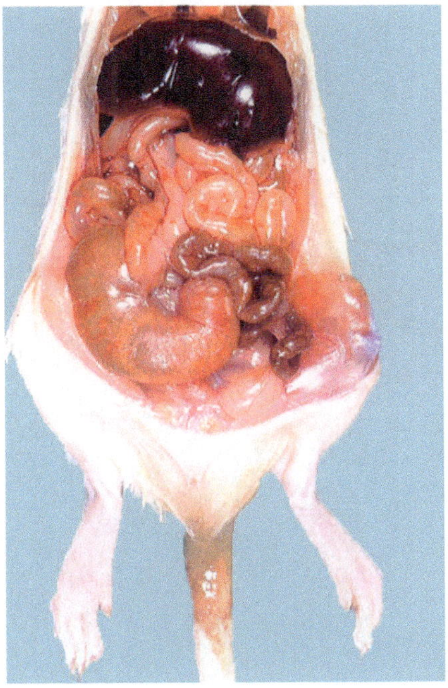

图 3.6.2　大体病理－肠道水肿，腹泻
大鼠感染艾美耳球虫，小肠至大肠表面呈现水肿。

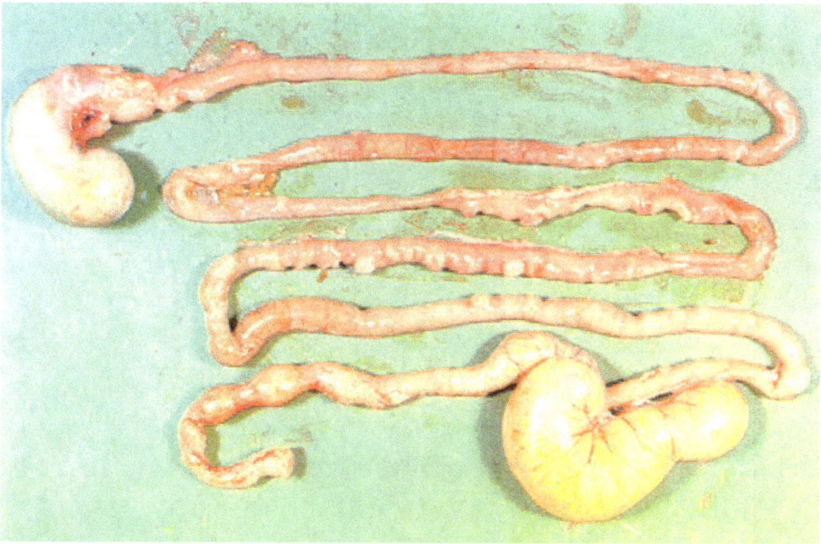

图 3.6.3　大体病理 – 小肠肥厚

大鼠感染艾美耳球虫，小肠至大肠水肿，肠壁增厚，充血、出血，有血性黏液。

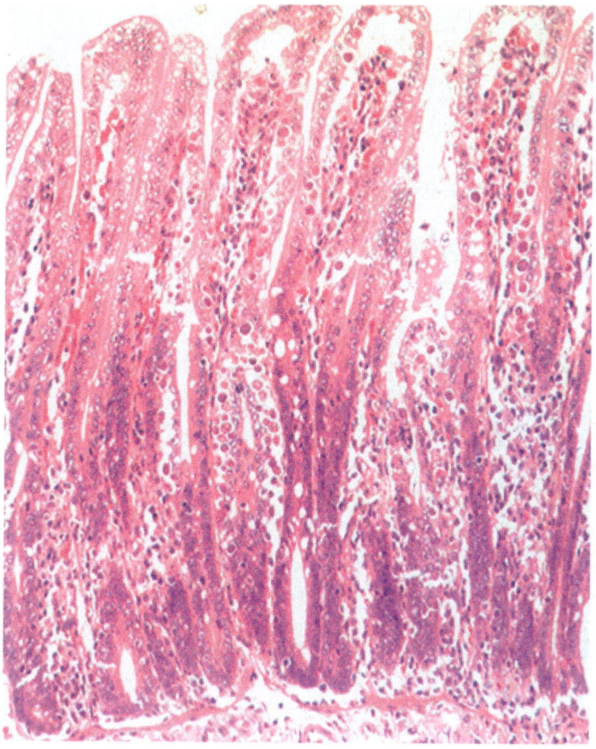

图 3.6.4　组织病理 – 球虫性小肠炎

大鼠感染艾美耳球虫，组织病理表现为肠壁增厚。黏膜增厚，固有层和黏膜下层水肿，少量细胞浸润。

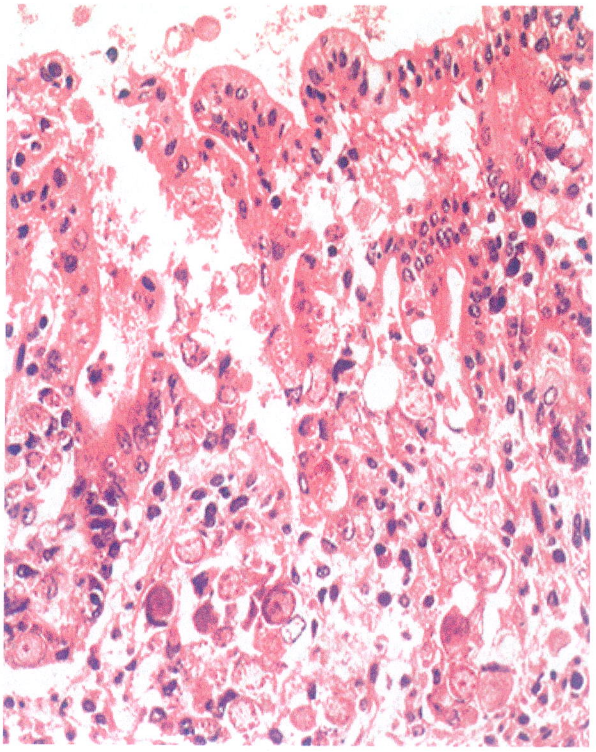

图 3.6.5　组织病理 – 大肠黏膜球虫寄生

大鼠感染艾美耳球虫，肠腺上皮细胞脱落，腺腔内可见未成熟、成熟的卵囊。

实验室检测

一般是取粪便检测球虫卵囊（如图 3.6.6 所示）。卵呈无色透明，大小为 10 ～ 30μm。病理学检测以肠道组织中发现孢子化卵囊、虫体为金标准。

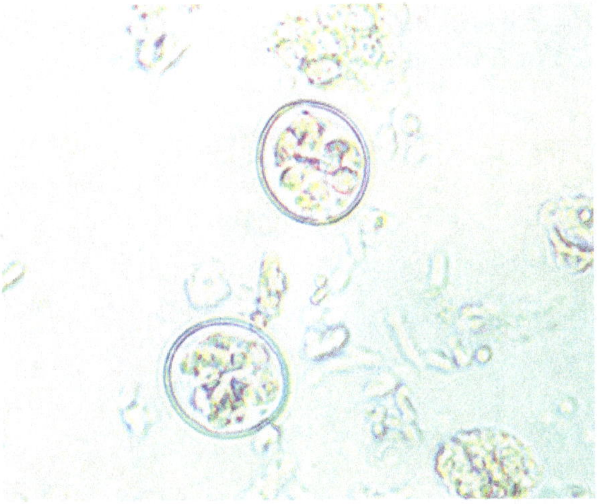

图 3.6.6　显微镜检查 - 球虫卵囊
患球虫病大鼠盲肠内容物或粪便样品镜检，可见卵囊。

管理处置

艾美耳球虫主要经粪口传播，污染的垫料、水、食物、用品等都是传染源。啮齿动物、兔等都易感。屏障环境和隔离环境能有效防止该病原污染。重点防止环境设施的破损，饲料和垫料应充分消毒灭菌，防止污染。

第七节　大鼠囊尾蚴病

病因

大鼠囊尾蚴病（cysticercosis）是因食入污染有带状绦虫的节片和卵的饲料后，六钩蚴便从卵中钻出，进入肠壁血管，随血液到达肝脏开始发育，在肝内穿行 15 ～ 30 天后，钻出肝脏被膜，进入腹腔；在肠系膜、胃网膜等处生长、发育为囊尾蚴致使发病。该病在目前屏障设备内罕见。当发现下述症状时，应怀疑此病原感染。

临床症状

大鼠少量感染时一般无明显的临床症状；大量感染时可导致肝炎和消化障碍表现，常常解剖动物时才发现。

病理表现

在肝脏表面、肠系膜和网膜等处，发现数量不等、状似小泡或葡萄状的虫体，大小为 4mm 左右。肝脏实质部常有肉芽肿形成、纤维化炎症等反应，有时可看到虫体（如图 3.7.1 及图 3.7.2 所示）。

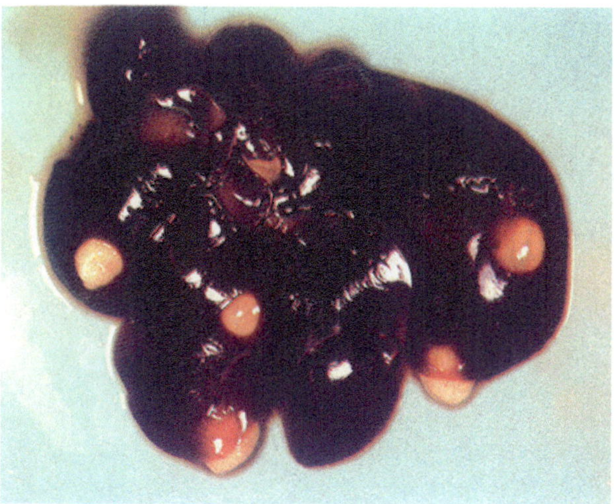

图 3.7.1 大体病理 – 肝脏多发性囊胞

患囊尾蚴病大鼠，肝脏可见多发性囊胞（自然发生）。

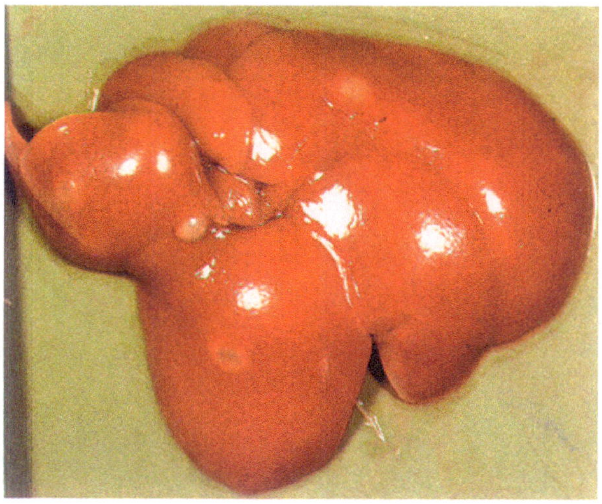

图 3.7.2 大体病理 – 肝脏的囊胞

实验感染囊尾蚴的大鼠，肝脏可见囊胞。

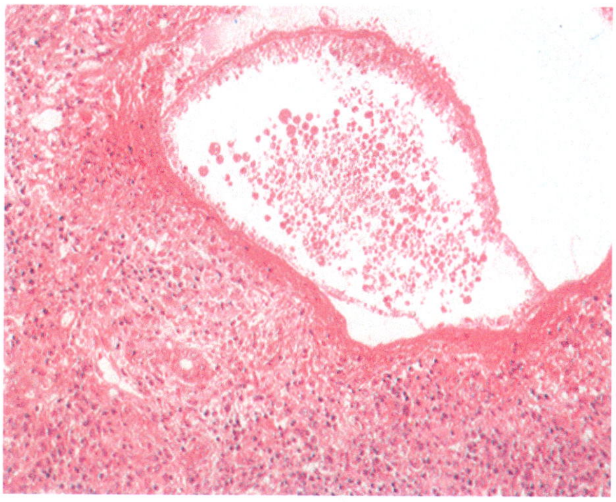

图 3.7.3 组织病理 – 肝脏肉芽肿

实验感染囊尾蚴的大鼠，可见肝脏带状囊尾蚴性肉芽肿。

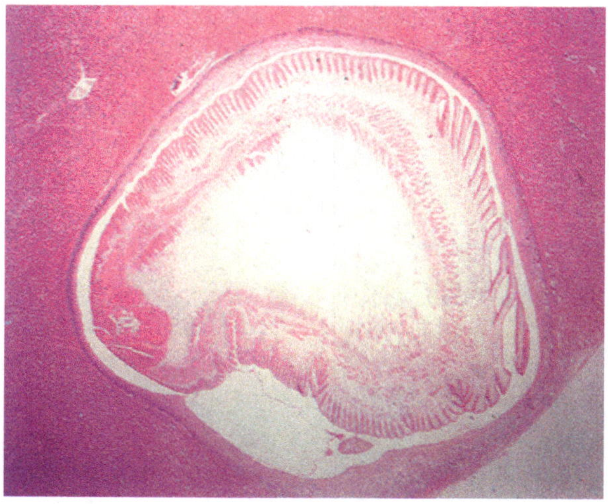

图 3.7.4 组织病理 – 肝脏囊尾蚴

实验感染囊尾蚴的大鼠，肝脏中可见囊尾蚴虫体。

实验室检测

通常需要剖检动物发现肝脏虫体确诊。间接血凝试验可作为辅助检测，但不够准确。

管理处置

大鼠囊尾蚴感染主要是粪口传染，带有虫体的粪便污染的垫料、水、食物、用品等都是传染源。因大鼠均为清洁级以上动物，很少发生此类感染。重点防止动物环境设施的破损，以及饲料和垫料污染。

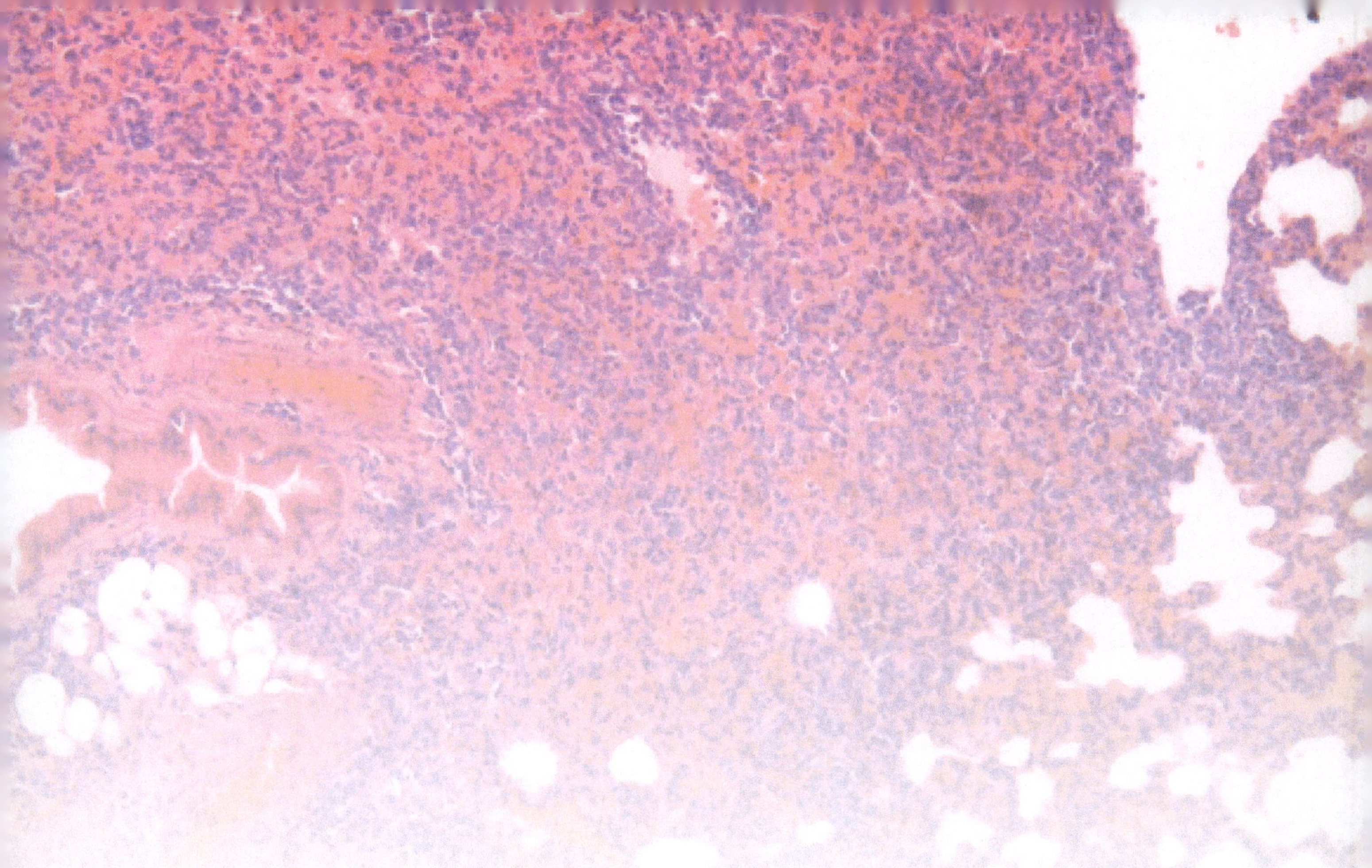

第4章

地鼠常见感染性疾病

第一节　地鼠泰泽病原体感染

病因

泰泽病原体（Tyzzer’s organism）又称毛发样梭菌（*Clostridium piliforme*），是泰泽菌病（Tyzzer’s disease）的病原。分类学上属于梭菌科（Clostridiaceae），梭菌属（*Clostridium*）。动物多呈隐性感染。该病原感染干扰药理学、毒理学实验研究，也干扰感染性研究。我国的实验动物微生物国家标准中将该病原列为地鼠、豚鼠和兔需筛查的病原项目。

临床症状

地鼠感染泰泽病原体后多呈隐性感染。肿瘤接种、免疫抑制剂、X 射线、机体抵抗力下降、应激反应等均可诱导动物发病。实验感染泰泽病原体 3 ～ 7 天后，发病动物可见精神萎靡不振，水样便、糊状或血性样便的腹泻，病后 2 ～ 3 天后死亡。

病理表现

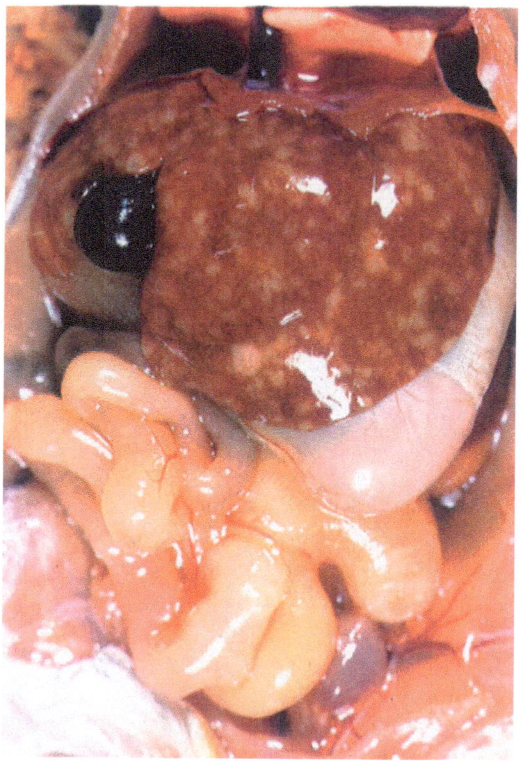

图 4.1.1　大体病理 – 肝脏灶性坏死

地鼠感染泰泽病原体，可见肝脏出现弥散性坏死灶。

动物的自然感染病例，共同所见是肠炎和肝炎。感染导致动物出血性坏死性肠炎，尤其是回肠、盲肠、近端结肠的充血、水肿、坏死，以及肝脏的弥漫性灶性坏死（如图 4.1.2 所示）。肠炎病例有回肠、盲肠部的出血，固有层、黏膜下组织的水肿、坏死、中性粒细胞浸润；主要是在黏膜上皮细胞，有时在肝脏细胞、平滑肌细胞内见到菌体（如图 4.1.3 所示）。

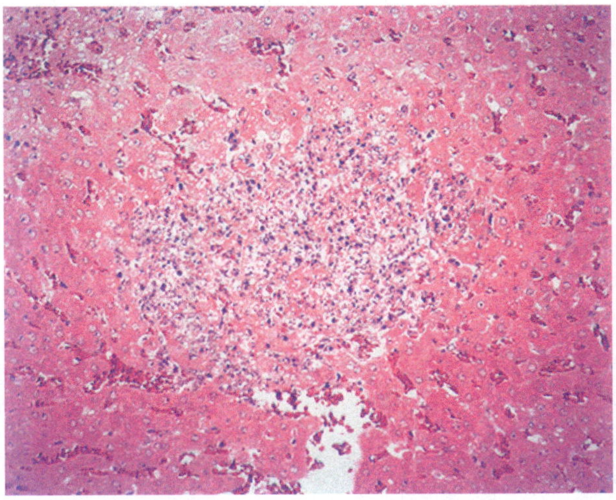

图 4.1.2　组织病理－肝脏坏死灶
地鼠感染泰泽病原体，肝脏组织病理学检查可见坏死灶。

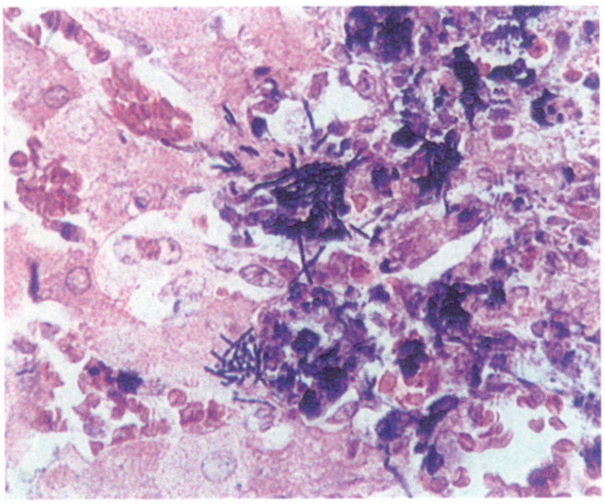

图 4.1.3　大体病理－肝脏细胞内菌体
地鼠感染泰泽病原体，肝脏组织病理学检查可见肝脏细胞内出现泰泽病原体菌体。银染色。

实验室检测

泰泽病原体为革兰阴性，杆状，多形态性是本菌的一个特征。一般呈细长形，大小为 0.5μm×（8.0 ～ 10）μm，在单个细胞内能大量繁殖，有时可达 40μm，有芽孢，用相差显微镜及电子显微镜可以见到芽孢及菌体周围有很多活动的鞭毛。为非抗酸性杆菌。

泰泽病原体为专性细胞内寄生，不能在人工培养基上进行生长繁殖，不能像其他细菌一样通过分离培养进行鉴定，虽然已经有用细胞培养泰泽病原体成功的报道，但是用于临床上泰泽病原体的分离仍存在困难。通过人工注射免疫抑制剂对可能感染的动物进行激发试验，可以诱发隐性感染的动物发病，不过这种方法在实际应用中费时且效果不佳。因此，实验室诊断多采用血清学方法。血清学方法包括酶联免疫吸附试验（ELISA）和免疫荧光试验（IFA）。也可对肝脏或回盲部进行 PCR 检测。但对于泰泽病原体已知基因组序列太少，PCR 特异性有待确证。

管理处置

粪口途径是泰泽病原体在物种之间传播的主要方式，隐性带菌鼠经消化道分泌向外排出繁殖体和芽孢，污染饲料、垫料、用具和周围环境。使用某些抗菌药物会有效减轻该菌引起的临床症状，但不能完全治愈。一旦发现临床感染，原则上应封闭饲养车间，淘汰动物种群，彻底进行车间、环境消毒灭菌，重新引种，也可通过剖宫产净化鼠群。

第二节　地鼠湿尾病

病因

地鼠湿尾病（wet tail disease）并未归因于某一特定病原，动物发病与其受到压力后产生的应激有关。可能与大肠杆菌、弯曲杆菌、隐孢子虫、衣原体等多种细菌和病毒混合感染相关。有研究认为该病与细胞内劳森菌（*Lawsonia intracellularis*）的感染相关，但病原学的排除需基于临床症状。

临床症状

图 4.2.1　外观改变 – 动物腹泻

地鼠罹患该类疾病，一般出现腹泻症状，呈淡黄色稀便；肛周污浊。

自然感染时一般出现腹泻症状，呈淡黄色稀便；肛周污浊。3 ～ 5 周低龄动物常导致死亡。

病理表现

回肠末端肠管因肠壁高度肿大而狭窄（如图 4.2.2 所示），肿大部位黏膜有出血。肠腔内有淡黄色液体、泡沫状内容物。回肠黏膜绒毛上皮细胞增生（如图 4.2.3 及图 4.2.4 所示），绒毛变长，有时可在上皮细胞内发现包涵体；固有层大量浆细胞聚集。病理学上也常称为增殖性回肠炎（如图 4.2.5 及图 4.2.6 所示）。

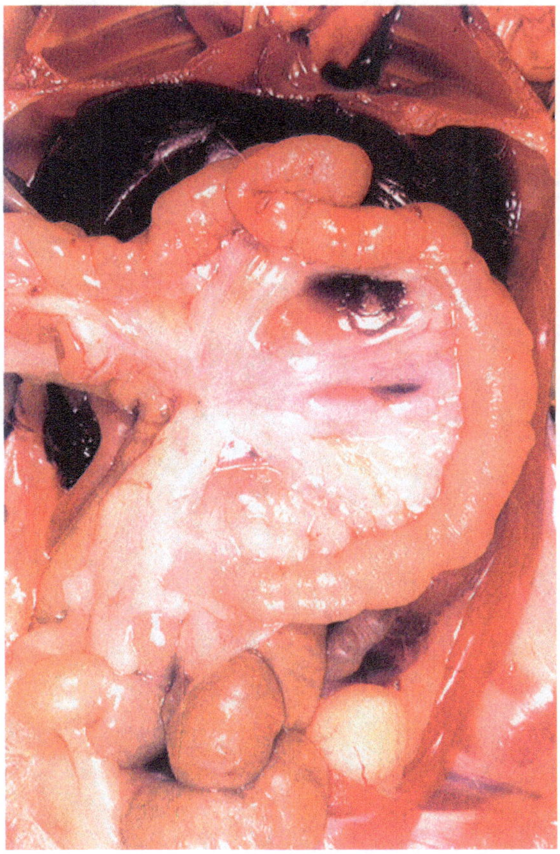

图 4.2.2　大体病理 – 回肠肥厚
地鼠罹患该类疾病，回肠末端肠壁肿大。

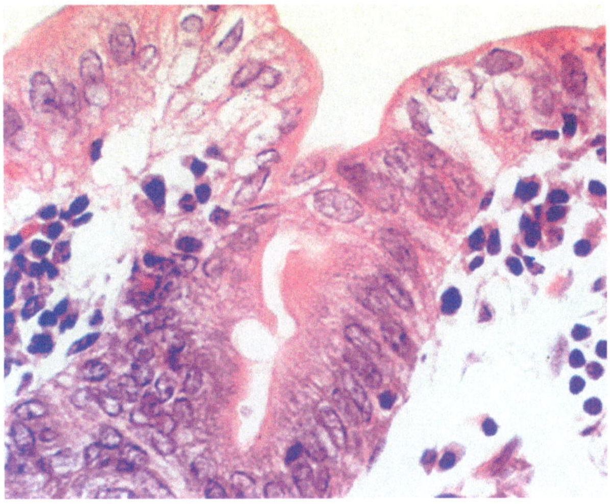

图 4.2.3　组织病理 – 回肠上皮增生
地鼠罹患该类疾病，回肠黏膜上皮细胞增生。

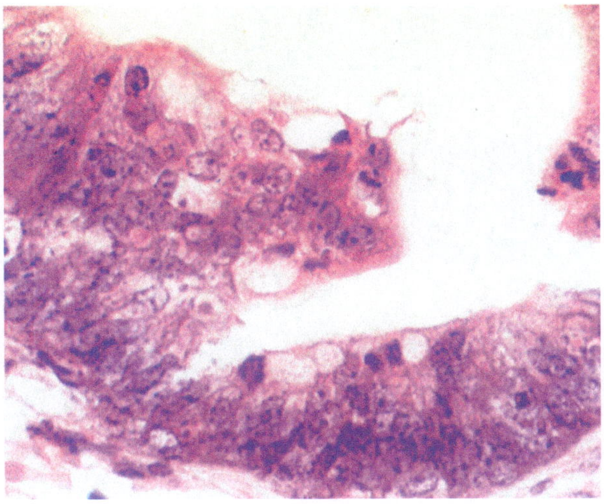

图 4.2.4　组织病理 – 回肠上皮增生
地鼠罹患该类疾病，回肠黏膜上皮细胞增生，回肠黏膜上皮出现轻度异型性。

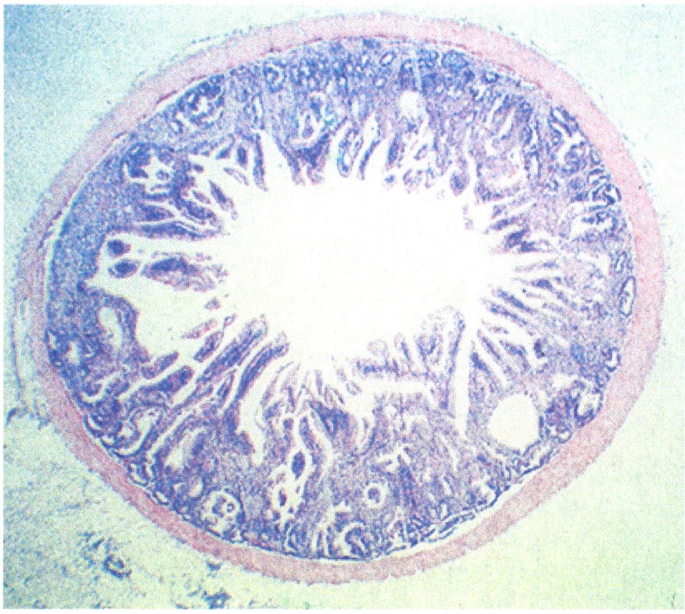

图 4.2.5 组织病理 – 增殖性回肠炎
地鼠罹患该类疾病，回肠绒毛变长，增殖性回肠炎。

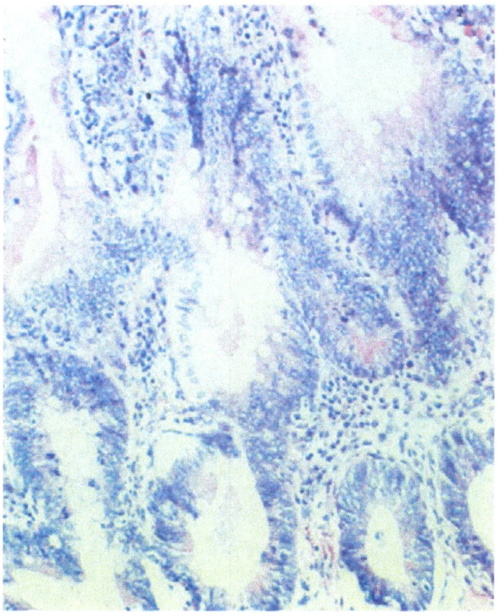

图 4.2.6 组织病理 – 增殖性回肠炎
地鼠罹患该类疾病，回肠末端肠壁肿大，黏膜上皮细胞增生，固有层大量浆细胞聚集，增殖性回肠炎。

实验室检测

结合临床表现，病理发现典型的增殖性回肠炎改变。

管理处置

环境受到污染，地鼠受到多种病毒、细菌感染而致病。重点应防止动物环境设施的破损，以及饲料和垫料的污染。

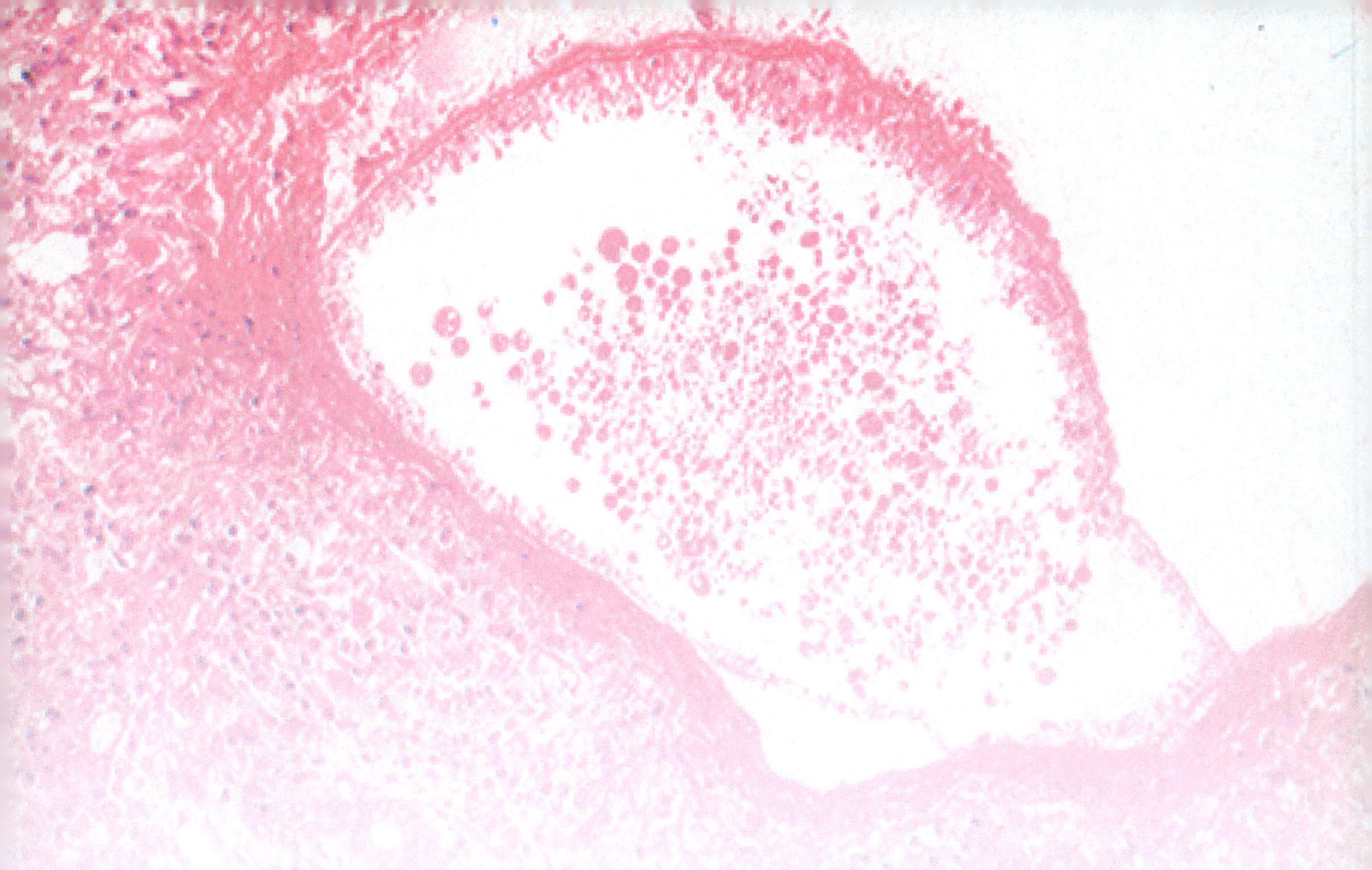

第5章

豚鼠常见感染性疾病

第一节　豚鼠唾液腺病毒感染

病因

豚鼠巨细胞病毒（guinea pig cytomegalovirus，GPCMV）也称豚鼠唾液腺病毒，是导致此病的原因。豚鼠的 GPCMV 人工感染动物模型也被用作巨细胞病毒的比较医学研究模型，其感染症状较之大鼠、小鼠的感染模型，与人类巨细胞病毒感染的症状更接近。目前我国实验动物微生物学国家标准中对该病毒没有提出检测要求。但当发现类似症状时，可进行该病原的排除。

临床症状

多为隐性感染，动物不表现明显的临床症状，实验感染可见被毛逆立、烦躁不安、发育迟缓、体重下降等症状。

病理表现

大体解剖：一般没有明显的病变。实验感染动物解剖可见脾脏充血、肿大；唾液腺肿大，胸腺发育受阻、重量减轻。

镜下可见：实验感染动物的唾液腺导管上皮细胞变大，核内可见嗜酸性包涵体，胞质内的包涵体大小不同，多呈肾形，其外可见清晰的晕圈，通常无炎症细胞浸润（如图 5.1.1 ～图 5.1.3 所示）。脾脏散在灶状出血，网状内皮细胞增生，中性粒细胞浸润，脾小结增大。胸腺 T 细胞减少。颈淋巴结淋巴窦扩张，淋巴液瘀滞。淋巴结 B 细胞依赖区内生发中心扩

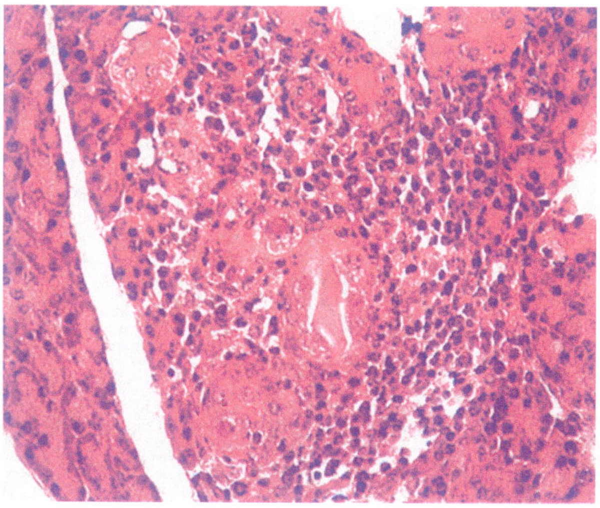

图 5.1.1　组织病理 – 颌下腺炎

豚鼠实验感染 GPCMV，颌下腺出现炎症反应，导管上皮细胞增大，核内可见嗜酸性包涵体。

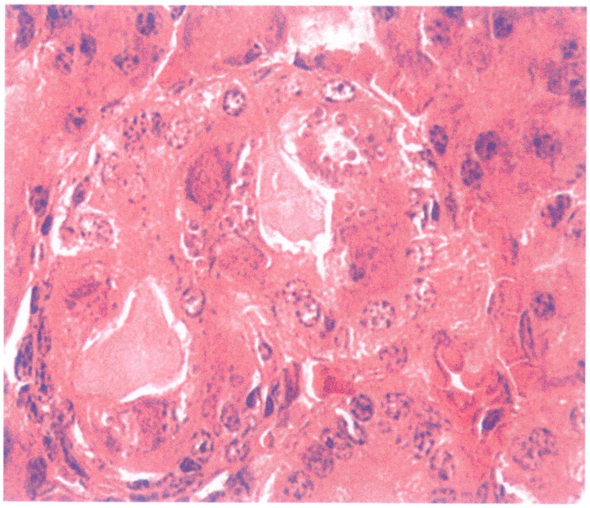

图 5.1.2　组织病理 – 颌下腺包涵体

豚鼠实验感染 GPCMV，颌下腺上皮细胞细胞质内的包涵体。

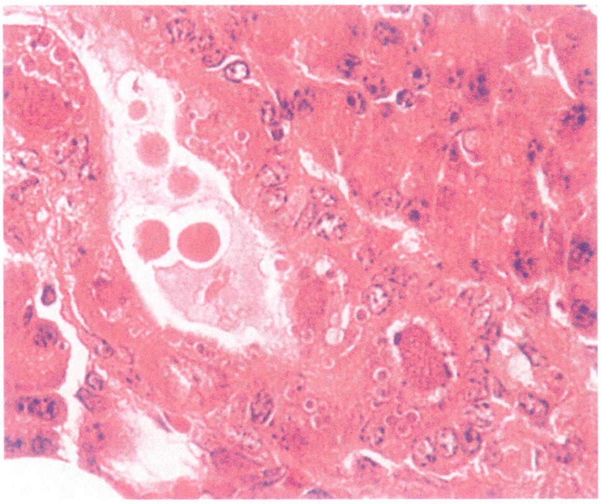

图 5.1.3　组织病理 – 颌下腺包涵体
豚鼠实验感染 GPCMV，颌下腺导管上皮细胞细胞质内的包涵体。

大，T 细胞依赖区小动脉周围鞘活化。肺脏可见间质性肺炎病变。肾近曲小管和远曲小管的上皮细胞中可见大量嗜酸性核内包涵体和少量嗜酸性细胞质包涵体。

实验室检测

豚鼠巨细胞病毒分类上属疱疹病毒科，乙型疱疹病毒亚科，核酸型为双股 DNA。对乙醚、温度、反复冻融等理化因素相对不敏感，在 –70℃可长期保存。GPCMV 具有严格的种属特异性，感染广泛存在于种群中，用补体结合试验可检测 GPCMV 的抗体滴度。可通过动物接触和血源传播，也可通过胎盘垂直传播，多呈慢性持续性感染。血清学检测抗体较为常用，也可通过病毒分离、组织病理学方法或电镜方法进行观察。

可将感染豚鼠唾液腺组织接种豚鼠胚和豚鼠肾细胞，进行病毒分离与鉴定。病变细胞可见核内包涵体。电镜下在包涵体中可看到一些管状结构。

皮下接种 GPCMV 的豚鼠唾液腺、脾脏、肺脏、肝脏、肾脏、胸腺、脑等器官，经免疫荧光检查，在细胞核及细胞质内均可见 GPCMV 抗原存在。

可以通过酶联免疫吸附试验（ELISA）、多重免疫荧光试验（MFIA）或免疫荧光试验（IFA）等常用血清学方法来检测鼠群的感染情况。

分子生物学技术已用于该病原的快速诊断，目前也应用于实验动物的健康监测，以便发现可能存在的隐性感染。

管理处置

GPCMV 可通过动物接触和血源传播，也可通过胎盘垂直传播。所以，发现豚鼠被感染，最有效的措施是设施彻底消毒后，重新引种，建立新种群。通过剖宫产净化鼠群需要注意选择不带 GPCMV 的母鼠方能有效。

第二节　豚鼠沙门菌感染

病因

沙门菌分类学上属于肠杆菌科（Enterobacteriaceae），沙门菌属（*Salmonella*）。本属具有极其广泛的动物宿主，是一种重要的人兽共患病原。不仅引起人的伤寒、副伤寒、急性胃肠炎、败血症等疾病，还侵害幼、低龄动物，使之发生败血症、胃肠炎及其他组织局部炎症。对成年动物则往往引起散发性或局限性沙门菌病，患败血症的怀孕母畜可出现流产。豚鼠的沙门菌感染多具暴发性，因此我国的实验动物微生物国家标准中将该病原列为豚鼠必须排除的项目。

临床症状

豚鼠感染沙门菌症状较重。啮齿类发病呈急性暴发型，主要表现为腹泻、流产、消瘦，约一周死亡。亚急性、慢性感染病例中出现竖毛、精神差、腹泻、软便、消耗性疾病的症状。低龄动物可发生败血症急性死亡。

病理表现

大体病理表现为：急性感染胸膜、腹膜点状出血，肠管浆膜往往更明显（如图 5.2.1 所示）。豚鼠可观察到颈部淋巴结肿大及化脓。豚鼠肝脏、脾脏有弥漫性坏死灶（如图 5.2.2 所示），肠道黏膜也有灰白色结节，脾脏巨大（如图 5.2.3 所示）。

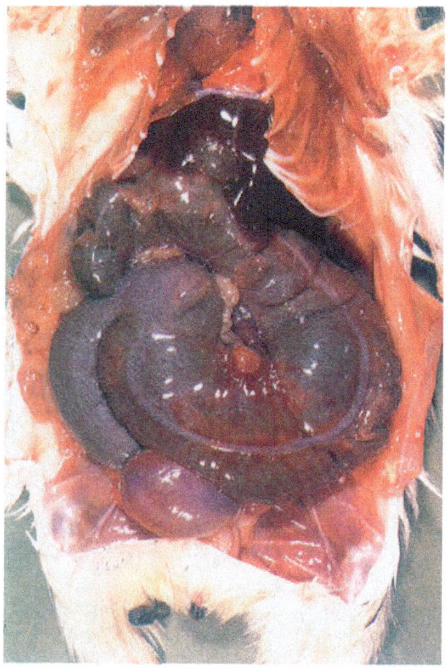

图 5.2.1　大体病理 – 肠道出血
豚鼠急性感染沙门菌，腹膜、肠管浆膜点状出血，肠腔内出血。

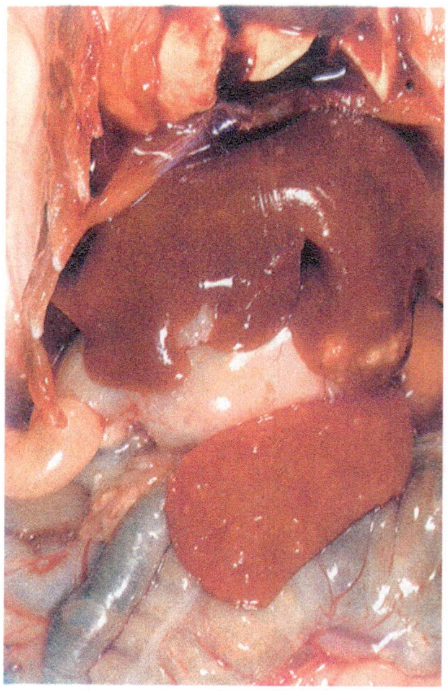

图 5.2.2　大体病理 – 肝脏坏死灶
豚鼠急性感染沙门菌，肝脏局部有坏死灶，脾脏巨大。

组织病理学：可见小肠、脾脏、肝脏多数坏死灶，坏死灶的周围可见中性粒细胞、组织细胞的浸润（如图 5.2.4 及图 5.2.5 所示）。

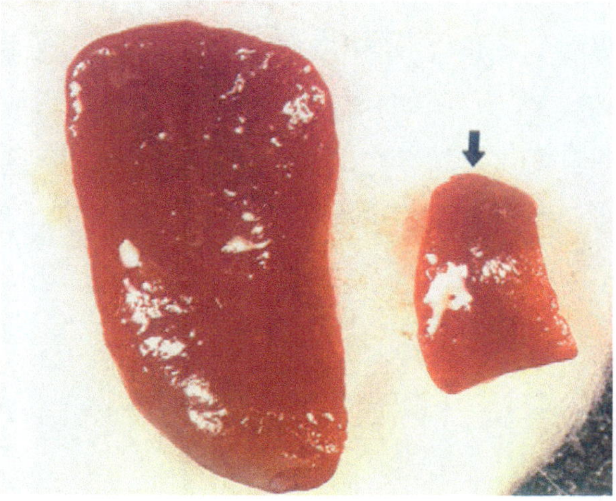

图 5.2.3 大体病理 - 脾脏肿大

豚鼠急性感染沙门菌，脾脏肿大。箭头所示为正常脾脏。

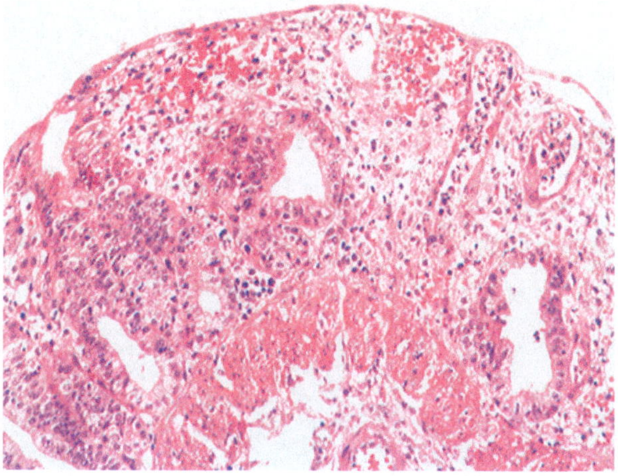

图 5.2.4 组织病理 - 坏死性出血性肠炎

豚鼠急性感染沙门菌，组织病理学可见小肠黏膜坏死，坏死灶周围中性粒细胞等炎症细胞浸润。固有层可见出血。

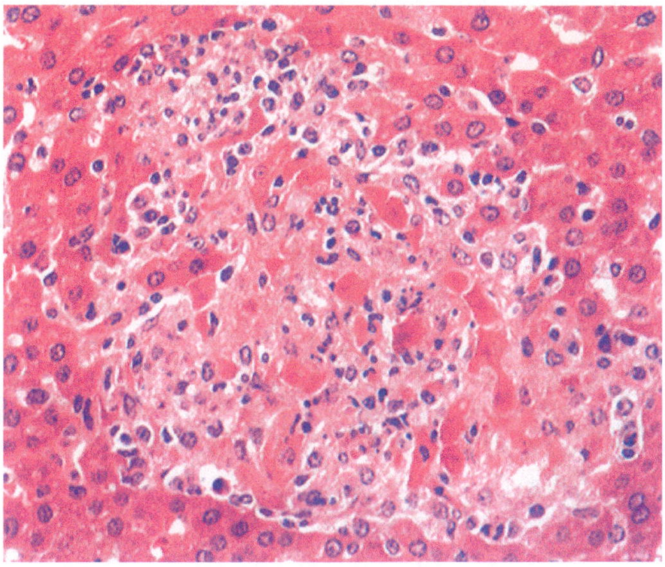

图 5.2.5 组织病理 - 肝脏坏死灶

豚鼠急性感染沙门菌，肝脏内形成坏死灶，坏死灶内及周围可见炎症细胞浸润。

实验室检测

根据流行病学、临床症状和病理变化可做出初步诊断。确诊主要依靠病原学检测。实验室诊断多用分离培养法。日常监测取动物粪便或病变组织接种选择性培养基进行分离培养，取可疑菌落做生化鉴定，也可用微生物鉴定系统对细菌进行鉴定。近年来单克隆抗体技术和酶联免疫吸附试验（ELISA）已用来进行本病的快速诊断。

管理处置

沙门菌感染的主要传染途径是消化道。在发病的动物中，有占一定比例的个体是隐性感染或康复带菌者，并间歇地排菌，成为主要传染源。加强饲养管理、严防野鼠进入非常重要。同时，要防止病原污染饲料、垫料、用具和周围环境。定期进行微生物检测，一旦发现临床感染，原则上应封闭饲养车间，淘汰动物种群，彻底进行车间、环境消毒灭菌，重新引种。

第三节　豚鼠支气管鲍特杆菌感染

病因

支气管鲍特杆菌（*Bordetella bronchiseptica*）在大鼠和小鼠中感染的概率较低。家兔多潜伏感染。豚鼠是该病原的易感动物，该菌是豚鼠的呼吸道易感病原。该病原的存在可干扰呼吸系统的研究，特别是其与多杀巴氏杆菌合并感染时。因此在我国的实验动物微生物国家标准中将该病原列为豚鼠需排除的病原。

临床症状

动物多呈隐性感染，临床症状不明显。低龄豚鼠易感，可引起鼻腔炎、支气管肺炎。各种动物临床症状表现相似，如竖毛、水样涕、鼻孔周围污秽、咳嗽、体重下降、消瘦等，运输及实验时易发病，症状也较重。

病理表现

大体改变依感染程度和病程而不同。发病初期肺脏表面暗红色，随着病情进展，肺脏出现肝样变，实质病变严重后，表面出现结节病灶（如图 5.3.1 及图 5.3.2 所示）。可见化脓性支气管炎或支气管肺炎，其他脏器和组织几乎没有病变。组织病理学主要表现为鼻腔、气管黏膜表面脓性液体附着，甚至形成伪膜（如图 5.3.3 所示）。黏膜下组织增厚、充血、水肿（如图 5.3.4 所示）。肺泡、支气管上皮细胞脱落，中性粒细胞、巨噬细胞、纤维素大量充填，间质充血（如图 5.3.5 所示）。

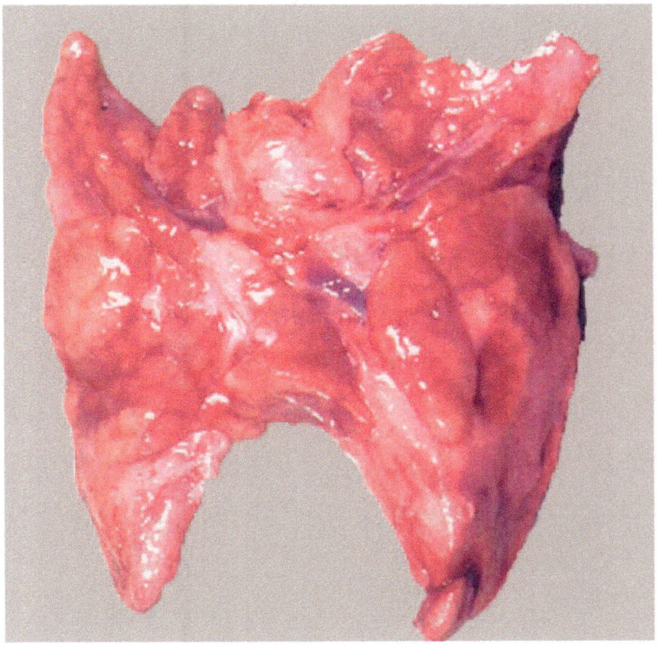

图 5.3.1　大体病理 - 肺脏实变，结节
豚鼠感染支气管鲍特杆菌，肺脏出现红色肝样实变，可见结节病变。

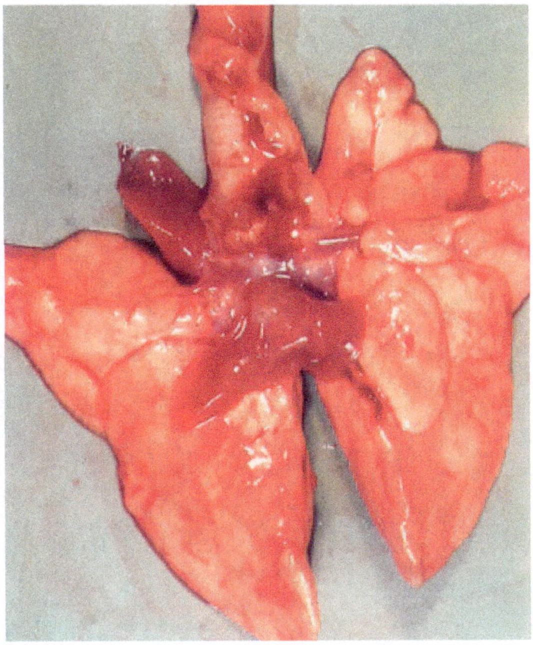

图 5.3.2　大体病理 - 肺脏红色实变
豚鼠感染支气管鲍特杆菌，肺脏出现红色实变。

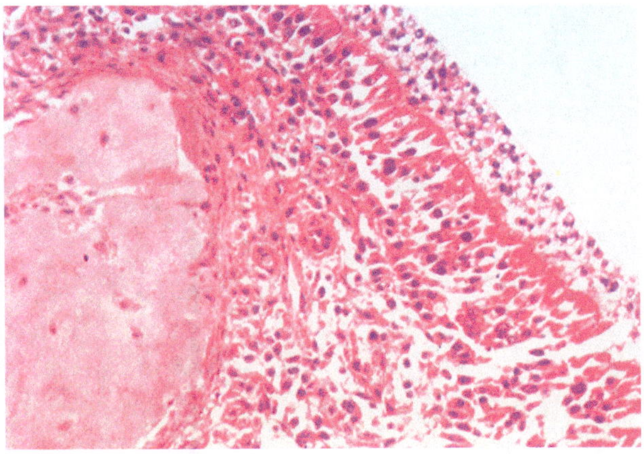

图 5.3.3　组织病理 - 鼻炎
豚鼠感染支气管鲍特杆菌，组织病理可见鼻腔黏膜表面脓性渗出物附着，表现为慢性鼻炎。

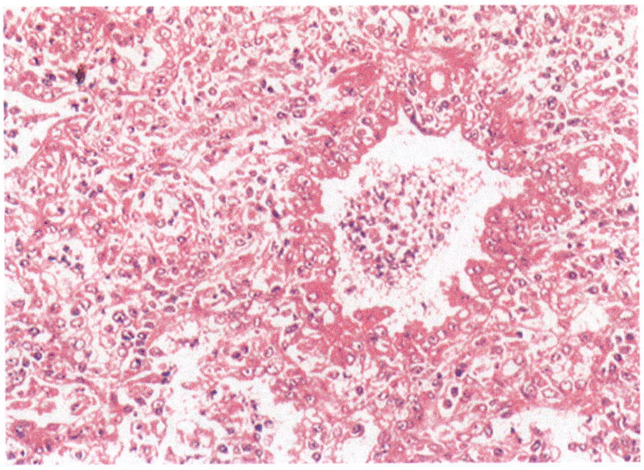

图 5.3.4　组织病理 - 化脓性支气管炎
豚鼠感染支气管鲍特杆菌，组织病理可见黏膜下组织增厚、充血、水肿。

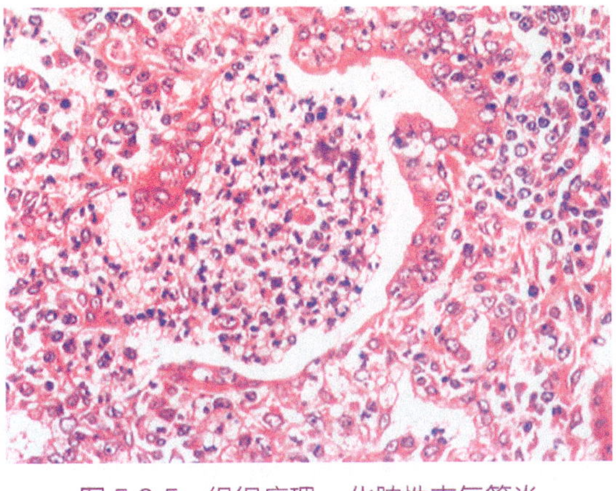

图 5.3.5　组织病理 - 化脓性支气管炎
豚鼠感染支气管鲍特杆菌，组织病理可见肺脏支气管周围中性粒细胞、淋巴细胞浸润。肺泡、支气管上皮细胞脱落，中性粒细胞、巨噬细胞、纤维素大量充填，间质充血。

实验室检测

支气管鲍特杆菌分类学上属于产碱杆菌科（Alcaligenaceae），波氏菌属（*Bordetella*）。革兰阴性细小球杆菌，大小为（0.2 ～ 0.3）μm×（0.5 ～ 1.0）μm，散在或成对排列，无芽孢及荚膜，但有类似荚膜的外鞘。本菌在血琼脂平皿上形成 1mm 左右、灰白色、圆形、光滑、边缘整齐的菌落；某些菌株 β 溶血，并可同时出现大小不等的溶血菌落及不溶血变异菌落。麦康凯平板菌落显蓝灰色，周围有狭窄的红色环，培养基着染琥珀色。DHL 琼脂平皿上可形成无色、半透明、2mm 左右的菌落。具有 O、K 和 H 抗原。本菌经气溶胶传播，遍布全世界，能感染多种哺乳动物。引起呼吸道的不显性感染及急性、慢性炎症，统称为波氏杆菌病（bordetellosis）。

实验室诊断多用分离培养法。日常监测取动物鼻咽气管分泌物或病变组织接种培养基进行分离培养，取可疑菌落做生化鉴定，也可用微生物鉴定系统对细菌进行鉴定。PCR 和核酸杂交技术已成功应用于无症状感染动物的快速诊断，特异性强，敏感度高。

管理处置

支气管鲍特杆菌感染的主要传染途径是呼吸道。支气管鲍特杆菌对外界抵抗力不强，大多数化学试剂和物理消毒方法都能很好地去除设施中的污染。抗生素可缓解严重污染，但不能彻底根除此病。一旦发现临床感染，应封闭饲养车间，淘汰动物种群，彻底进行车间、环境消毒灭菌；可以通过剖宫产净化种群。

第四节　豚鼠泰泽病原体感染

病因

泰泽菌（*Clostridium piliforme*）感染是此类疾病的病因。该菌又称毛发状芽孢杆菌（*Bacillus piliformis*），分类学上属于梭菌科（Clostridiaceae），梭菌属（*Clostridium*）。动物多呈隐性感染。诱发症状集中在消化系统。泰泽病原体对于免疫系统有影响，并干扰药理学、毒理学实验研究，也干扰感染实验研究。因此在我国的实验动物微生物国家标准中将该病原列为豚鼠需排除的病原项目。

临床症状

图 5.4.1　外观改变 – 腹泻，肛周、腹部污染
豚鼠感染泰泽病原体，水样腹泻，可见肛周、腹部皮毛污染。

多呈隐性感染。肿瘤接种、免疫抑制剂、X 射线、机体抵抗力下降、应激反应等均可诱导动物发病。实验感染泰泽病原体 3 ～ 7 天后，发病动物可见精神萎靡不振，水样便、糊状或血性样便的腹泻，肛周、腹部污染。

病理表现

不同种动物的共同所见是肠炎和肝炎。感染导致动物出血性坏死性肠炎，尤其是回肠、盲肠、近端结肠的充血、水肿、坏死（如图 5.4.2、图 5.4.3 及图 5.4.5 所示），以及肝脏的弥漫性灶性坏死（如图 5.4.4 及图 5.4.6 所示）。

肠炎病例有回肠、盲肠部的出血，固有层、黏膜下组织的水肿、坏死、中性粒细胞浸润；主要是在黏膜上皮细胞，有时在平滑肌细胞内见到菌体。

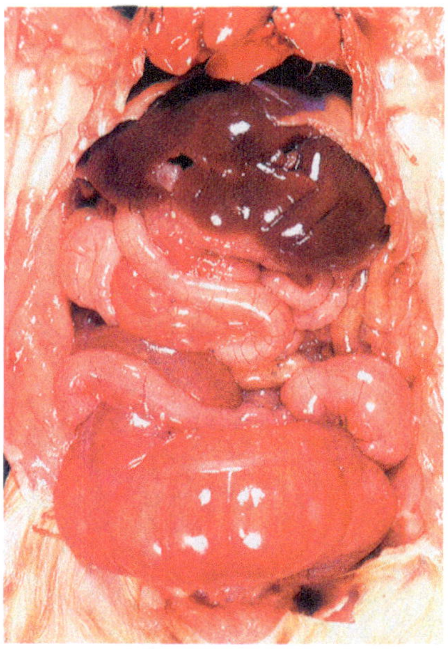

图 5.4.2 大体病理 - 盲肠扩张及充血
豚鼠感染泰泽病原体，盲肠肿大，充血。

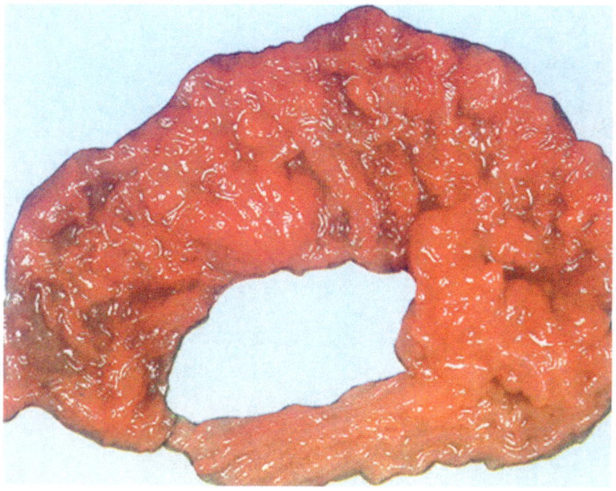

图 5.4.3 大体病理 - 盲肠充血
豚鼠感染泰泽病原体，盲肠肿大，盲肠黏膜弥漫性充血。

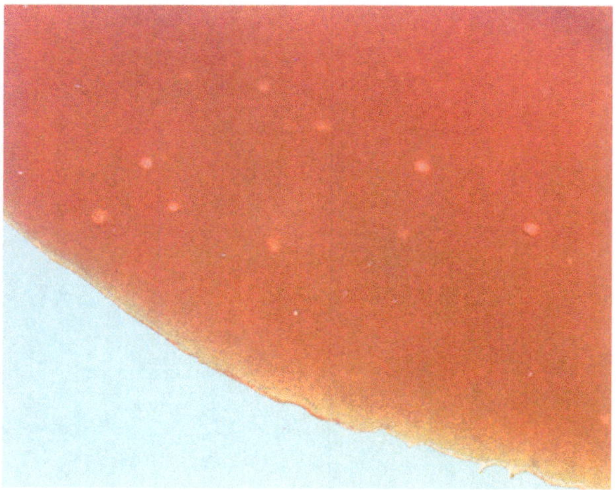

图 5.4.4 大体病理 - 肝脏点状病灶
豚鼠感染泰泽病原体，肝脏表面可见针帽样灰白点状病灶。

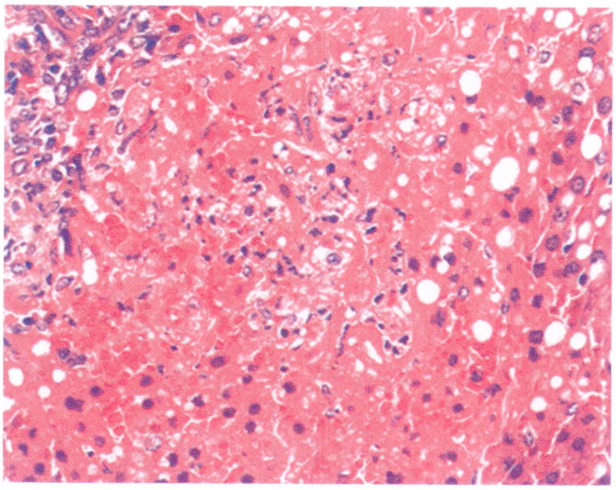

图 5.4.5 组织病理 - 肝脏坏死灶
豚鼠感染泰泽病原体，肝脏的灶性坏死。

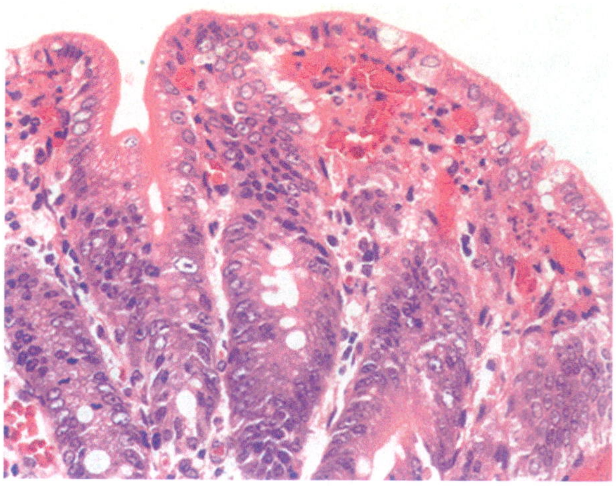

图 5.4.6 组织病理 - 盲肠充血
豚鼠感染泰泽病原体，盲肠黏膜固有层可见弥漫性充血。

实验室检测

泰泽病原体为革兰阴性菌，多形态性是本菌的一个特征。一般呈细长形，大小为 0.5μm×（8.0 ～ 10）μm，在单个细胞内能大量繁殖，有时可达 40μm，有芽孢，用相差显微镜及电子显微镜可以见到芽孢及菌体周围有很多活动的鞭毛。为非抗酸性杆菌。

泰泽病原体为专性细胞内寄生，不能在人工培养基上进行生长繁殖，不能像其他细菌一样通过分离培养进行鉴定，虽然已经有用细胞培养泰泽病原体成功的报道，但是用于临床上泰泽病原体的分离仍存在困难。通过人工注射免疫抑制剂对可能感染的动物进行激发试验，可以诱发隐性感染的动物发病，不过这种方法在实际应用中费时且效果不佳。因此，实验室诊断多采用血清学方法。血清学方法包括酶联免疫吸附试验（ELISA）和免疫荧光试验（IFA）。也可对肝脏或回盲部进行 PCR 检测。但对于泰泽病原体已知基因组序列太少，PCR 特异性有待确证。

管理处置

粪口途径是泰泽病原体在物种之间传播的主要方式，隐性带菌鼠经消化道分泌向外排出繁殖体和芽孢，污染饲料、垫料、用具和周围环境。使用某些抗菌药物会有效减轻该菌引起的临床症状，但不能完全治愈。一旦发现临床感染，原则上应封闭饲养车间，淘汰动物种群，彻底进行车间、环境消毒灭菌，重新引种。可以通过剖宫产净化种群。

第五节　豚鼠肺炎链球菌感染

病因

肺炎链球菌（*Streptococcus pneumoniae*）是本病的病原，又名肺炎球菌，旧称肺炎双球菌，分类学上属于链球菌科（Streptococcaceae），链球菌属（*Streptococcus*）。肺炎链球菌在自然界中分布广泛，自然状态下，存在于人和动物上呼吸道中，当机体免疫力下降时，可诱发疾病。可引起人大叶性肺炎或脑膜炎，亦可致动物肺炎或败血症。实验设施内动物的感染率较高。和其他链球菌科细菌类似，该菌属于人兽共患的病原体。在自然条件下对免疫功能正常的动物没有显著影响，但对免疫缺陷动物的致病性强，因此在对啮齿类实验动物进行微生物监测时应考虑此病原。

临床症状

通常没有明显的临床症状。严重时可见豚鼠鼻孔周围污浊、眼哆、食欲减退、竖毛、消瘦、流产等，很快死亡。对豚鼠的毒力最强，引起豚鼠的传染性肺炎及妊娠豚鼠的死胎及流产。

病理表现

豚鼠常见有大叶性纤维素样肺炎、心外膜炎、胸膜炎（如图 5.5.1 所示），心外膜和心包、胸膜与胸壁粘连。肺脏肝样变（如图 5.5.2 所示），急性死亡的病例中也可以看到纤维素样化脓性腹膜炎（如图 5.5.3 所示）及纤维素样化脓性胸水（如图 5.5.4 所示）。

在组织学方面以纤维素样化脓性肺炎或胸膜肺炎为主。终末支气管和肺泡内混有很多中性粒细胞和纤维素样渗出物（如图 5.5.6 所示），可见到肺泡间质充血（如图 5.5.7 所示）。胸膜因纤维素渗出和中性粒细胞浸润而肥厚（如图 5.5.5 所示）。

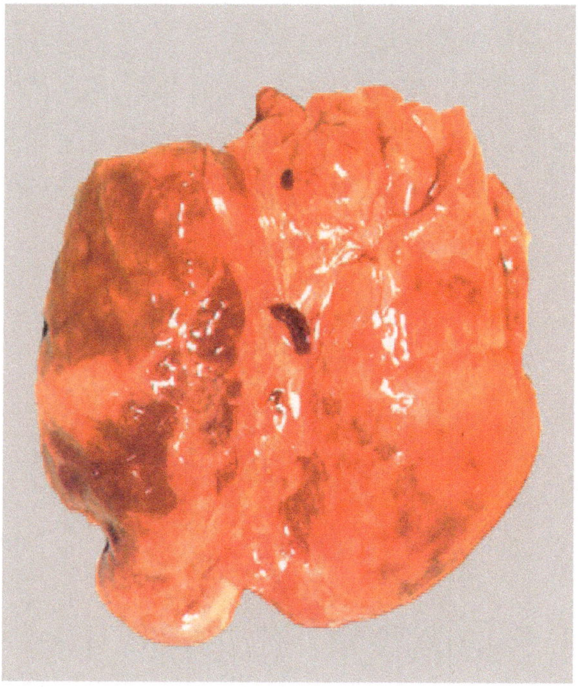

图 5.5.1 大体病理 - 纤维素样胸膜炎和肺炎
豚鼠感染肺炎链球菌，胸腔出现纤维素样胸膜炎和肺炎。

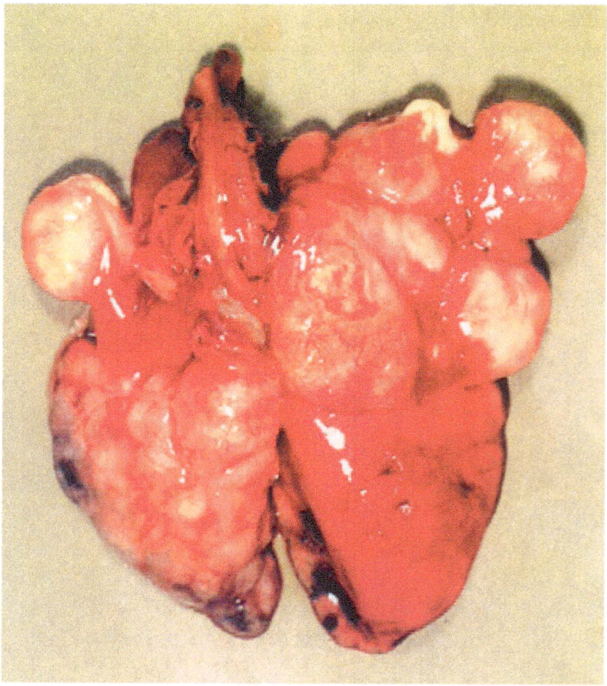

图 5.5.2 大体病理 - 肺脏脓肿
豚鼠感染肺炎链球菌，胸膜面出现脓肿及肺脏肝样变。

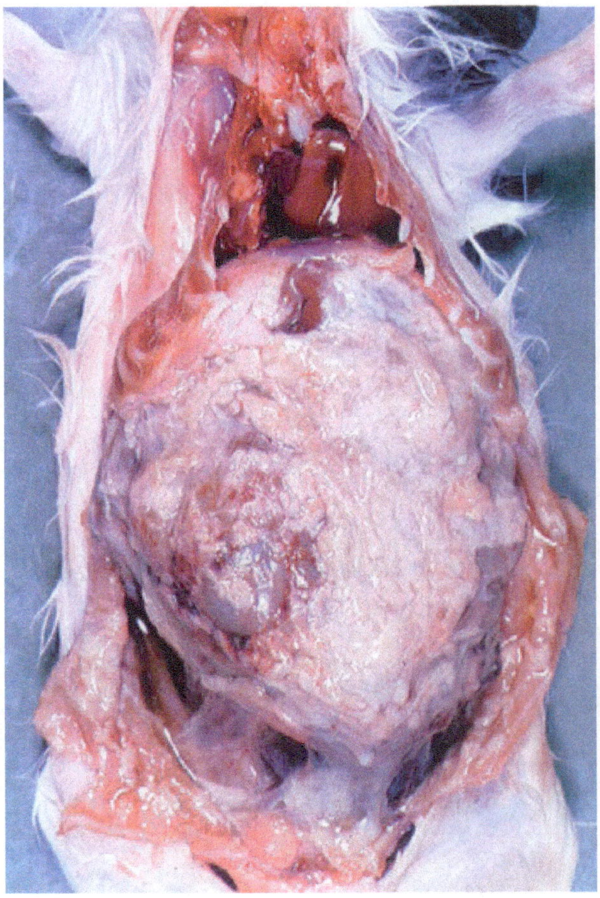

图 5.5.3　大体病理 - 纤维素样化脓性腹膜炎
豚鼠感染肺炎链球菌，打开腹腔可见纤维素化脓性腹膜炎。

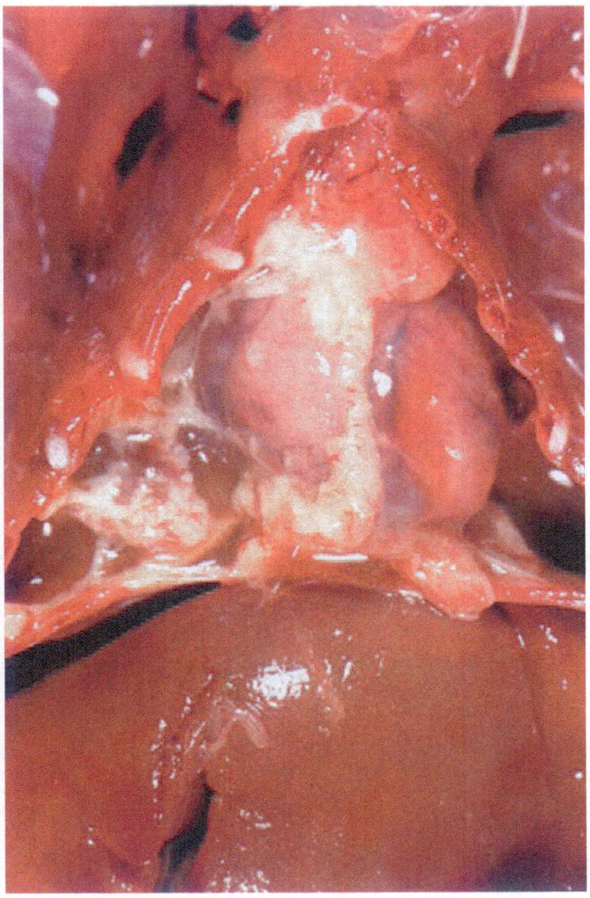

图 5.5.4　大体病理 - 纤维素样胸水
豚鼠感染肺炎链球菌，胸腔出现纤维素样渗出及胸水。

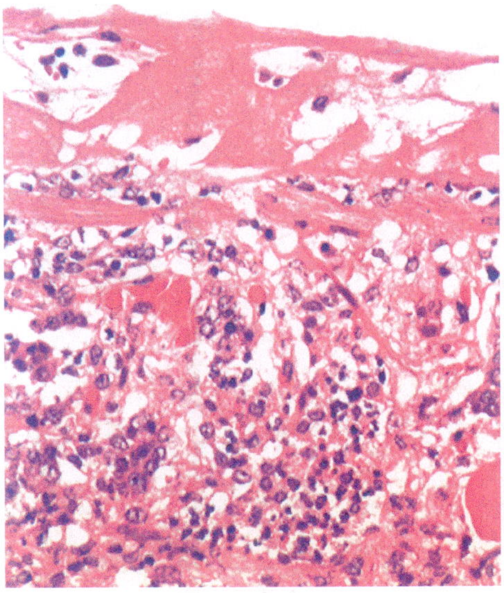

图 5.5.5　组织病理 - 纤维素样胸膜炎
豚鼠感染肺炎链球菌，胸膜面可见纤维素样渗出，中性粒细胞浸润。

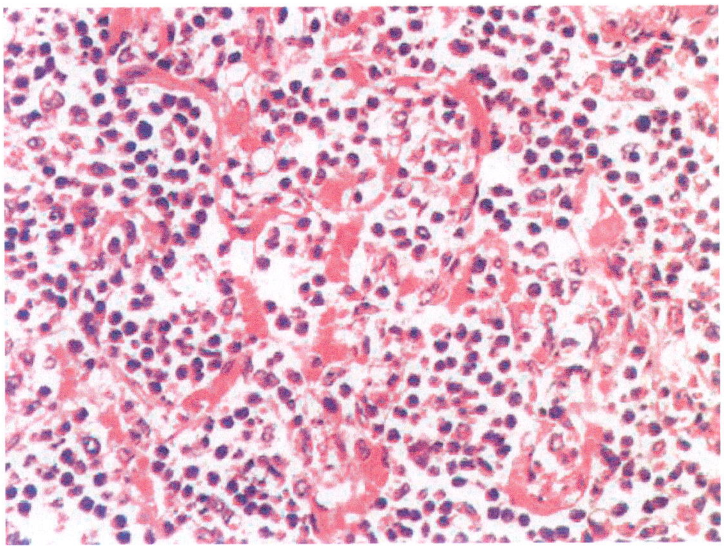

图 5.5.6　组织病理 - 化脓性肺炎
豚鼠感染肺炎链球菌，终末支气管和肺泡内有大量中性粒细胞和纤维素样渗出物。

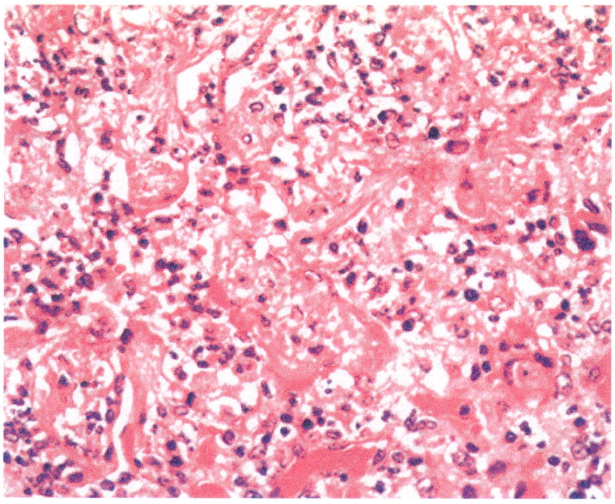

图 5.5.7　组织病理－纤维素样肺炎

豚鼠感染肺炎链球菌，肺泡内可见大量纤维素样渗出物，间质充血。

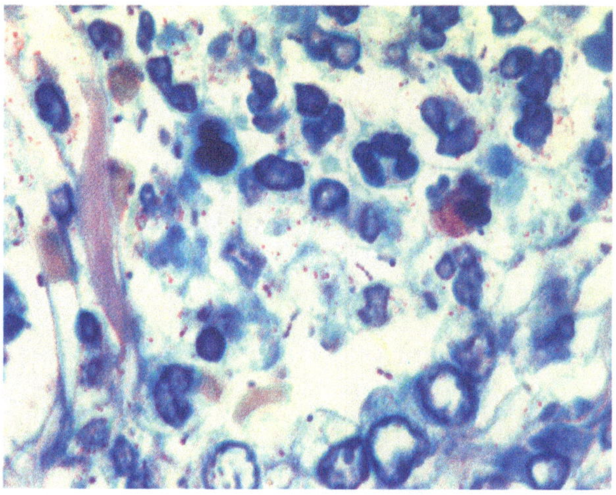

图 5.5.8　组织病理－肺脏可见菌体

豚鼠感染肺炎链球菌，肺脏肺泡渗出物中的肺炎链球菌，吉姆萨染色。

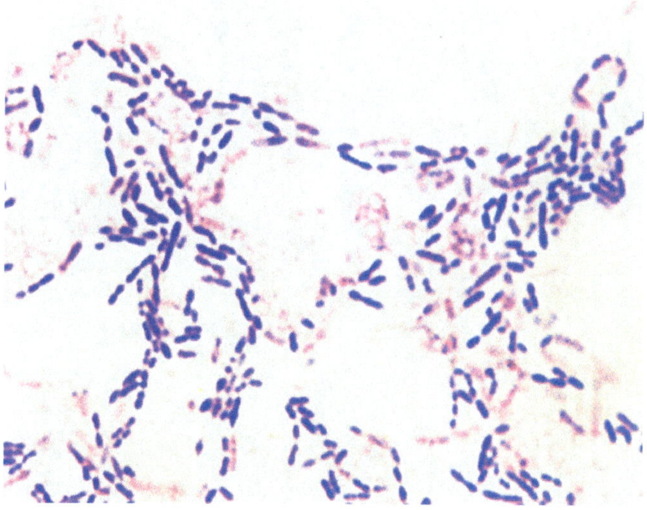

图 5.5.9　组织病理－肺脏可见菌体

豚鼠感染肺炎链球菌，肺脏肺泡渗出物中的肺炎链球菌，吉姆萨染色。

实验室检测

肺炎链球菌，革兰阳性双球菌，钝头相对、尖头相背、似矛头状，直径 0.5 ～ 1.25μm，典型的排列为双球状，有时呈短链排列。肺炎链球菌在最初几代荚膜染色阳性，经培养后荚膜逐渐消失，菌体也可转为阴性。该菌为兼性厌氧菌，在血琼脂平皿上形成直径 0.5 ～ 1.5mm、圆形、灰白、半透明、扁平、周围有狭窄草绿色溶血环（α 溶血）的菌落。在厌氧条件下，产生 β 溶血。对营养要求高，在普通营养琼脂和普通营养肉汤中不生长，必须加入全血、血清或腹水才能促进生长。随培养时间的延长，由于自溶作用，菌落呈肚脐状。最适 pH 为 7.6 ～ 7.8，最适温度为 37℃。肺炎链球菌可发生变异，主要表现在菌落类型或菌体形态的变化、溶血现象的消失、毒力减弱或消失等。在抗生素等因素影响下，可以变为 L 型。菌落一般可分为 3 种类型，即黏液型（M）、光滑型（S）及粗糙型（R）。实验室诊断多用分离培养法。日常监测取动物鼻咽气管分泌物或病变组织接种培养基进行分离培养，取可疑菌落做生化鉴定，也可使用微生物鉴定系统对细菌进行鉴定。PCR 和核酸杂交技术已成功应用于无症状感染动物的快速诊断，特异性强，敏感度高。市面上亦有一些肺炎链球菌试剂盒出售，能快速、便捷地鉴定肺炎链球菌。

管理处置

肺炎链球菌感染的主要传染途径是呼吸道和消化道。肺炎链球菌可引起人和动物严重疾病，对与动物接触人员有一定风险。应加强动物饲养管理，控制饲养密度，一旦发现临床感染，应封闭饲养车间，淘汰动物种群，彻底进行车间、环境消毒灭菌，重新引种，可以通过剖宫产净化种群。

第六节　豚鼠乙型溶血性链球菌感染

病因

乙型溶血性链球菌（β-hemolytic streptococcus）是一类革兰阳性链球菌的总称。和其他链球菌科细菌类似，该类病原菌有些属于人兽共患的病原体。在自然条件下对免疫功能正常的动物没有显著影响，但对免疫缺陷动物的致病性强，因此在对啮齿类实验动物进行微生物监测时应考虑此病原。

临床症状

其感染多呈隐性感染。急性感染可引起豚鼠角膜炎及眼球混浊（如图 5.6.1 所示），颈部淋巴结炎，还可引起呼吸道感染和败血症。豚鼠感染已知有急性型和慢性型。急性型集体发病，流脓性鼻涕和眼眵，经过数日而死于败血症。很多情况下感染是慢性过程，发病也是散发。在这种病例中随着体重下降，通过触诊很容易摸到浅表淋巴结，特别是颈部及颌下淋巴结肿如豆大，甚至核桃大小。

图 5.6.1　外观改变 – 眼部病变

豚鼠感染乙型溶血性链球菌，可见角膜炎及眼球混浊。

病理表现

急性败血症死亡的病例中，各脏器看不到明显变化。只可见化脓性卡他性鼻炎，鼻窦炎，结膜炎，皮下血管扩张，浅表淋巴结轻度肿大、充血。慢性病例中所见到的淋巴结病变，包括从淋巴结形成坏死灶到充满了乳白色酪样脓液的脓肿的各种程度的病变（如图 5.6.2 及图 5.6.3 所示）。在组织学上形成明显的三层，中心部是由坏死塌陷的淋巴细胞和中性粒细胞组成的坏死部（如图 5.6.4 所示），其周围可见到以中性粒细胞为主的渗出层，肉芽组织和类上皮细胞包膜在其外侧（如图 5.6.5 所示）。

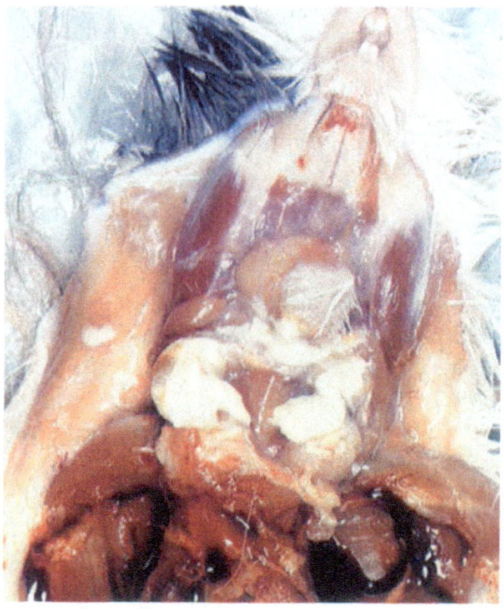

图 5.6.2 大体病理 - 颈部淋巴结肿大

豚鼠感染乙型溶血性链球菌，大体解剖，可见颈部淋巴结肿大。

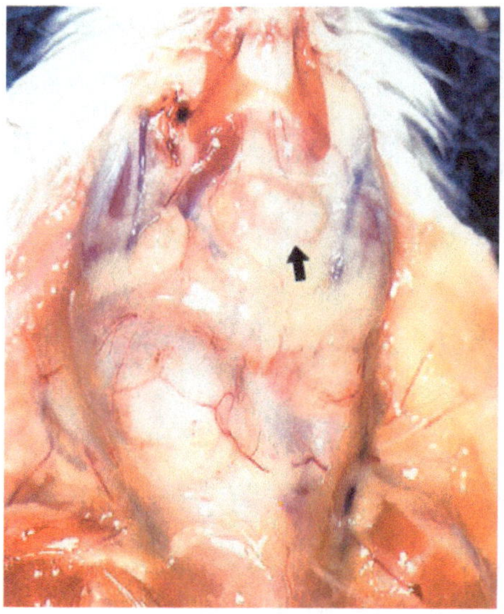

图 5.6.3 大体病理 - 颈部淋巴结脓肿

豚鼠感染乙型溶血性链球菌，大体解剖，可见颈部淋巴结脓肿，如箭头所示。

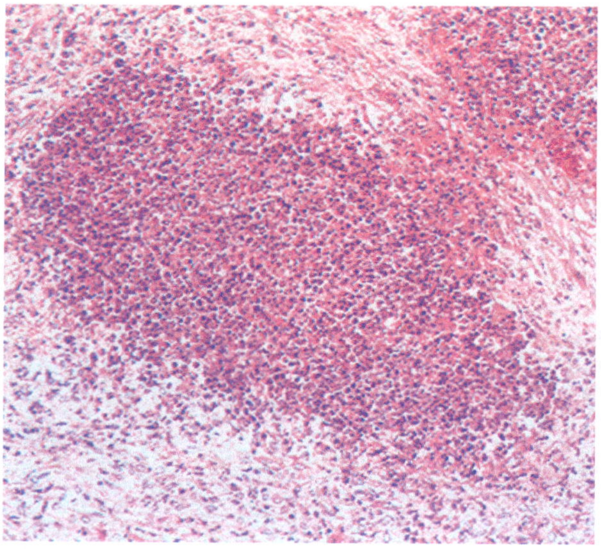

图 5.6.4 组织病理 - 淋巴结坏死灶

豚鼠感染乙型溶血性链球菌，淋巴结形成坏死灶。中心部是由坏死塌陷的淋巴细胞和中性粒细胞组成的坏死部。

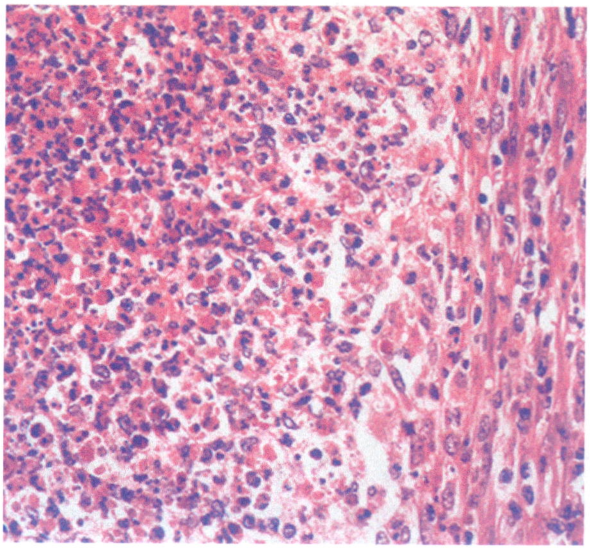

图 5.6.5 组织病理 - 淋巴结坏死灶局部

豚鼠感染乙型溶血性链球菌，淋巴结形成坏死灶，其周围可见到以中性粒细胞为主的渗出层，肉芽组织和类上皮细胞包膜在其外侧。

实验室检测

乙型溶血性链球菌是一类革兰阳性链球菌的总称，主要特点是在菌落周围形成完全透明的 β 溶血环。革兰阳性，球形或椭圆形，直径 0.6 ～ 1.0μm，呈链状排列，短者 4 ～ 8 个，长者 20 个左右。固体培养基上生长者多呈短链或葡萄状，而液体培养基中则可形成典型的链球状排列。在血琼脂平皿上（36 ± 1）℃培养 18 ～ 24h 形成 1.0mm 左右、灰白色、圆形、突起、半透明或不透明、表面光滑、周围有 2 ～ 4mm 界限分明的无色透明溶血环（β 溶血）的小菌落。链激酶试验阳性。杆菌肽敏感试验阳性。本类细菌主要包括 A 群化脓性链球菌，以及 C 群的马腺疫链球菌、兽疫链球菌、类马腺疫链球菌。实验室诊断多用分离培养法。日常监测取动物鼻咽气管分泌物或病变组织接种培养基进行分离培养，取可疑菌落做生化鉴定，也可使用微生物鉴定系统对细菌进行鉴定。PCR 和核酸杂交技术已成功应用于无症状感染动物的快速诊断，特异性强，敏感度高。如有标准血清可进行蓝氏分群，蓝氏分群为 B 群的 β 溶血性链球菌可以确定为无乳链球菌，蓝氏分群为 A 群的 β 溶血性链球菌可以确定为化脓性链球菌。再利用杆菌肽的敏感性和吡咯烷酮基芳香基酰胺酶反应来确认化脓性链球菌。

管理处置

乙型溶血性链球菌感染的主要传染途径是呼吸道和消化道。控制饲养密度，一旦发现临床感染，应采取以下措施：①原则上应封闭饲养车间，淘汰动物种群，彻底进行车间、环境消毒灭菌。②如果不是所有车间发生，应淘汰感染种群，彻底消毒灭菌污染车间。采取环境隔离措施，确保未感染车间动物不被感染。③可以通过剖宫产净化种群。

第七节 豚鼠肠螺旋体病

病因

豚鼠肠螺旋体病由寄生于其肠道内的螺旋体（spirochete）引起。此病例目前罕见，当动物出现典型症状时，可做该病原的排除。

临床症状

自然感染的低龄动物出现腹泻症状和发育不良。

病理表现

盲肠到结肠水肿性肥厚，黏膜表面呈现红色外观（如图 5.7.1 所示）。其他组织、器官

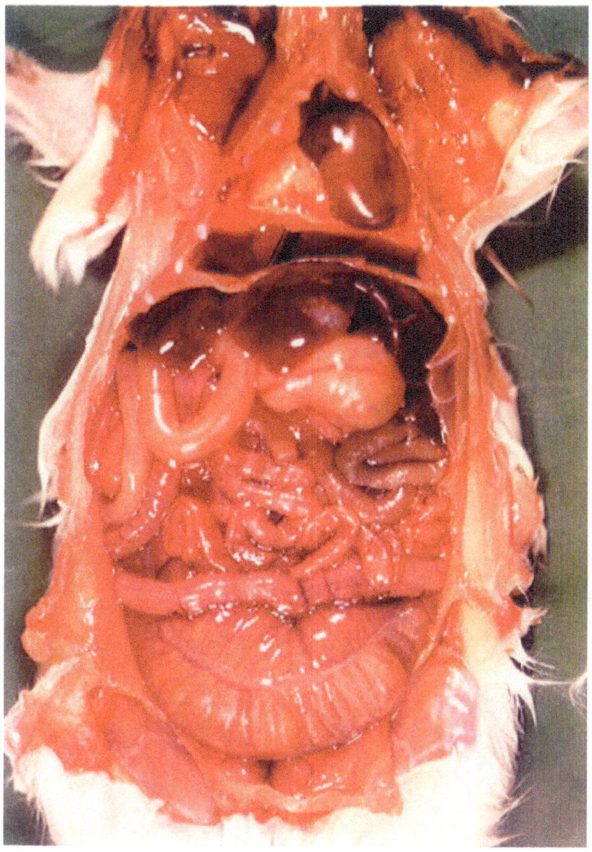

图 5.7.1　大体病理 - 盲肠到结肠扩张

豚鼠感染肠螺旋体，盲肠到结肠扩张，水肿，充血。

未见明显改变。盲肠黏膜上皮变性、坏死。固有层和黏膜下层充血水肿，中性粒细胞、淋巴细胞浸润（如图 5.7.2 所示）。肠黏膜上皮表层可见螺旋体附着（如图 5.7.3 及图 5.7.4 所示）。该菌只限于表面，不侵入到细胞或固有层内。

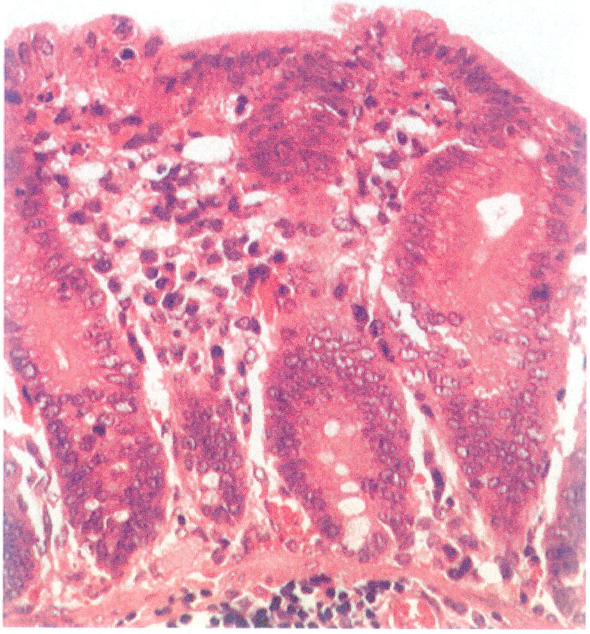

图 5.7.2　组织病理 - 大肠炎症

豚鼠感染肠螺旋体，盲肠到结肠黏膜上皮变性、坏死。固有层和黏膜下层充血水肿，中性粒细胞、淋巴细胞浸润。

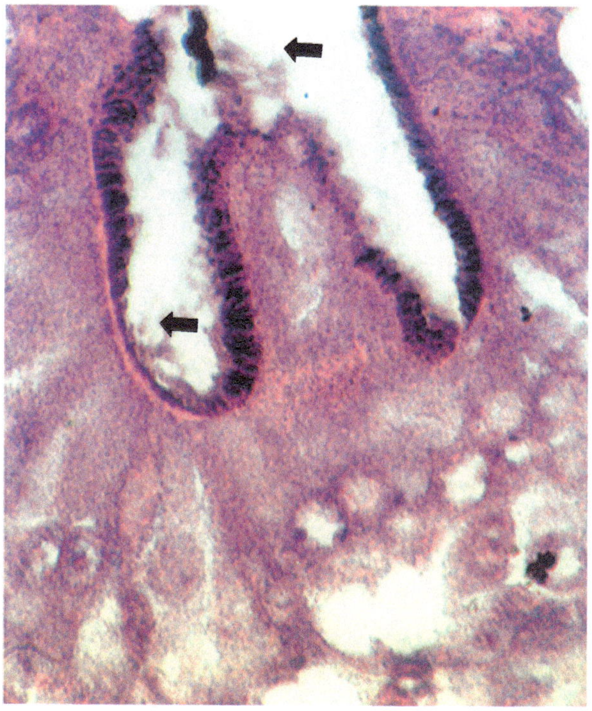

图 5.7.3　组织病理 - 肠黏膜上皮表层的螺旋体

豚鼠感染肠螺旋体，肠黏膜上皮表层可见螺旋体菌体，如箭头所示。

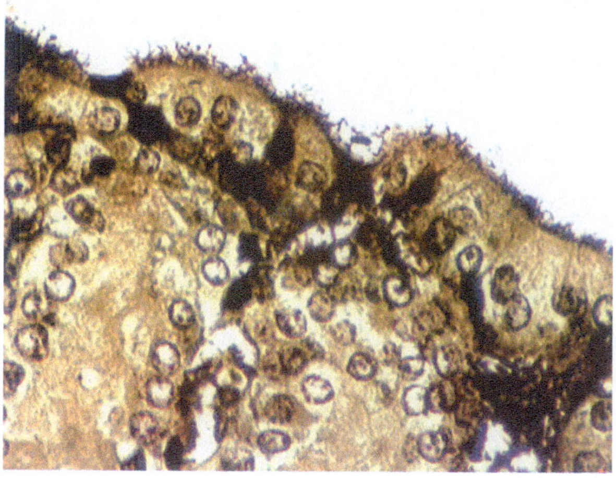

图 5.7.4　组织病理 - 肠黏膜上皮表层的螺旋体

豚鼠感染肠螺旋体，肠黏膜上皮表层可见螺旋体菌体，Warthin-Starry 染色。

实验室检测

分离培养，进行形态学检测（如图 5.7.5所示）。核酸检测也有一定的帮助。

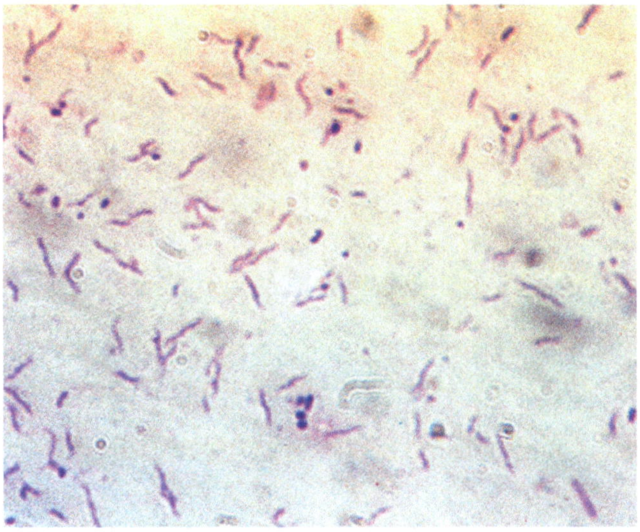

图 5.7.5　显微镜检查 - 螺旋体菌体
豚鼠感染肠螺旋体，肠黏膜涂抹标本，显微镜下可见螺旋体菌体，吉姆萨染色。

管理处置

该菌容易和其他菌类共同感染。环境设施受到污染时，动物会被感染，重点防止普通级豚鼠环境设施的污染，以及饲料和垫料的污染。

第八节　豚鼠毛霉菌病

病因

豚鼠毛霉菌病（mucormycosis）是由藻菌纲（Phycomycetes）毛霉目（Mucorales）毛霉科（Mucoraceae）的真菌感染引起。该病原在豚鼠中罕见。

临床症状

低龄动物易感染，表现为发育不良的慢性过程，也可能引起死亡。有时在解剖动物时发现该病，表明有隐性感染。

病理表现

小肠黏膜发红，水肿性肥厚，常形成肉芽肿样病灶（如图 5.8.1 所示）。肠系膜淋巴结乳白色变，明显肿大硬化，切面呈现白色坏死灶改变（如图 5.8.2 所示）。其他组织、器官未见明显改变。在急性病例组织中，病理学变化主要是淋巴结中中性粒细胞大量渗出，形成坏死灶，周边有大量单核细胞聚集。类上皮细胞增生形成肉芽肿（如图 5.8.3 所示）。有时可见到霉菌菌体（如图 5.8.4 所示）。

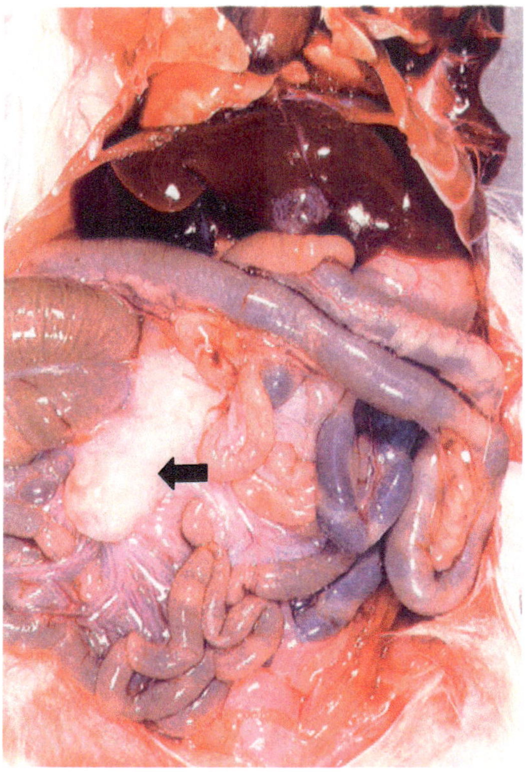

图 5.8.1　大体病理－肠系膜淋巴结肿大
豚鼠感染毛霉菌，肠系膜淋巴结肿大，如箭头所示。小肠壁肥厚。

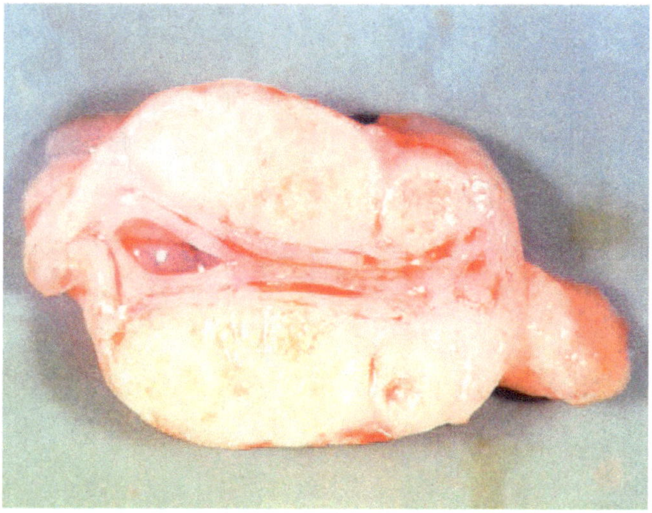

图 5.8.2　大体病理－肠系膜淋巴结坏死
豚鼠感染毛霉菌，肠系膜淋巴结肿大，切面可见坏死，硬化。

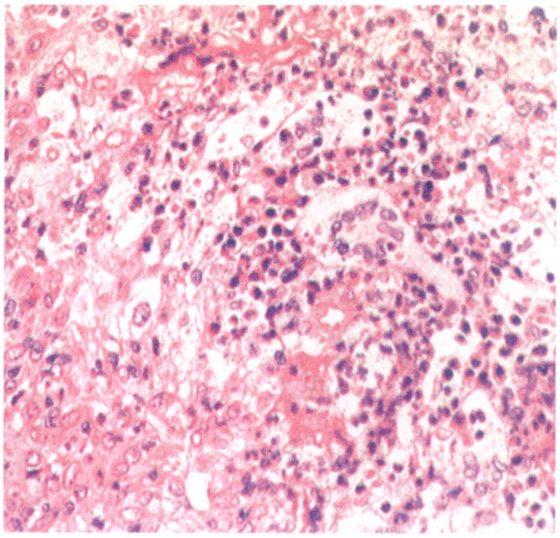

图 5.8.3　组织病理－淋巴结巨细胞性肉芽肿
豚鼠感染毛霉菌，淋巴结中中性粒细胞渗出，形成坏死灶，周边单核细胞聚集。类上皮细胞增生形成肉芽肿。

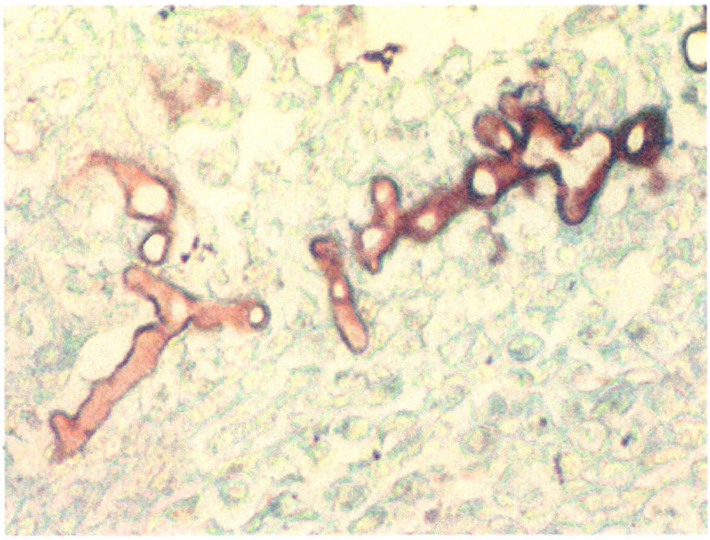

图 5.8.4　组织病理 – 淋巴结毛霉菌
豚鼠感染毛霉菌，淋巴结可见霉菌菌体，Grocott 染色。

实验室检测

本病由藻菌纲（Phycomycetes）毛霉科（Mucoraceae）的真菌感染引起。一般由犁头霉属（*Absidia*）、毛霉菌属（*Mucor*）和根霉属（*Rhizopus*）三个属的真菌引起，统称为毛霉菌病。在豚鼠的淋巴结内分离到的是分枝犁头霉（*Absidia ramosa*），在沙氏（Sabouraud）培养基上培养呈现乳白色或灰色菌落，并能生成有分枝的孢子囊（如图 5.8.5 及图 5.8.6 所示）。分离培养，进行形态学检测，在沙氏培养基上培养呈现乳白色或灰色菌落即可诊断。核酸检测有一定的帮助，但易出现假阳性。

图 5.8.5　病原菌培养 – 毛霉菌菌落
沙氏培养基上的分枝犁头霉的集落。

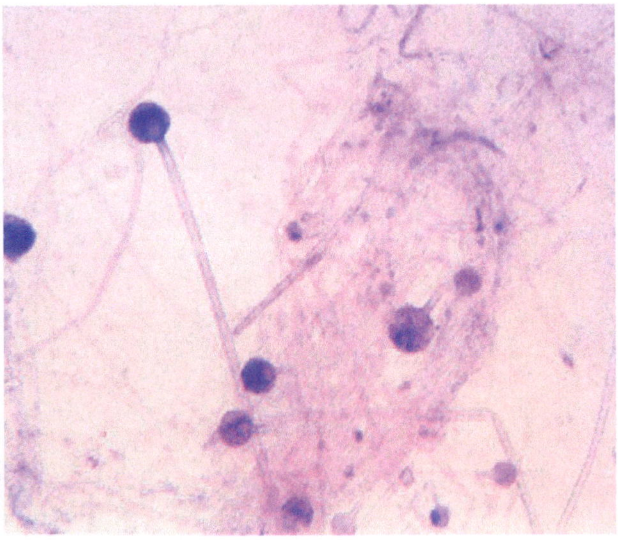

图 5.8.6　病原菌培养 – 毛霉菌菌体
分枝犁头霉的孢子囊。

管理处置

毛霉菌的孢子囊广泛存在于自然界的果实、土壤和饲料中。环境设施控制不好，很容易受到污染，动物会被感染，重点防止普通级豚鼠环境设施的污染，以及饲料和垫料的污染。

第九节 豚鼠球虫病

病因

豚鼠球虫病是由艾美耳球虫（*Eimeria* spp.）感染引起的疾病。当动物出现下列症状时，应对动物群体进行该病原的筛查。

临床症状

低龄豚鼠经常患病，表现为稀便或腹泻，逐渐消瘦，甚至死亡（如图 5.9.1 所示）。成年鼠感染通常无明显的临床表现，在运输等情况下发病。

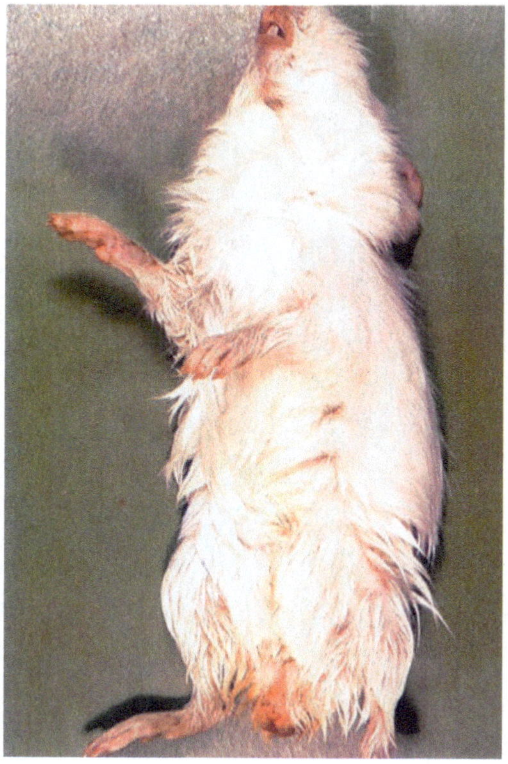

图 5.9.1 外观改变 – 腹泻

豚鼠感染球虫，可见水样腹泻，污染肛周和腹部皮毛。

病理表现

动物盲肠缩小，肠道从小肠到大肠表面呈现水肿，肠壁增厚，黏膜增厚变白。充血、出血，血性黏液少见（如图 5.9.2 所示）。其他脏器病变不明显。

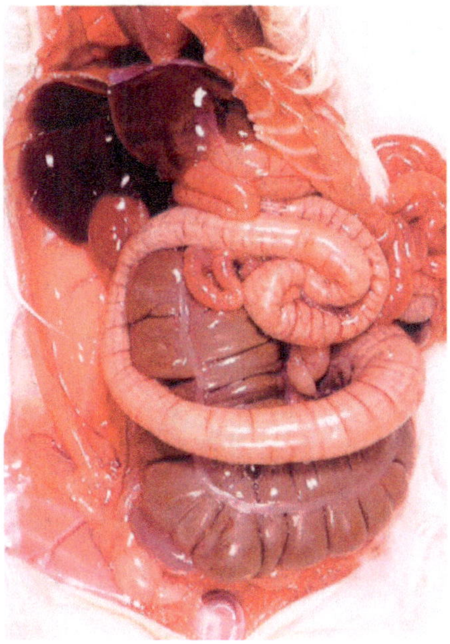

图 5.9.2　大体病理 – 结肠水肿性肥厚
豚鼠感染球虫，结肠表面呈现水肿，肠壁增厚，充血。

组织病理表现为肠壁增厚，黏膜增厚（如图 5.9.3 所示）。感染初期上皮细胞内可见不同生活史阶段的虫体。固有层和黏膜下层肿大，少见炎症细胞浸润。肠腺上皮细胞脱落，腺腔内可见未成熟、成熟的卵囊（如图 5.9.4 所示）。

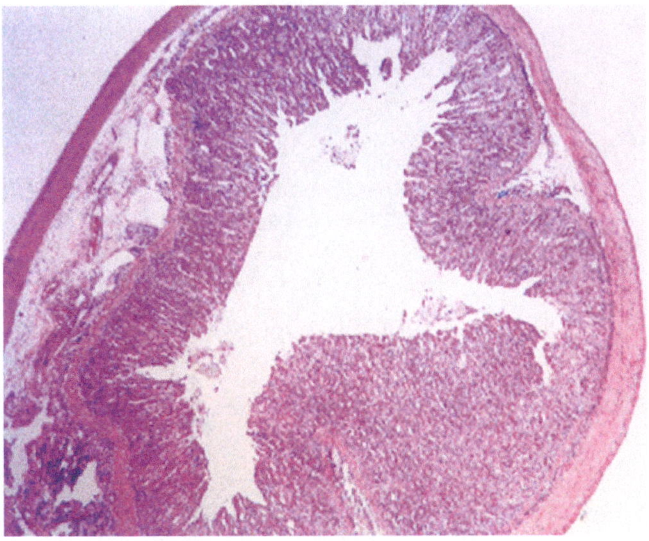

图 5.9.3　组织病理 – 球虫性结肠炎
豚鼠感染球虫，结肠肠壁增厚，黏膜增厚。

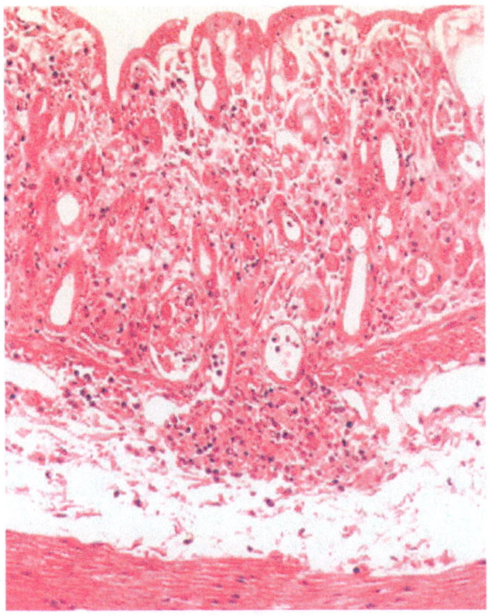

图 5.9.4　组织病理 – 球虫性结肠炎
豚鼠感染球虫，结肠固有层和黏膜下层水肿，炎症细胞浸润。肠腺上皮细胞脱落，腺腔内可见未成熟、成熟的卵囊。

实验室检测

一般是从粪便中检测球虫卵囊。病理学检测肠道组织中发现孢子化卵囊、虫体为金标准。主要有 *E. caviae* 一种球虫感染豚鼠。卵呈无色透明，大小为 19μm × 16.5μm。寄生在肠道结肠。

管理处置

艾美耳球虫感染主要是粪口传染，污染的垫料、水、食物、用品等都是传染源。啮齿动物、兔等都易感。屏障环境和隔离环境能有效防止该菌污染。重点防止环境设施的破损，饲料和垫料应充分消毒灭菌，防止污染。

第6章

兔常见感染性疾病

第一节 兔乳头瘤

病因

兔乳头瘤是由兔乳头瘤病毒（rabbit papillomatosis virus，RPmV）引起的兔的一种传染性肿瘤。该病毒的兔感染模型也被用于乳头瘤疾病的比较医学研究。该病毒对于实验用兔在肿瘤学方面的研究会产生干扰。当动物出现典型症状时需要对此病原进行排除。

临床症状

家兔常呈自然感染状态。乳头瘤最常见于眼睑和耳部（如图 6.1.1 所示）。肿物角化完全，表面不规则，经常裂开，下面手感肉样，呈粉红色，侧面观有条纹。随病变老化，体积增大，进一步角化，手感变硬。切面有一粉红色肉样芯，容易被兔抓掉或人为处理时碰掉，留下一个不出血的表面，通常不发生并发症，可自行愈合。野生棉尾兔乳头瘤的特征是在颈、肩和腹部有角群疣状物。病初在感染部位呈现红色隆起，逐渐长成圆形、表面粗糙的典型乳头瘤，进一步发展成角化的触角样物。约 35% 自然感染兔的乳头瘤病变在感染后 180 天内消失。

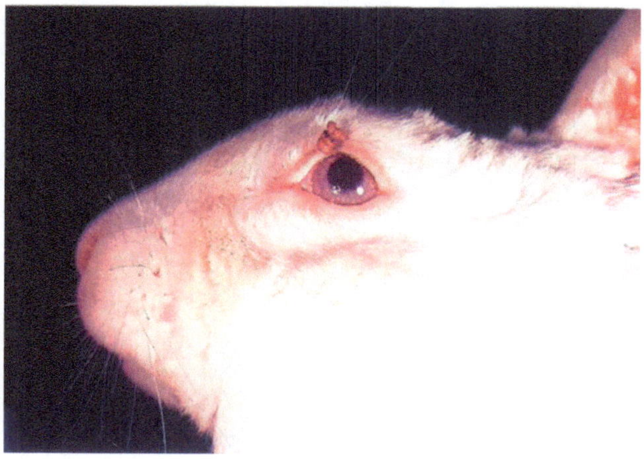

图 6.1.1 外观改变－眼睑乳头瘤
家兔感染乳头瘤病毒，上眼睑可见乳头瘤。

病理表现

乳头瘤的组织结构由过度增生的表皮和结缔组织构成。镜下可见：表皮增厚，细胞层数增多，表层角化，但细胞排列整齐，基底膜完整。伴随表皮增生而成的结缔组织构成乳头瘤的芯，主要成分为纤维和血管（如图 6.1.2 所示）。发生癌变的肿瘤，表皮细胞排列紊乱，增生的上皮细胞在基底部呈浸润性生长（如图 6.1.3 所示），可见上皮细胞侵入间质内，呈巢状或条索状（如图 6.1.4 所示），细胞内可发现嗜酸性包涵体（如图 6.1.5 所示）。

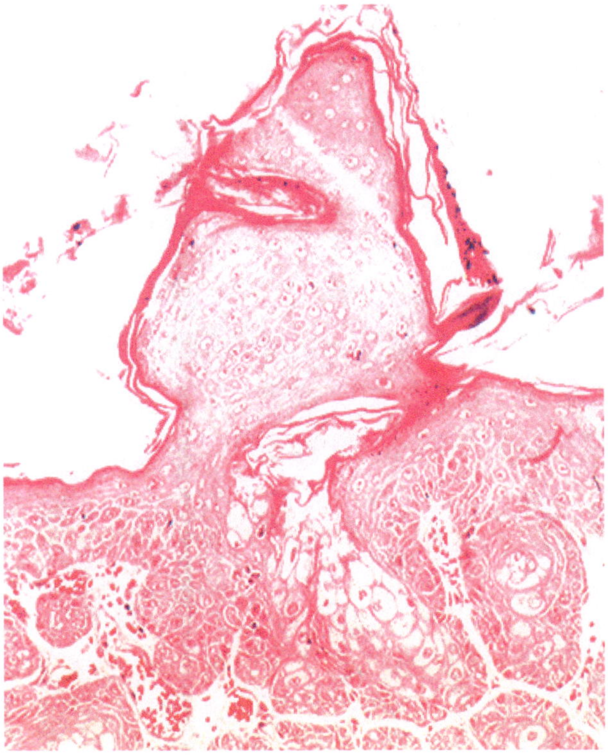

图 6.1.2　组织病理 – 扁平上皮乳头瘤

家兔感染，乳头瘤组织病理检查可见表皮增生，表皮下为结缔组织轴心。

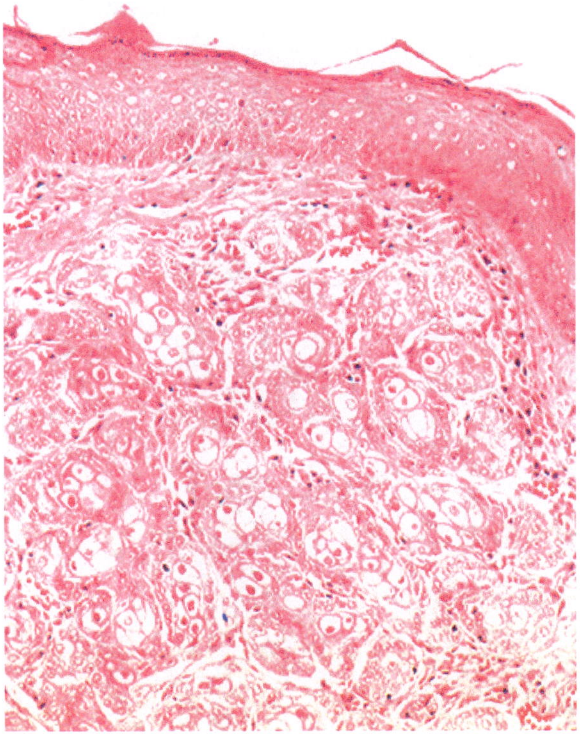

图 6.1.3　组织病理 – 乳头瘤癌变

家兔感染，乳头瘤发生癌变。表皮细胞排列紊乱，基底细胞异型增殖。增生的上皮细胞在表皮下方呈浸润性生长。

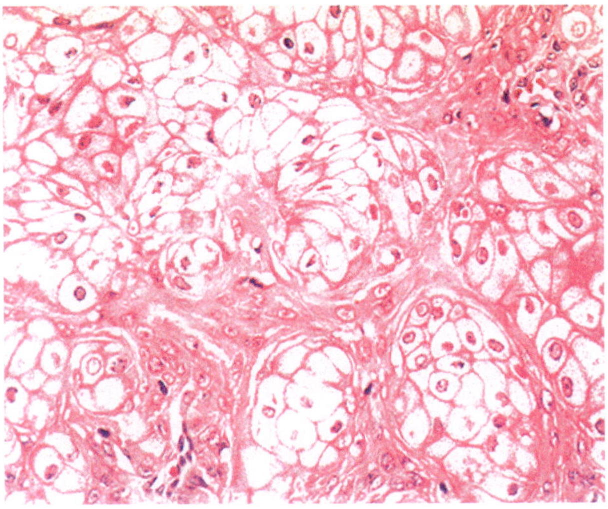

图 6.1.4　组织病理 – 乳头瘤癌变

家兔感染，癌变肿瘤，可见上皮细胞侵入间质内，呈巢状或条索状。

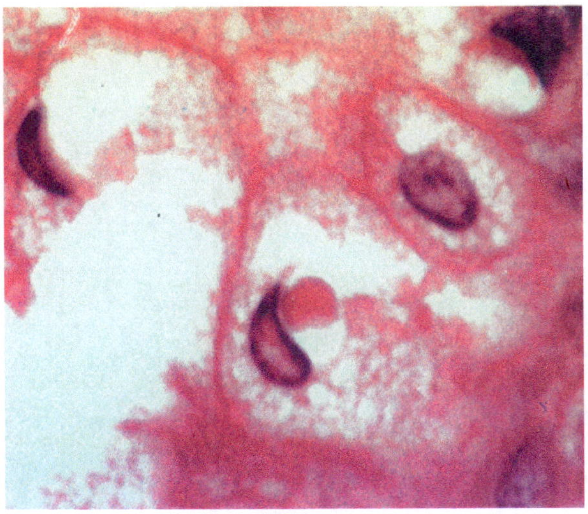

图 6.1.5　组织病理 – 瘤细胞内嗜酸性小体

家兔感染，癌变肿瘤细胞内可见嗜酸性包涵体。

实验室检测

兔乳头瘤病毒在分类上属乳多空病毒科，乳头瘤病毒属。核酸型为双股环状 DNA。病毒粒子直径约 53nm，呈二十面体立体对称。RPmV 抗原可在皮肤的角质透明蛋白和角质化层中检测到。RPmV 只有 1 个血清型，与人、牛、猫、犬乳头瘤病毒和兔口腔乳头瘤病毒之间均无交叉抗原关系。RPmV 对热和 X 射线的抵抗力较强，70℃ 30min 才可灭活。能完全抵抗乙醚。在低温的 50% 甘油中可长期保存。可用氟碳或甲醇沉淀纯化病毒。

临床上根据皮肤肿瘤的特点，较易做出诊断。可通过组织病理学检查确诊。有条件的情况下可采用电镜技术和免疫荧光技术检查角化组织中的病毒粒子和病毒抗原，也可用中和试验进行血清学诊断。

血清学试验：兔乳头瘤病毒只发现一个抗原型，病后恢复兔的血清呈现中和抗体的活性。家兔的乳头瘤不含成熟病毒粒子，但在将其作为抗原腹腔注射健康家兔时却可使家兔产生抵抗病毒感染的抗体。这种抗体对牛、犬、猫和人的乳头瘤病毒没有交叉免疫性。

兔乳头瘤病毒可在兔皮肤细胞培养、新生兔器官培养和兔胚皮肤培养中增殖，可见明显的细胞增生，但无游离病毒产生。一些研究人员在体外成功地培养了棉尾兔乳头瘤细胞，经免疫荧光试验检测到病毒抗原。兔乳头瘤病毒可通过皮内接种棉尾兔连续传几代，肌肉接种不发病。

目前的分子生物学诊断方法主要是针对兔乳头瘤病毒 L1 蛋白（主要是衣壳蛋白）基因序列的检测。

管理处置

家兔可自然感染，对饲养设施采取控制措施非常必要。在本病流行地区，消灭和控制节肢动物是行之有效的方法。普通级动物也可通过腹腔接种甘油化兔乳头瘤悬液进行免疫预防。

第二节　兔多杀巴氏杆菌感染

病因

多杀巴氏杆菌（*Pasteurella multocida*）是非屏障设施内兔的常见病原，动物感染发病时的典型症状是化脓性炎症。呼吸道的感染对于气道相关的研究有干扰作用。该病原可以通过隔离措施进行控制，因此在我国的实验动物微生物国家标准中将该病原列为 SPF 兔应排除的项目。

临床症状

多以脓性鼻涕为主要症状，累及眼结膜（如图 6.2.1 及图 6.2.2 所示），前肢有脓性分泌物污染。常呈急性暴发流行。以隐性感染为主时，全身症状少见。在动物免疫机制受到抑制、怀孕和应激因子作用时引起流行。可引起家兔鼻窦炎、继而引起肺炎、中耳炎，造成家兔斜颈、咳嗽等症状，引起出血性败血症而迅速死亡。

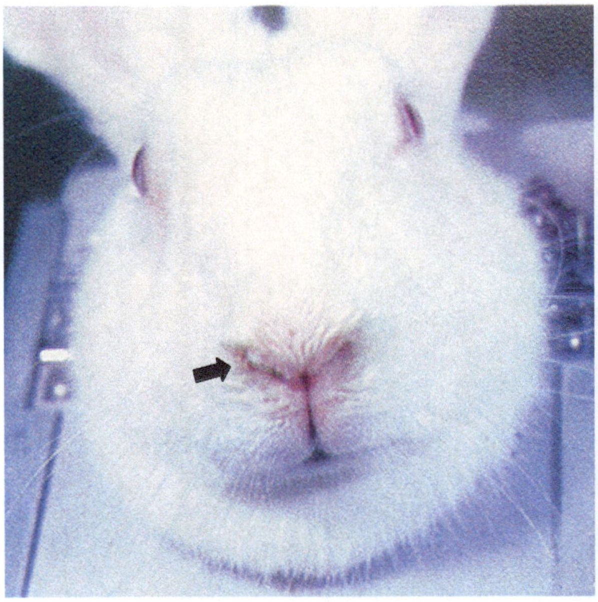

图 6.2.1　外观改变 – 脓性鼻涕
家兔感染多杀巴氏杆菌，可见出现脓性鼻涕，如箭头所示。

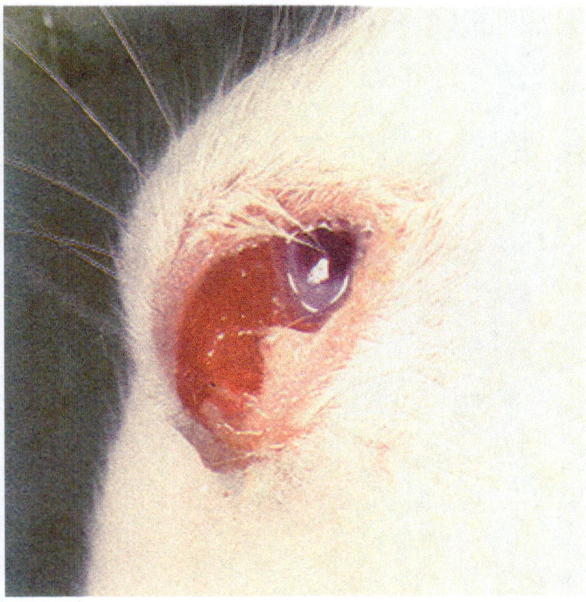

图 6.2.2　外观改变 – 结膜炎
家兔感染多杀巴氏杆菌，可见结膜炎症反应，有脓性分泌物。

病理表现

动物大体可见鼻腔脓性分泌物，黏膜发红肿大。鼻旁窦、中耳道乳白色脓性分泌物充填（如图 6.2.5 所示）。肺脏脓性改变，切割面可见脓性分泌物流出，肺脏实体呈无气肺或肝样实变（如图 6.2.6 及图 6.2.7 所示）。胸腔有脓性分泌物，同时伴有多器官和皮下脓肿形成（如图 6.2.3 及图 6.2.4 所示）。组织病理学表现为气道黏膜肿大，表层有黏液，嗜酸性细胞渗出

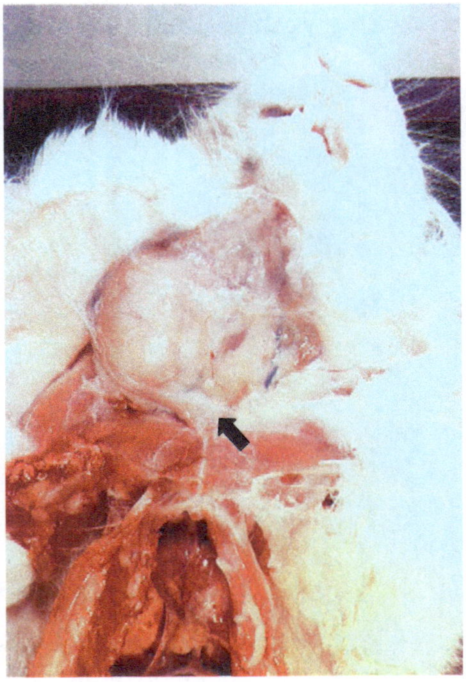

图 6.2.3　大体病理 – 皮下脓肿
家兔感染多杀巴氏杆菌，颈部皮下可见脓肿，如箭头所示。

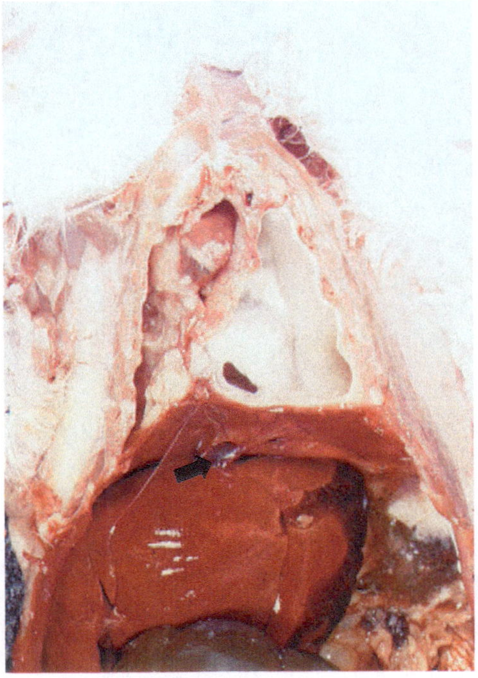

图 6.2.4　大体病理 – 胸腔脓肿
家兔感染多杀巴氏杆菌，胸腔内可见巨大白色脓肿，如箭头所示。

（如图 6.2.8 所示）。慢性病例黏膜上皮细胞增殖，嗜酸性细胞增多，淋巴细胞和巨噬细胞浸润（如图 6.2.9 所示）。胸膜也有同样改变，伴有化脓灶。

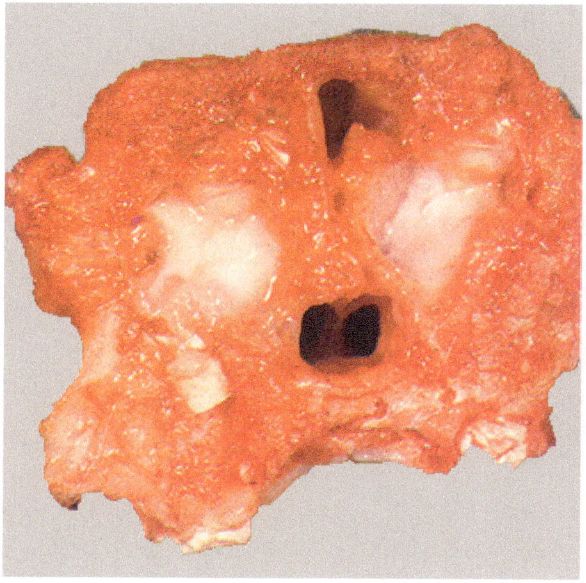

图 6.2.5　大体病理－鼻旁窦积蓄脓
家兔感染多杀巴氏杆菌，鼻旁窦内可见充满乳白色脓肿。

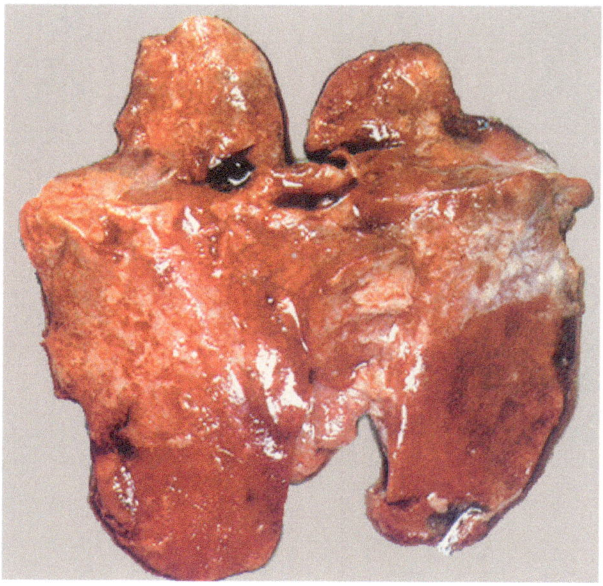

图 6.2.6　大体病理－肺脏实变
家兔感染多杀巴氏杆菌，肺脏肝样实变，表面有脓性渗出。

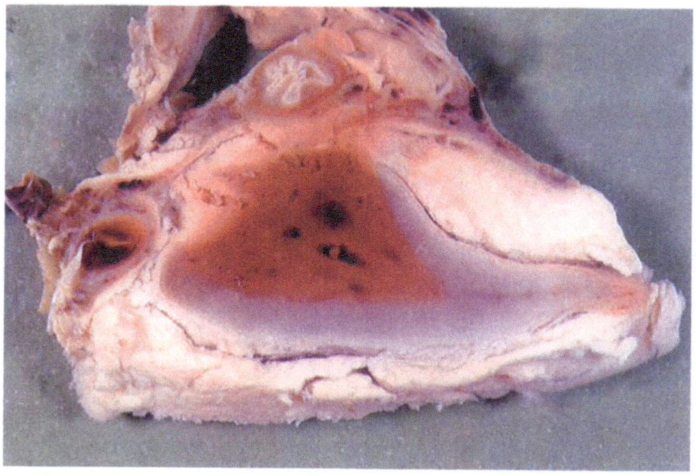

图 6.2.7　大体病理－肺脏实变（切面）
家兔感染多杀巴氏杆菌，肺脏肝样实变，有脓性渗出。

实验室检测

多杀巴氏杆菌属于巴氏杆菌科（Pasteurellaceae）、巴氏杆菌属（*Pasteurella*）。过去曾按感染动物的名称，将本菌分别称为牛巴氏杆菌、羊巴氏杆菌、猪巴氏杆菌、禽巴氏杆菌、马巴氏杆菌、兔巴氏杆菌，后统称为多杀巴氏杆菌，1994 年起列为 3 个亚种，即多杀亚种（*P. multocida* ssp. *multicida*）、败血亚种（*P. multocida* ssp. *septica*）及杀禽亚种（*P. multocida* ssp. *gallicida*）。球杆状或短杆状菌，两端钝圆，大小为（0.25 ～ 0.4）μm ×

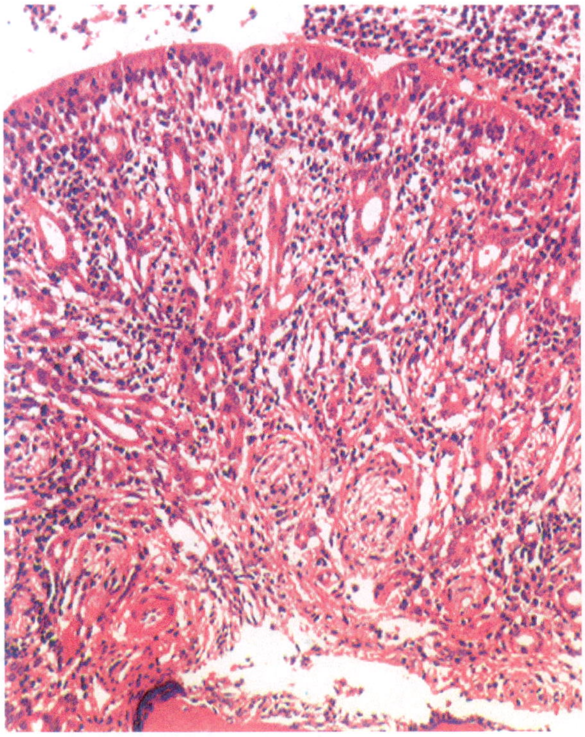

图 6.2.8　组织病理 – 肥厚性鼻炎

家兔感染多杀巴氏杆菌，气道黏膜肿大，表层有黏液，嗜酸性细胞渗出。黏膜固有层淋巴细胞和巨噬细胞浸润。

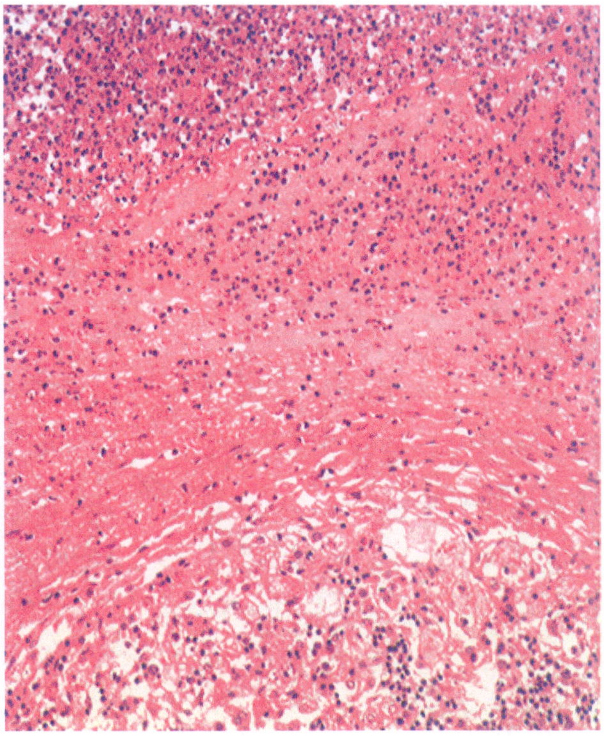

图 6.2.9　组织病理 – 化脓性胸膜炎

家兔感染多杀巴氏杆菌，胸膜有化脓性病灶，嗜酸性细胞增多，淋巴细胞和巨噬细胞浸润。

（0.5 ～ 2.5）μm。单个存在，有时成双排列。病料涂片用瑞氏染色或亚甲蓝染色时，可见典型的两极着色。无鞭毛，不形成芽孢。从病料新分离的强毒菌株具有荚膜，革兰染色阴性。需氧或兼性厌氧菌，对营养要求较严格，在普通培养基上生长贫瘠，在麦康凯培养基上不生长，在加有血液、血清或微量血红蛋白的培养基中生长良好。最适温度为 37℃，最适 pH 为 7.2 ～ 7.4。在血琼脂平板上培养 24h，形成 1mm 左右、光滑水滴样小菌落，无溶血现象。在血清肉汤中培养，表面形成菌环。本菌以其荚膜抗原和菌体抗原区分血清型，前者有 5 个型，后者至少分 16 个型。实验室诊断多采用分离培养法，若要鉴定荚膜抗原和菌体抗原的类型，则要用抗血清或单克隆抗体进行血清学试验。

日常监测取动物鼻咽气管分泌物或病变组织接种培养基进行分离培养，取可疑菌落做生化鉴定，目前微生物鉴定系统也广泛运用于多杀巴氏杆菌的实验室检测。针对 *KMTl* 基因或 *toxA* 基因的 PCR 鉴定方法已广泛应用，运用 *Hha*I、*Hpa*II、*Bam*HI 等限制性内切酶进行多杀巴氏杆菌的 DNA 指纹鉴定及分型核糖体基因扩增，以及脉冲电泳等分子生物学技术也得到了广泛应用。

管理处置

主要传染途径是呼吸道。因本病一年四季均可发生，多呈暴发流行，常造成全部种群淘汰，危害极大。所以，应建立严格的饲养管理、卫生消毒和操作规程。从外单位购入兔，必须隔离检疫。遇有可疑病例应立即报告主管部门和使用部门。确诊后，对流行严重种群采取全群淘汰、预防为主是控制多杀巴氏杆菌的基本方针。

第三节　兔支气管鲍特杆菌感染

病因

支气管鲍特杆菌（*Bordetella bronchiseptica*）在自然界广泛分布，可经气溶胶传播，能感染多种哺乳动物。可引起呼吸道的不显性感染，或急性、慢性炎症，称为波氏杆菌病（bordetellosis）。该菌可与多杀巴氏杆菌合并感染。非屏障设施该病原不易控制。我国实验动物微生物国家标准中将该病原列为 SPF 兔需排除项目。

临床症状

多呈隐性感染，临床症状不明显。呼吸音重时表明呼吸困难。低龄动物呼吸困难可引起死亡。本病感染的表现很难观察到，有时有少量水样液体流出。在机体抵抗力低时可引起兔鼻腔炎、支气管肺炎。各种动物临床症状表现相似，如竖毛、水样涕、鼻孔周围污秽、咳嗽、体重下降、消瘦等，与普通呼吸器官传染病一样，无特征性症状。

病理表现

大体改变表现为无气肺样红色实变，多发生在右叶（如图 6.3.1 所示）。可见化脓性支

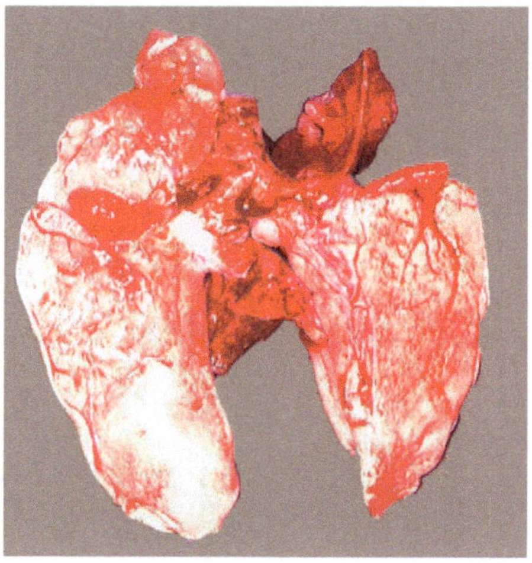

图 6.3.1　大体病理 – 肺脏肝样实变

家兔感染支气管鲍特杆菌，肺脏肝样实变。

气管炎或支气管肺炎，其他脏器和组织几乎没有病变。组织病理学主要表现为鼻腔、气管黏膜表面脓性渗出物附着，黏膜固有层增厚、充血、水肿，嗜酸性粒细胞、淋巴细胞浸润（如图 6.3.2 所示）。肺泡、支气管上皮细胞脱落（如图 6.3.3 所示）。

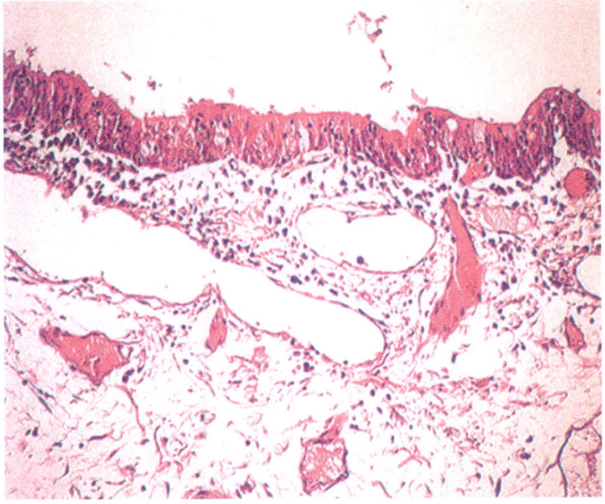

图 6.3.2 组织病理 - 急性鼻炎

家兔感染支气管鲍特杆菌，鼻腔黏膜表面脓性渗出物附着，黏膜固有层充血、水肿、炎症细胞浸润。

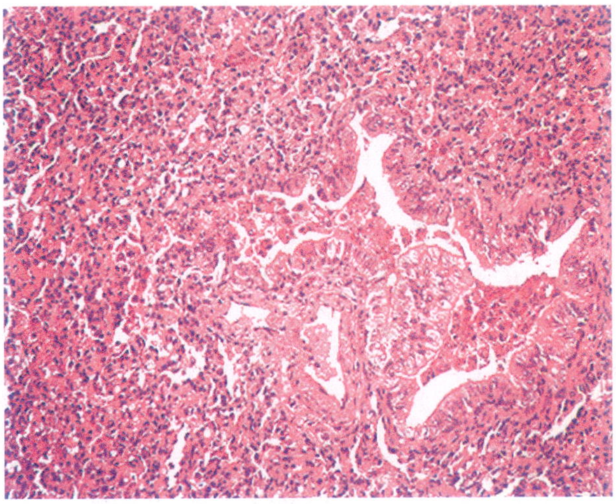

图 6.3.3 组织病理 - 化脓性支气管炎

家兔感染支气管鲍特杆菌，肺泡、支气管上皮细胞脱落，化脓性病灶。

实验室检测

支气管鲍特杆菌属于产碱杆菌科（Alcaligenaceae），波氏菌属（*Bordetella*）。革兰阴性细小球杆菌，大小为（0.2 ～ 0.3）μm×（0.5 ～ 1.0）μm，散在或成对排列，无芽孢及荚膜，但有类似荚膜的外鞘。本菌在血琼脂平皿上形成 1mm左右、灰白色、圆形、光滑、边缘整齐的菌落；某些菌株 β 溶血，并可同时出现大小不等的溶血菌落及不溶血变异菌落。麦康凯平板菌落显蓝灰色，周围有狭窄的红色环，培养基着染琥珀色。DHL 琼脂平皿上可形成无色、半透明、2mm 左右的菌落。具有 O、K 和 H 抗原。

实验室诊断多用分离培养法。日常监测取动物鼻咽气管分泌物或病变组织接种培养基进行分离培养，取可疑菌落做生化鉴定，也可用微生物鉴定系统对细菌进行鉴定。PCR 和核酸杂交技术已成功应用于无症状感染动物的快速诊断，特异性强，敏感度高。

管理处置

支气管鲍特杆菌感染的主要传染途径是呼吸道。支气管鲍特杆菌对外界抵抗力不强，大多数化学试剂和物理消毒方法都能很好地去除设施中的污染。抗生素可缓解严重污染，但不能彻底根除此病。一旦发现临床感染，应封闭饲养车间，淘汰动物种群，彻底进行车间、环境消毒灭菌。可以通过剖宫产净化种群。

第四节　兔金黄色葡萄球菌感染

病因

金黄色葡萄球菌（*Staphylococcus aureus*）一般不引起动物疾病，是条件致病菌。当动物生理状况异常，如压力应激或免疫抑制，该菌可致病。金黄色葡萄球菌对受感染动物的免疫系统具有严重干扰作用。因此监测金黄色葡萄球菌在实验动物微生物质量控制，特别是对动物的免疫监控中有重要意义。

临床症状

急性感染多发生在皮肤。当皮肤黏膜破损时，即可侵入机体，引起毛囊炎、疖、痈等化脓性感染，也可经血液到内脏器官，引起全身败血症或脓毒败血症。慢性感染可在肢体端形成坏死、溃疡（如图 6.4.1 所示）。3 ～ 5 日龄动物可引起急性肺炎死亡。

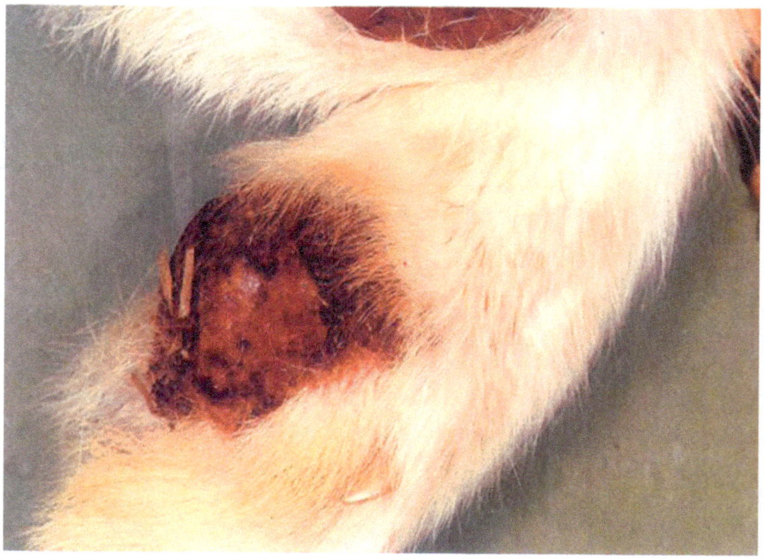

图 6.4.1　外观改变 – 皮肤溃疡

家兔感染金黄色葡萄球菌，足部趾跟出现溃疡。

病理表现

大体表现为多器官脓性改变，家兔可见有脓鼻涕、化脓性支气管肺炎，全身性脓肿，皮肤、皮下、面部或会阴部溃疡，趾跟部溃疡，化脓性结膜炎、乳腺炎、淋巴腺炎等。解剖可见到肺脏、肾脏脓肿（如图 6.4.2 ～图 6.4.4 所示），肝脏、脾脏、关节等处可形成肉芽肿。组织病理学可见到多组织器官的坏死灶，以嗜酸性细胞为主的化脓区域（如图 6.4.6 所示）。

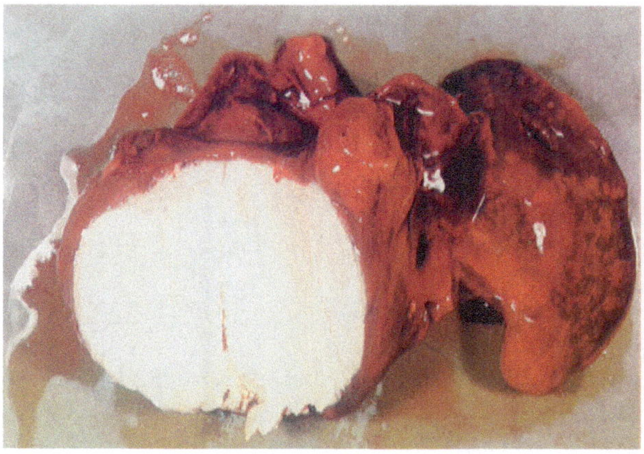

图 6.4.2　大体病理 – 肺脏脓肿
家兔感染金黄色葡萄球菌，肺脏出现大的脓肿。

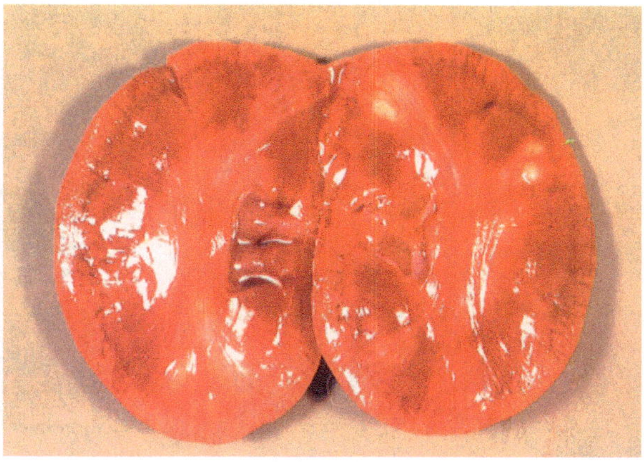

图 6.4.3　大体病理 – 肾脏多发性脓肿
家兔感染金黄色葡萄球菌，肾脏出现多发性脓肿。

图 6.4.4　大体病理 – 肺脏脓肿（切面）
家兔感染金黄色葡萄球菌，肺脏出现多发性脓肿，切面可见白色区域。

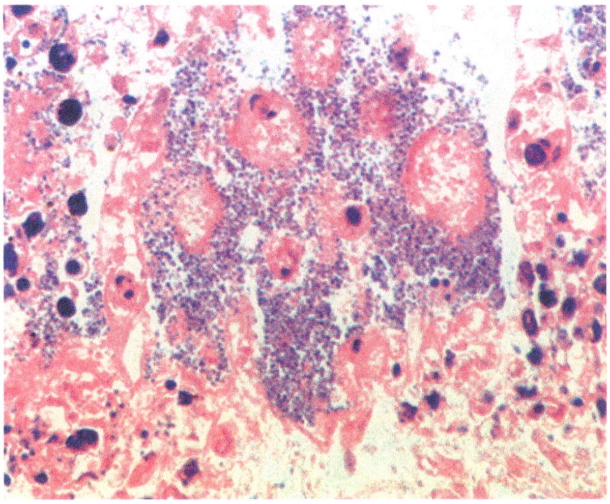

图 6.4.5　组织病理 – 肾脏坏死灶内葡萄球菌集落
家兔感染金黄色葡萄球菌，肾脏坏死灶，可见菌体。

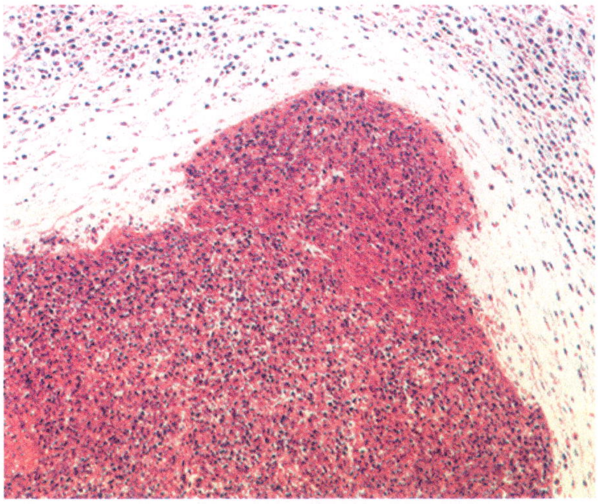

图 6.4.6　组织病理 – 肾脏脓肿
家兔感染金黄色葡萄球菌，肾脏脓肿，化脓区域浸润大量嗜酸性粒细胞。

实验室检测

金黄色葡萄球菌为革兰阳性球菌，排列成葡萄状，在液体培养基中常呈双球或短链状，直径为 0.5 ～ 1.0μm。致病性菌株的菌体稍小。无芽孢，某些菌株可形成荚膜或黏液层。需氧或兼性厌氧。可在普通培养基、血琼脂等培养基生长，不在麦康凯（MacConkey）培养基生长。最适温度 35 ～ 36.5℃，最适 pH 为 7.0 ～ 7.5。在普通琼脂平板形成湿润、光滑、隆起的圆形菌落，直径 1 ～ 2mm，有时可达 4 ～ 5mm，菌落颜色依菌株而异，初为灰白色，继而为金黄色、白色或柠檬色，致牛乳腺炎以及耐药菌株为深黄色。色素的形成依培养条件而异，致病性菌株多能产生脂溶性的黄色或柠檬色素，不着染培养基。通常在 22℃条件下或在固体培养基中含有糖、牛乳或血清等时，产生色素较多；在有 O_2 及 CO_2 环境下易形成色素。在血液琼脂平板形成的菌落较大，产溶血素的菌株多为致病菌，菌落周围呈现明显的 β 溶血。日常监测取动物粪便或病变组织接种选择性培养基进行分离培养，取可疑菌落做生化鉴定，也可使用微生物鉴定系统对细菌进行鉴定。葡萄球菌的鉴定必须在确定菌属无误的基础上进行种的鉴定。革兰阳性球菌一些菌属的细菌间在形态学上很相似，极易造成菌属间的鉴定错误，因此必须借助一些要点加以区别，如血浆凝固酶试验和甘露醇发酵试验阳性。血清学检测有琼脂扩散试验、对流免疫电泳、放射免疫分析等。定量 PCR 和 RT-PCR 可应用于无症状感染动物的快速鉴定，特异性强，敏感度高。

管理处置

金黄色葡萄球菌广泛分布于自然界，主要通过受损处的皮肤和黏膜感染，引起发病。环境潮湿，底网粗糙，卫生条件差是动物发病的重要诱因。应加强饲养管理，定期进行笼舍消毒，以杜绝传染源。控制每笼动物数量、雌雄比例适当，防止伤害雄鼠阴茎现象的发生。一旦发现临床感染，应封闭饲养车间，淘汰动物种群，彻底进行车间、环境消毒灭菌。可以通过剖宫产净化兔群。

第五节 兔绿脓杆菌感染

病因

绿脓杆菌（*Pseudomonas aeruginosa*）是自然环境中存在的微生物，只在动物的机体发生免疫抑制时致病，或是与其他病原合并感染致病。该菌感染会引起动物过早死亡，并且绿脓杆菌感染会加重某些致病状态，当动物出现典型症状时应对此病原进行排除。

临床症状

多为隐性感染，一般情况下不引起临床症状。其致病主要由继发感染或混合感染所致，常为慢性炎症，如中耳炎、内耳炎，临床表现为动物斜颈或转圈。绿脓杆菌感染皮肤，可引起动物局部皮肤脱毛、溃疡（如图 6.5.1 所示）。兔偶见食欲不振、流鼻涕、眼眵、打喷嚏、痉挛、昏睡死亡的现象。

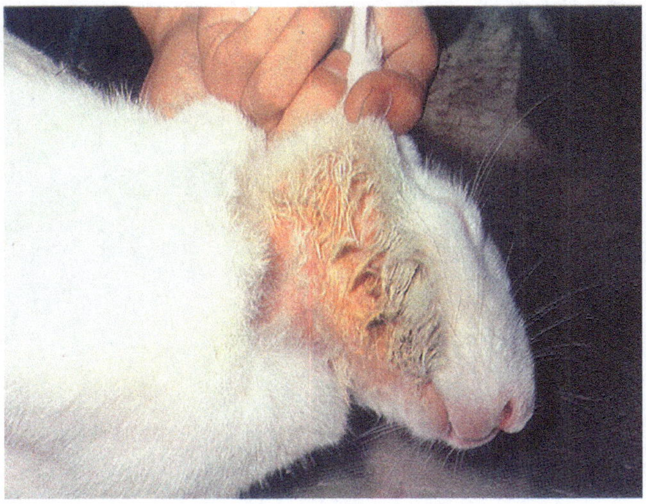

图 6.5.1　外观改变 – 脱毛、溃疡，湿疹
家兔感染绿脓杆菌，感染皮肤，引起局部皮肤脱毛、溃疡，湿疹。

病理表现

病理变化以化脓性支气管肺炎为特征，感染兔肺脏内可见多发性溃疡。合并感染时大体可见肺脏、肾脏、肝脏、心脏等脓性白斑。中耳内有脓液。组织病理学方面观察到心脏、肝脏、肾脏实质细胞坏死，中性粒细胞、单核细胞浸润。

实验室检测

绿脓杆菌是铜绿假单胞菌的惯称。分类学上属于假单胞菌科（Pseudomonadaceae），假单胞菌属（*Pseudomonas*）。革兰阴性杆菌（如图 6.5.2 所示），大小为（0.5 ～ 0.7）μm×（1.5 ～ 3.0）μm，单个或成双排列，偶见短链，多以端生单鞭毛运动。DNA 的（G+C）mol% 为 67.2。专性需氧菌，最适生长温度为 35℃，20 ～ 42℃可生长，4℃不生长。营养要求不严格，在普通固体培养基上可产生两种类型的菌落，一种为大而光滑，另一种为小而粗糙。大多数菌株能产生水溶性的蓝色的绿脓素和蓝绿色的荧光素，色素由菌落向周围扩散，使培养基也着色（如图 6.5.3 及图 6.5.4 所示），在血平板上出现溶血环。日常监测取动物粪便或病变组织接种选择性培养基进行分离培养，取可疑菌落做生化鉴定，也可使用微生物鉴定系统对细菌进行鉴定。血清学方法包括酶联免疫吸附试验（ELISA）、琼脂扩散试验等。近年来 PCR 方法用于绿脓杆菌感染的快速检测，特异性强，敏感度高。

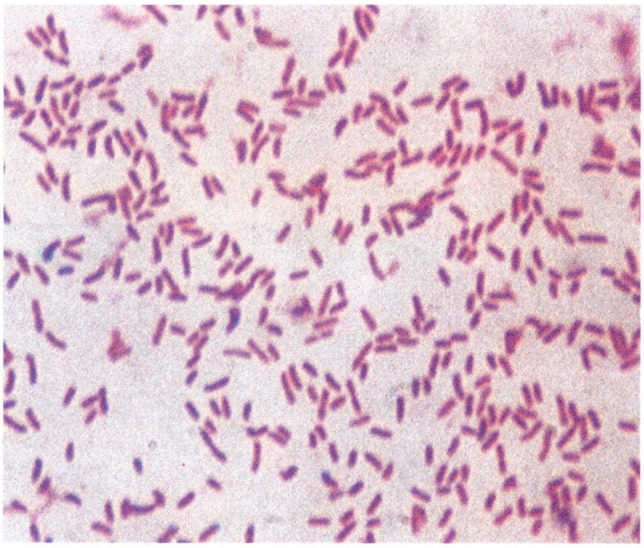

图 6.5.2　培养鉴定 – 菌体染色

绿脓杆菌进行革兰染色。

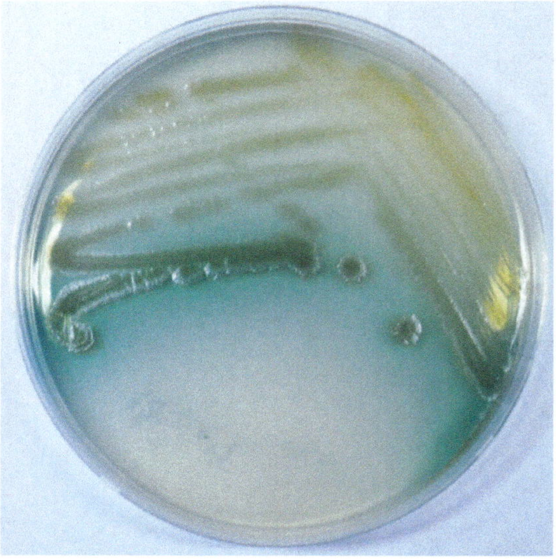

图 6.5.3　培养鉴定 –NAC 固体培养基

绿脓杆菌在 NAC 固体培养基中，菌落绿色，周围培养基显示绿色。

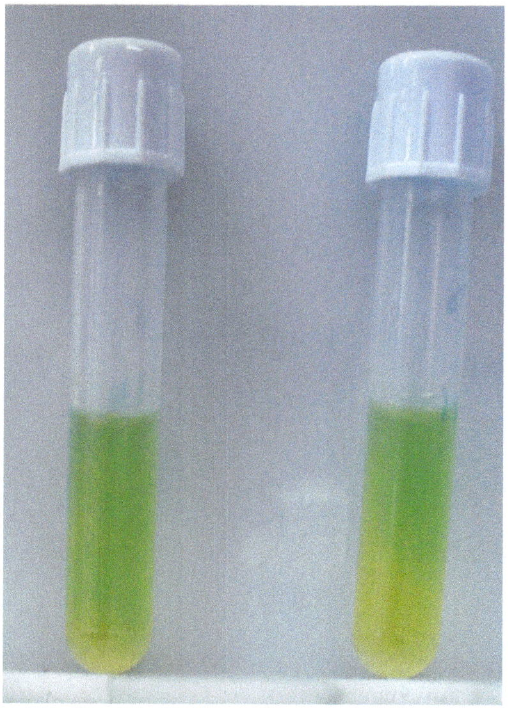

图 6.5.4　培养鉴定 –NAC 液体培养基

绿脓杆菌在 NAC 液体培养基中，培养基呈现草绿色。

管理处置

绿脓杆菌广泛存在于自然界，通过多种途径传播。保持饲养环境干燥，减少应激，避免长时间高温运输和频繁移动对减少该菌有重要意义。一旦发病，应封闭饲养车间，淘汰动物种群，彻底进行车间、环境消毒灭菌，重新引种。

第六节　兔泰泽病原体感染

病因

泰泽病原体（Tyzzer's organism）又称毛发样梭菌（*Clostridium piliforme*），是泰泽菌病（Tyzzer's disease）的病原。分类学上属于梭菌科（Clostridiaceae），梭菌属（*Clostridium*）。可感染大鼠、小鼠、豚鼠、地鼠和兔等多种动物。动物多呈隐性感染。诱发症状多为消化系统症状。泰泽病原体感染对于免疫系统有较大影响，干扰药理学、毒理学以及感染性实验研究。在我国的实验动物微生物国家标准中将该病原列为兔需筛查的病原项目。

临床症状

成年动物多呈隐性感染。低龄动物或肿瘤接种、免疫抑制剂、X 射线、机体抵抗力下降、应激反应等均可诱导动物发病。实验感染泰泽病原体 3 ～ 7 天后，发病动物可见精神萎靡不振，水样便、糊状或血性样便的腹泻，发病后 2 ～ 3 天后死亡。

病理表现

多见肠炎和肝炎，也可累及心脏。大体可见感染导致动物出血性坏死性肠炎，尤其是回肠、盲肠、近端结肠的充血、水肿、坏死，以及肝脏的弥漫性灶性坏死。肝脏、心脏有 1 ～ 2mm 灰白色病灶（如图 6.6.1 ～图 6.6.3 所示）。组织病理学检查可见心脏、肝脏等组

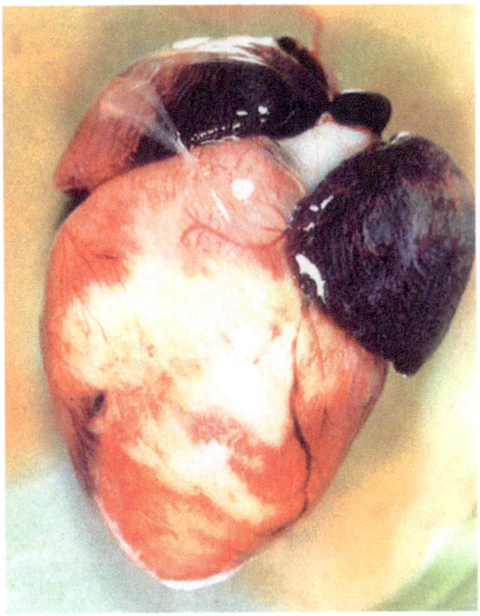

图 6.6.1　大体病理 - 心脏广泛性坏死
家兔感染泰泽病原体，可见心脏坏死。

织出现坏死性炎症（如图 6.6.4 及图 6.6.5 所示），可发现肠炎病例有回肠、盲肠部的出血，固有层、黏膜下组织的水肿、坏死、中性粒细胞浸润；主要是在黏膜上皮细胞，有时在平滑肌细胞内见到菌体。

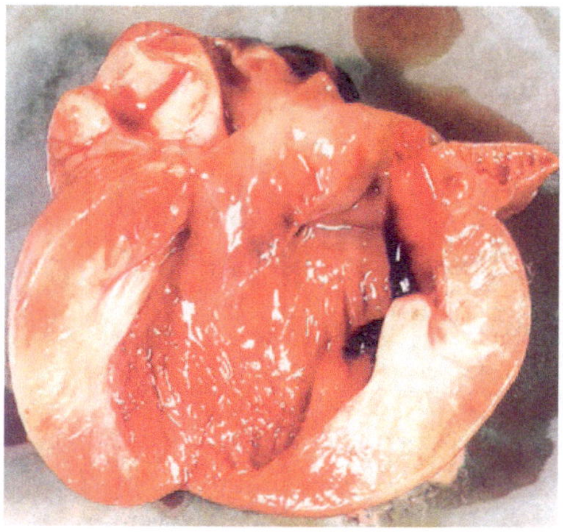

图 6.6.2　大体病理 – 心脏坏死（切面）
家兔感染泰泽病原体，可见心脏坏死。

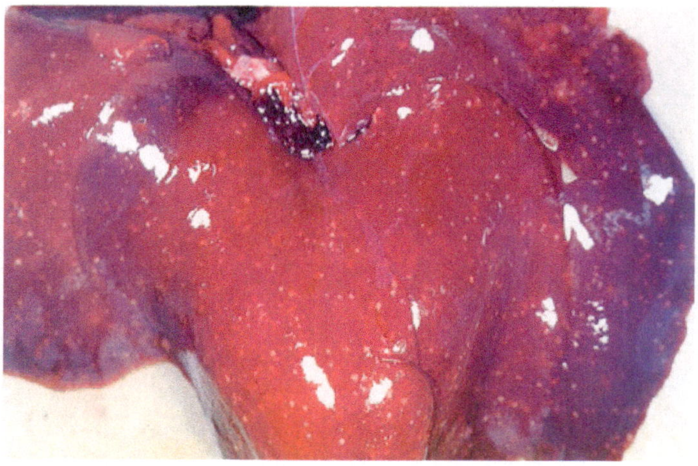

图 6.6.3　大体病理 – 肝脏点状坏死灶
家兔感染泰泽病原体，肝脏表面可见点状、弥散性的灶性坏死。

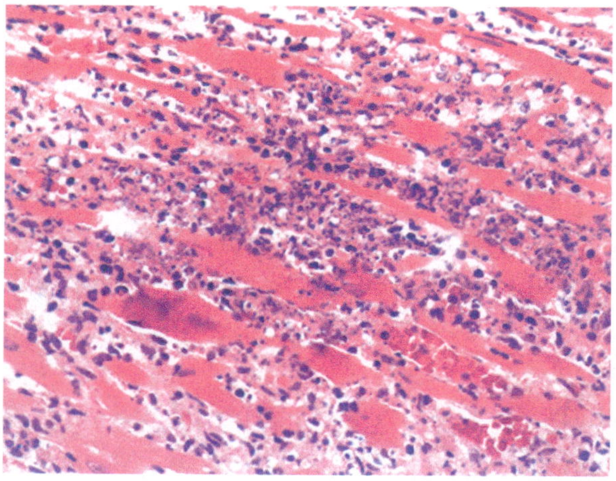

图 6.6.4　组织病理 – 坏死性心肌炎
家兔感染泰泽病原体，心脏坏死部位大量炎症细胞浸润。

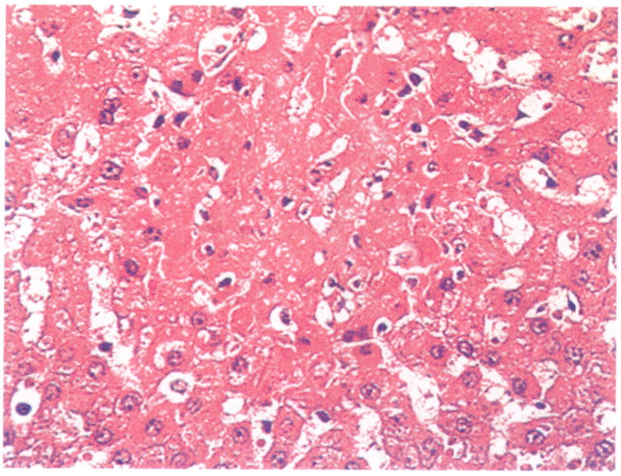

图 6.6.5　组织病理 – 肝脏坏死灶
家兔感染泰泽病原体，肝脏可见灶性坏死。

实验室检测

泰泽病原体为专性细胞内寄生（见图 6.6.6 及图 6.6.7 所示），不能在人工培养基上进行生长繁殖，不能像其他细菌一样通过分离培养进行鉴定，虽然已经有用细胞培养泰泽病原体成功的报道，但是用于临床上泰泽病原体的分离仍存在困难。通过人工注射免疫抑制剂对可能感染的动物进行激发试验，可以诱发隐性感染的动物发病，不过这种方法在实际应用中费时且效果不佳。因此，实验室诊断多采用血清学方法。血清学方法包括酶联免疫吸附试验（ELISA）和免疫荧光试验（IFA）。也可对肝脏或回盲部进行 PCR 检测。但对

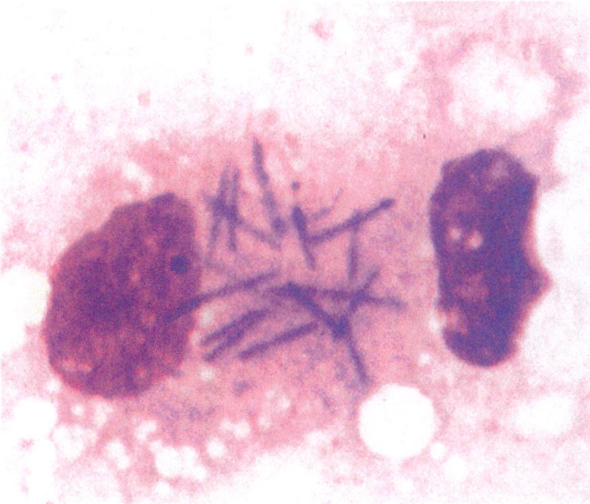

图 6.6.6　显微镜检查 – 菌体染色
感染泰泽病原体家兔肝脏涂片吉姆萨染色，可见泰泽病原体菌体。

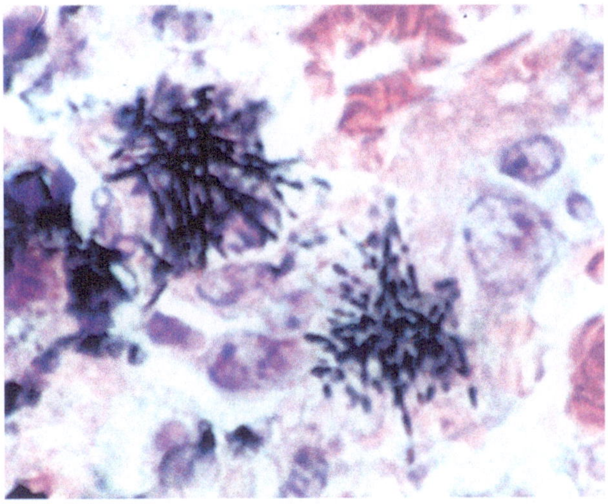

图 6.6.7　显微镜检查 – 菌体染色
家兔肝脏见泰泽病原体菌体，银染色。

于泰泽病原体已知基因组序列太少，PCR 特异性有待确证。

管理处置

粪口途径是泰泽病原体在物种之间传播的主要方式，隐性带菌兔经消化道分泌向外排出繁殖体和芽孢，污染饲料、垫料、用具和周围环境。使用某些抗菌药物会有效减轻该菌引起的临床症状，但不能完全治愈。一旦发现临床感染，原则上应封闭饲养车间，淘汰动物种群，彻底进行车间、环境消毒灭菌，重新引种。可以通过剖宫产净化种群。

第七节　兔黏液性肠炎

病因

本病的病因目前尚不清楚。可能与氨基酸类营养物质缺乏或是多种肠道病菌感染相关。

临床症状

6 ～ 8 周龄家兔自然感染经常发病，出现食欲不振，腹部膨胀，黏液性稀便，急性死亡。

病理表现

从胃到结肠消化管广泛扩张（如图 6.7.1 及图 6.7.2 所示）。小肠内充满透明黄色液体，盲肠液体少，含有较多气体，结肠充满黏液，显著扩张（如图 6.7.3 所示）。肠黏膜发白、发红少见。组织病理学改变是小肠到盲肠黏膜上皮杯状细胞大量增生，几乎没有炎性反应。结肠黏膜上皮杯状细胞大量增生，表面被黏液覆盖，但无炎性反应（如图 6.7.4 及图 6.7.5 所示）。尽管称为黏液性肠炎，但称为肠症更确切。

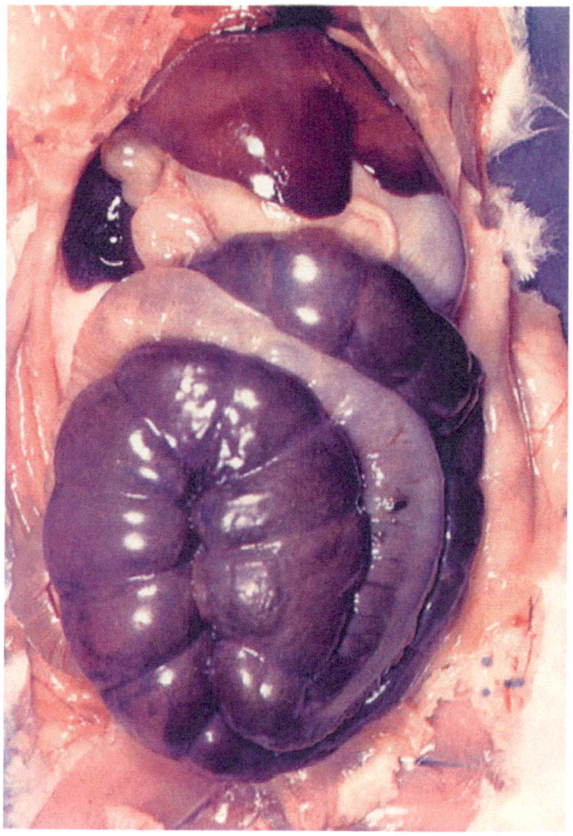

图 6.7.1　大体病理 - 结肠、盲肠扩张

患病家兔结肠、盲肠扩张，肿大、淤血。

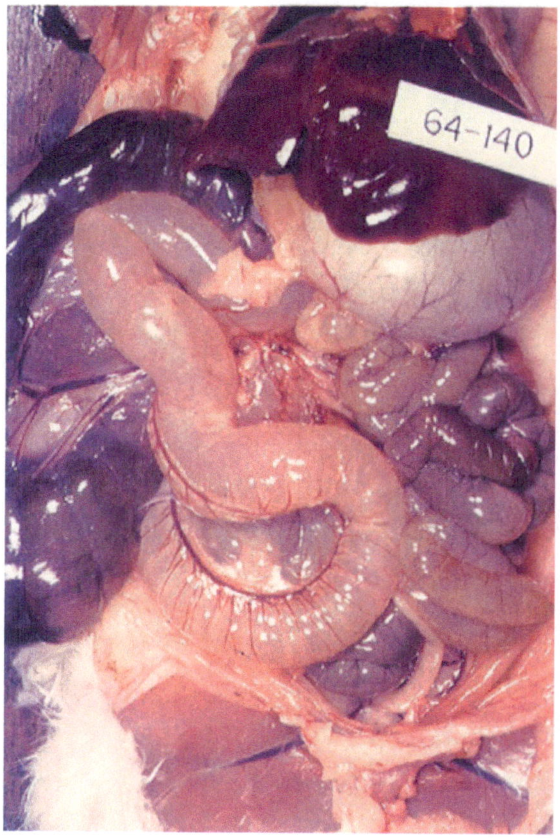

图 6.7.2　大体病理 - 结肠扩张

患病家兔结肠扩张，肿大，肠腔内充满透明液体。

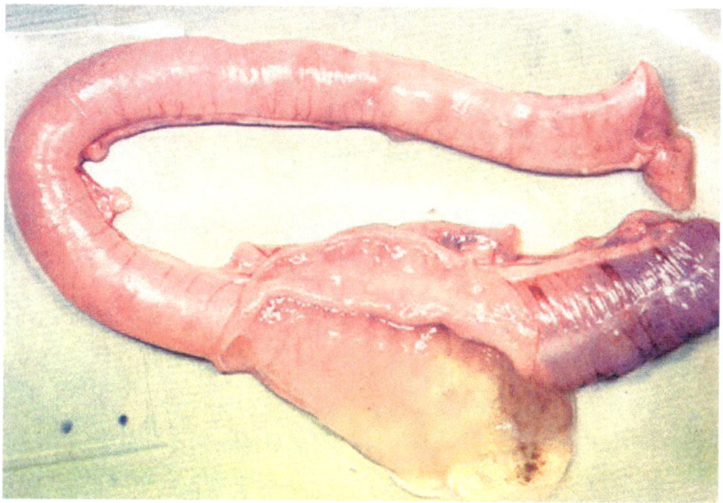

图 6.7.3　大体病理 - 结肠内黏液滞留

患病家兔结肠内充满黏液。

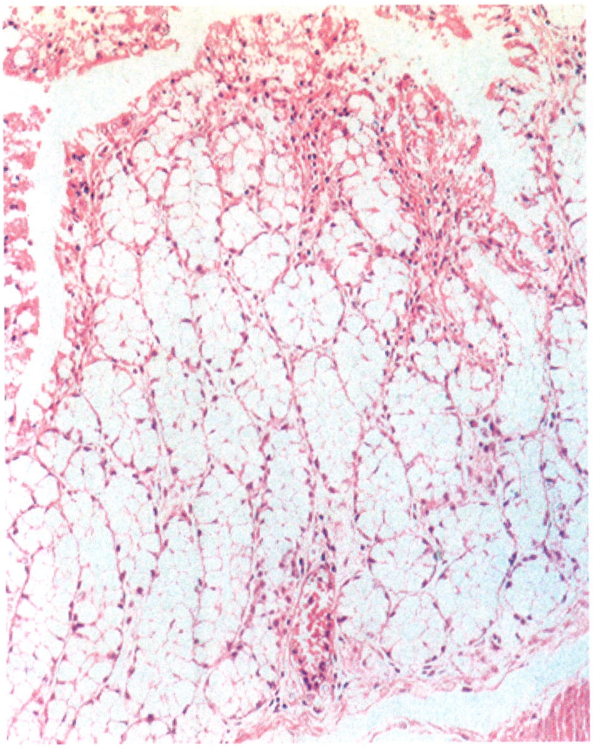

图 6.7.4　组织病理 – 结肠黏膜上皮的杯状细胞化
患病家兔结肠黏膜上皮杯状细胞化，分泌黏液的细胞数量增加。

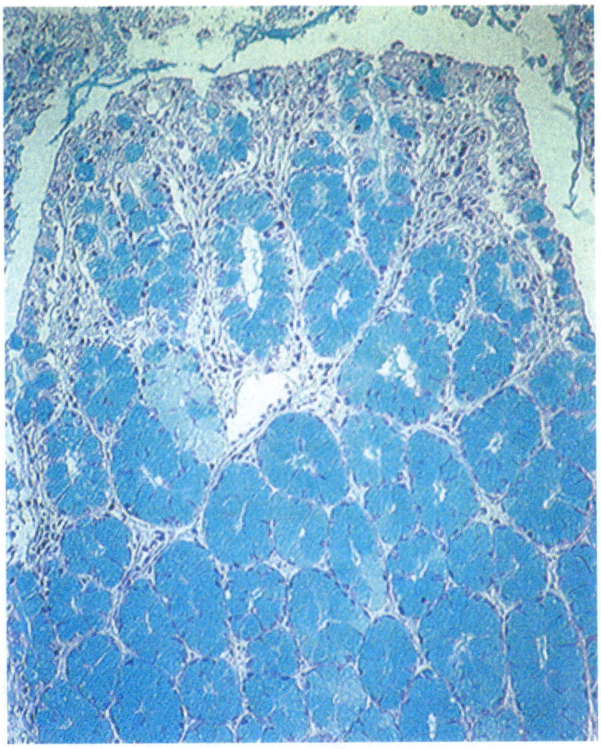

图 6.7.5　组织病理 – 黏液性结肠病变
患病家兔结肠表现为黏液症。台盼蓝染色。

实验室检测

由于没有明确病因，通常依靠解剖发现典型病变确诊。

管理处置

考虑到本病可能由营养不良或多种肠道病菌引起，应密切关注营养供应，严格控制环境卫生。重点防止普通级兔环境设施的污染，以及饲料和垫料的污染。

第八节　兔出血性大肠炎

病因

该病的病因目前尚不是十分清楚。鉴于动物急性死亡和病理学改变，高度怀疑是由感染引起。

临床症状

自然感染的兔出现食欲不振，活动减弱。急性水样腹泻，急性死亡。

病理表现

盲肠、结肠管道内浆膜面节段性充血(如图6.8.1所示)。黏膜广泛充血(如图6.8.2所示)，其内充满血样液体内容物(如图6.8.3所示)，小肠也有血样黏液。肝脏、肾脏轻度浑浊肿大。组织病理学改变是盲肠表层黏膜上皮变性，出血、肿大（如图 6.8.4 所示）。黏膜下组织也见出血（如图 6.8.5 所示）。

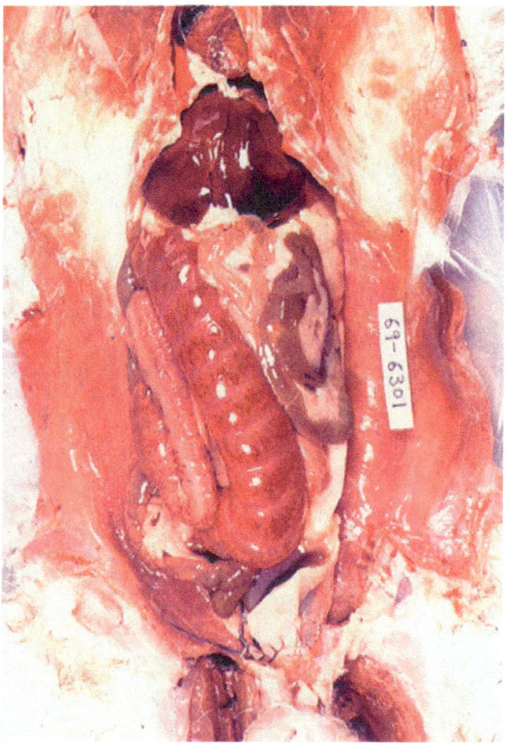

图 6.8.1　大体病理 - 盲肠、结肠浆膜面节段性充血
患病家兔表现盲肠、结肠管道内浆膜面节段性充血。

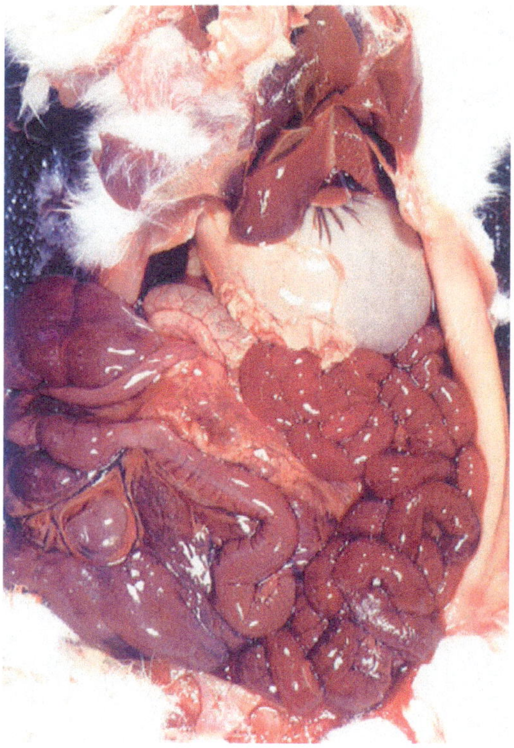

图 6.8.2　大体病理 - 小肠、大肠充血
患病家兔消化道黏膜广泛充血，肠腔内充满血性液体内容物。

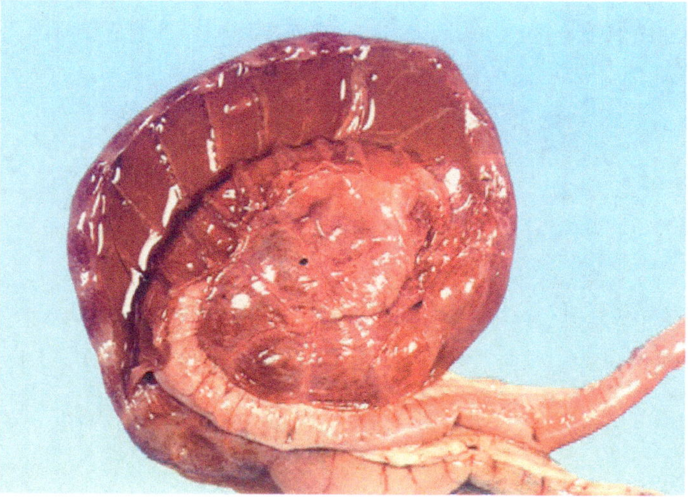

图 6.8.3　大体病理 - 盲肠出血
患病家兔盲肠出血，盲肠内可见血性内容物。

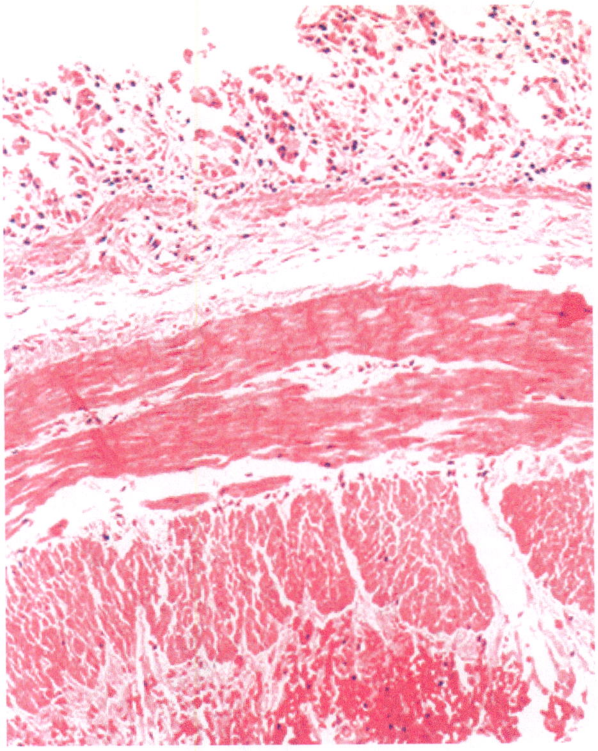

图 6.8.4　组织病理 – 盲肠黏膜坏死、出血
患病家兔盲肠黏膜坏死、出血。

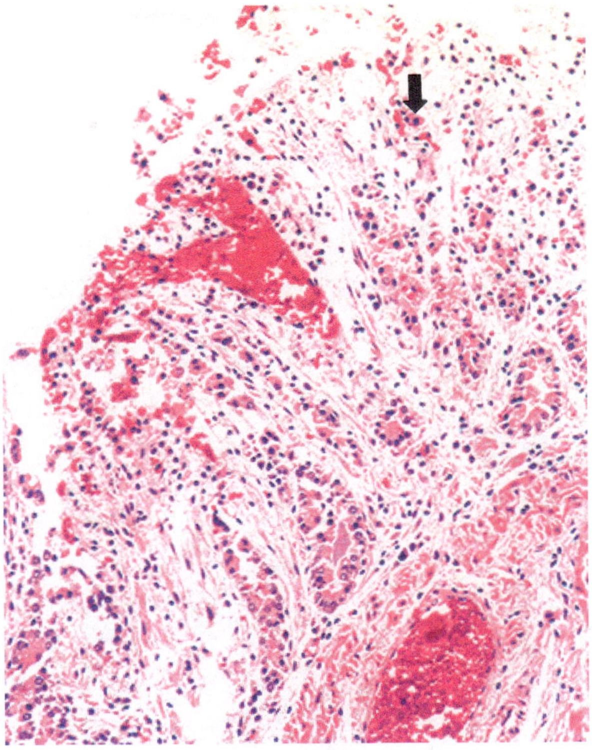

图 6.8.5　组织病理 – 出血性大肠炎
患病家兔肠道黏膜坏死、出血，如箭头所示。黏膜下组织出血。

实验室检测

由于没有明确病因，通常依靠解剖发现典型病变和病理学变化确诊。

管理处置

考虑到本病可能由感染引起，应密切关注营养供应，严格控制环境卫生。重点防止普通级兔环境设施的污染，以及饲料和垫料的污染。

第九节　兔肝球虫病

病因

本病是由艾美耳球虫（*Eimeria* spp.），特别是斯氏艾美耳球虫（*E. stiedai*）感染兔引起的疾病。若出现下述症状可进行该病原的检测。

临床症状

兔感染通常无明显的临床表现，重症表现为进食少，逐渐消瘦甚至死亡，有时能见到黄疸。稀便或腹泻常伴有肠球虫的合并感染。

病理表现

肝脏表面肿大（如图 6.9.1 及图 6.9.3 所示），肝脏实质中见黄白色索条状改变（如图 6.9.2 所示），胆囊、胆管扩张，病变程度依感染程度不同。组织病理表现为，初期胆管黏膜呈乳头状增生（如图 6.9.4 所示），胆管扩张（如图 6.9.5 所示）；上皮细胞内可见各种各样的球虫虫体及卵囊（如图 6.9.6、图 6.9.7 所示）；管壁增厚，少量炎症细胞浸润，上皮细胞增生。

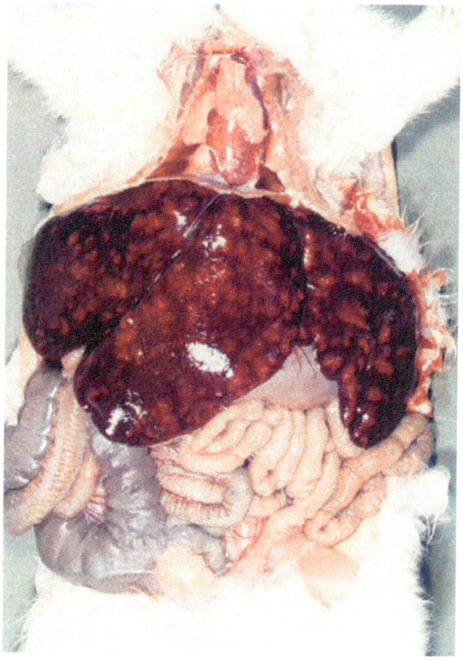

图 6.9.1　大体病理 - 肝脏肿大
球虫感染家兔，肝脏肿大，广泛性弥散状坏死灶。

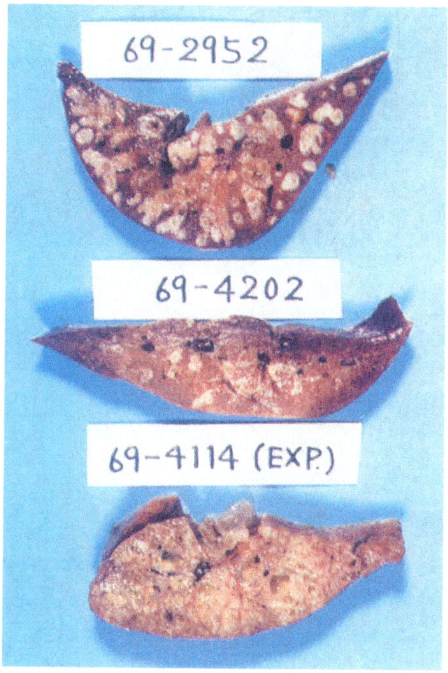

图 6.9.2　大体病理 - 肝脏实质病变（切面）
球虫感染家兔，肝脏肿大，肝脏实质中见黄白色索条状改变。

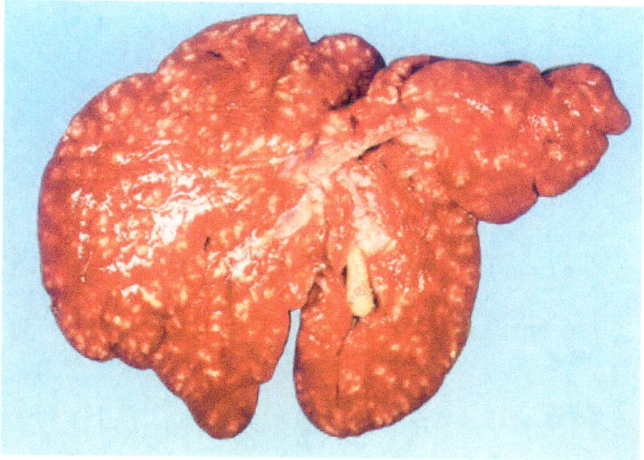

图 6.9.3　大体病理 - 肝脏肿大
球虫感染家兔，肝脏肿大，广泛性球虫病变。

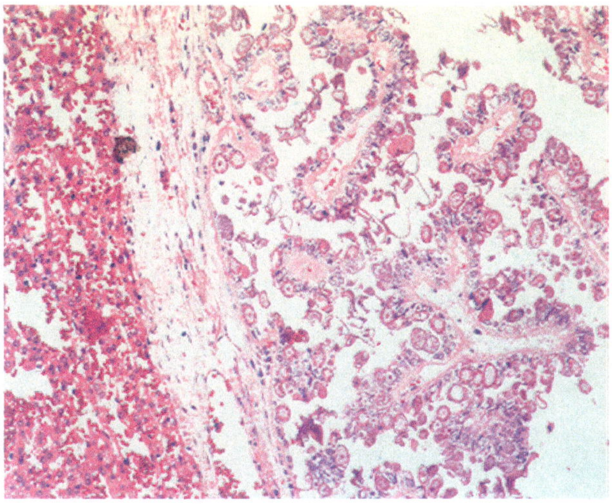

图 6.9.4　组织病理 − 球虫性增殖性胆管炎

球虫感染家兔，胆管扩张，初期胆管黏膜呈乳头状增生。

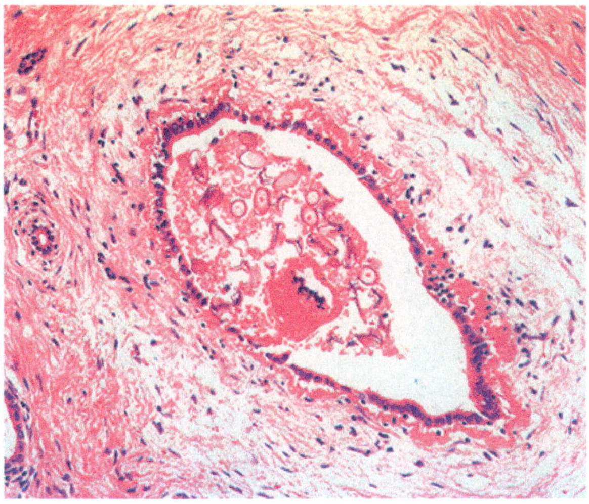

图 6.9.5　组织病理 − 球虫慢性胆管炎

球虫慢性感染家兔，胆管扩张。

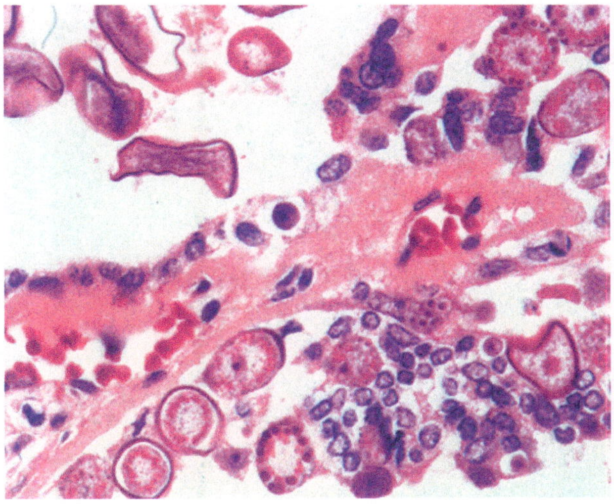

图 6.9.6　组织病理 − 胆管上皮内的球虫

球虫感染家兔，胆管上皮可见球虫寄生。

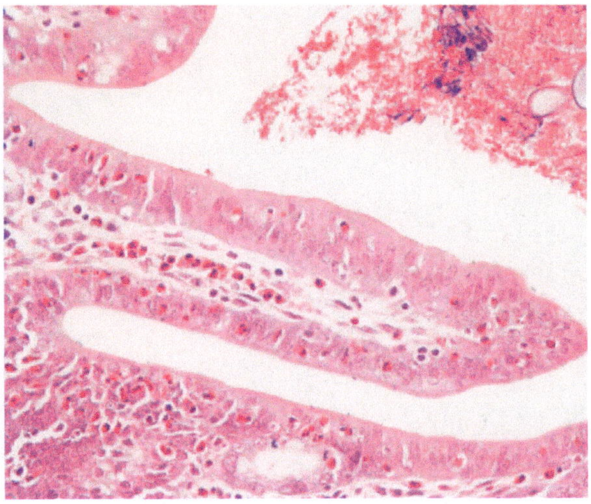

图 6.9.7　组织病理 − 良性胆管上皮乳头瘤

球虫感染家兔，良性胆管上皮乳头瘤，可见异嗜性粒细胞、淋巴细胞及球虫卵囊。

实验室检测

病理学检测肝脏组织中发现卵囊、虫体为金标准。卵呈无色透明，大小为 37μm × 21μm（如图 6.9.8 所示）。

管理处置

艾美耳球虫感染主要是粪口传染，污染的垫料、水、食物、用品等都是传染源。啮齿动物、兔等都易感。普通环境的兔应重点防患，屏障环境和隔离环境能有效防止该病原污染。重点防止环境设施的破损，饲料和垫料应充分消毒灭菌，防止污染。

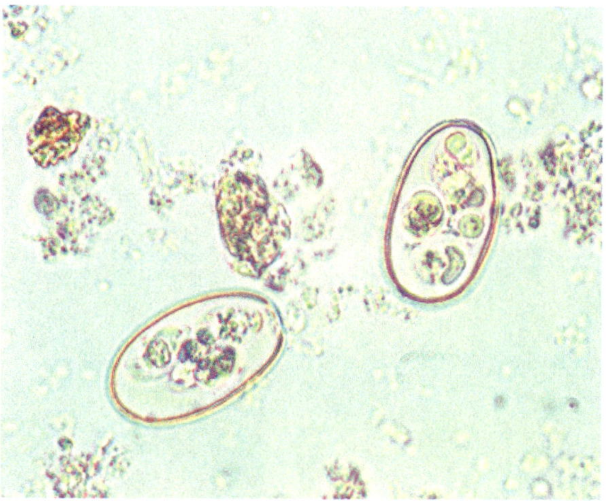

图 6.9.8 显微镜检查 – 球虫卵囊
球虫感染家兔，粪便或脏器制片，显微镜观察到球虫卵囊。

第十节 兔肠球虫病

病因

是由艾美耳球虫（*Eimeria* spp.）感染引起的疾病。主要有大型艾美耳球虫（*E. magna*）等 8 种球虫感染兔，肠艾美耳球虫（*E. intestinalis*）是最重要的病原。若出现下述症状可进行该病原的检测。

临床症状

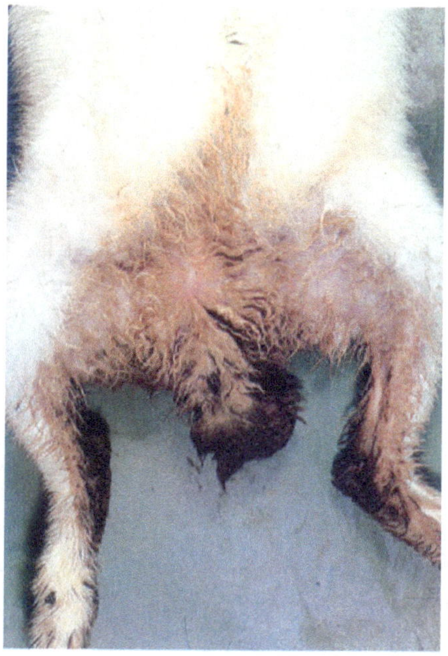

图 6.10.1 外观改变 – 腹泻，皮毛污染
球虫感染家兔，引起兔肠球虫病，出现稀便或水样腹泻，污染肛周和下腹部皮毛。

低龄兔患病率高，表现为进食少，稀便或腹泻，逐渐消瘦甚至死亡。成年兔通常感染无明显的临床表现，在运输等情况下发病。

病理表现

重症动物肠道从小肠到大肠表面呈现水肿，肠壁增厚，黏膜增厚变白，充血、出血（如图 6.10.2 ～图 6.10.4 所示），血性黏液少见。其他脏器病变不明显。

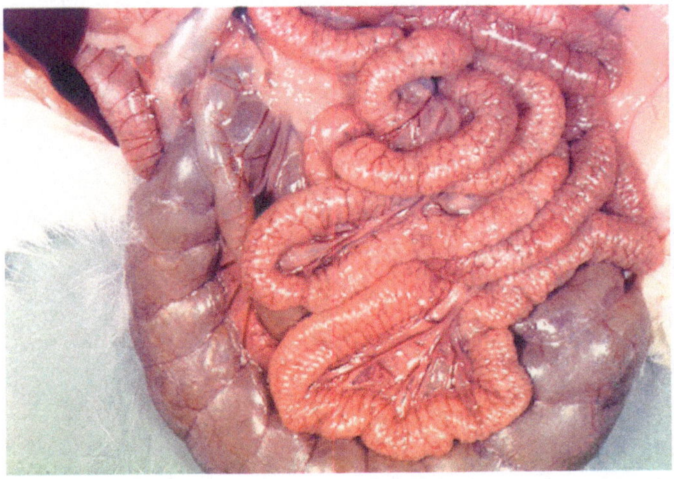

图 6.10.2　大体病理 – 小肠肥厚

球虫感染家兔，引起兔肠球虫病，肠道病变，可见小肠表面水肿，肥厚，轻度充血。

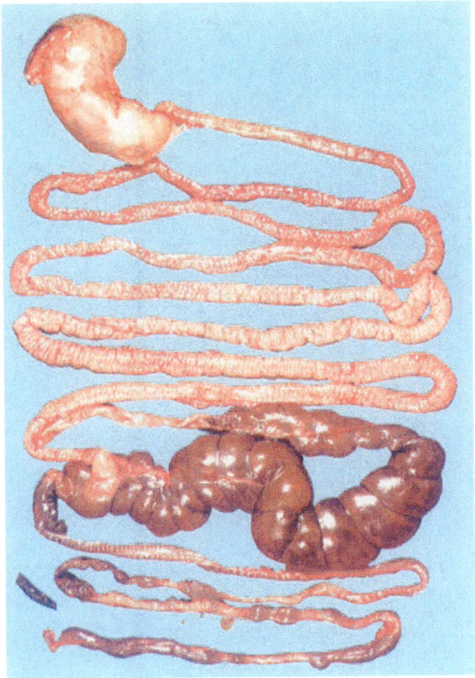

图 6.10.3　大体病理 – 空肠、回肠肥厚

球虫感染家兔，引起兔肠球虫病，肠道病变，可见空肠、回肠肥厚。

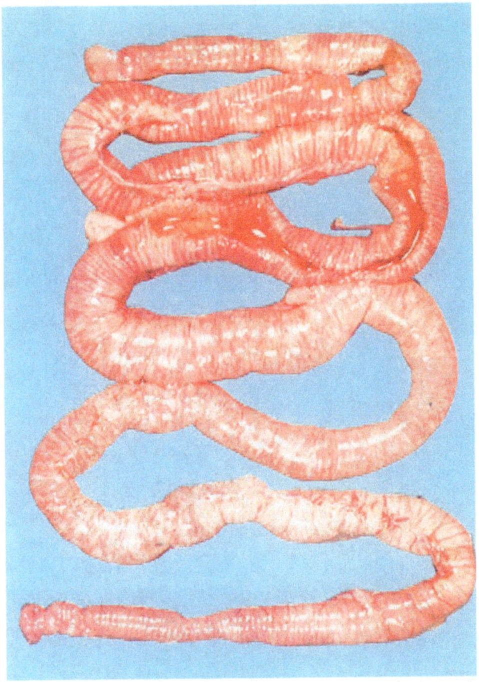

图 6.10.4　大体病理 – 小肠黏膜出血

球虫感染家兔，引起兔肠球虫病，肠道病变，可见小肠表面出血，坏死。

组织病理表现为肠壁增厚，黏膜增厚。感染初期上皮细胞内可见不同生活史阶段的虫体。固有层和黏膜下层水肿，少见细胞浸润。肠腺上皮细胞脱落，腺腔内可见未成熟、成熟的卵囊（如图 6.10.5 ～图 6.10.7 所示）。

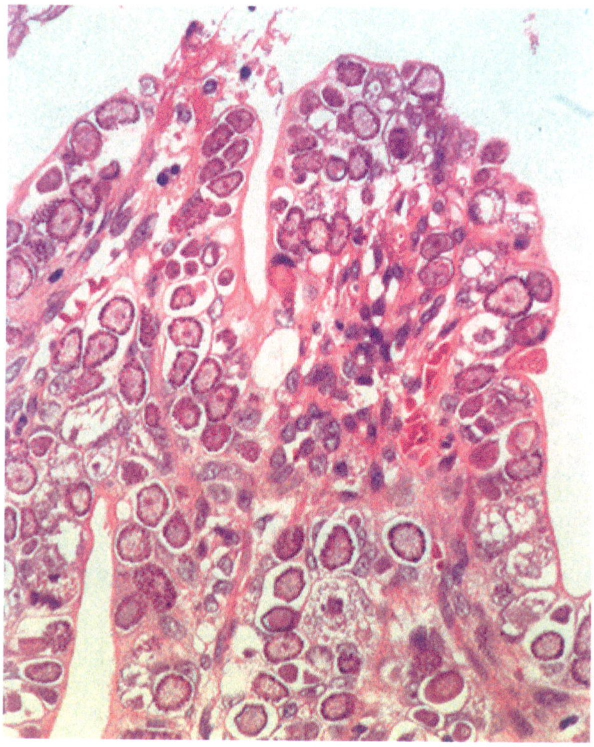

图 6.10.5　组织病理－球虫性小肠炎

球虫感染家兔，引起兔肠球虫病，小肠可见大量球虫寄生。

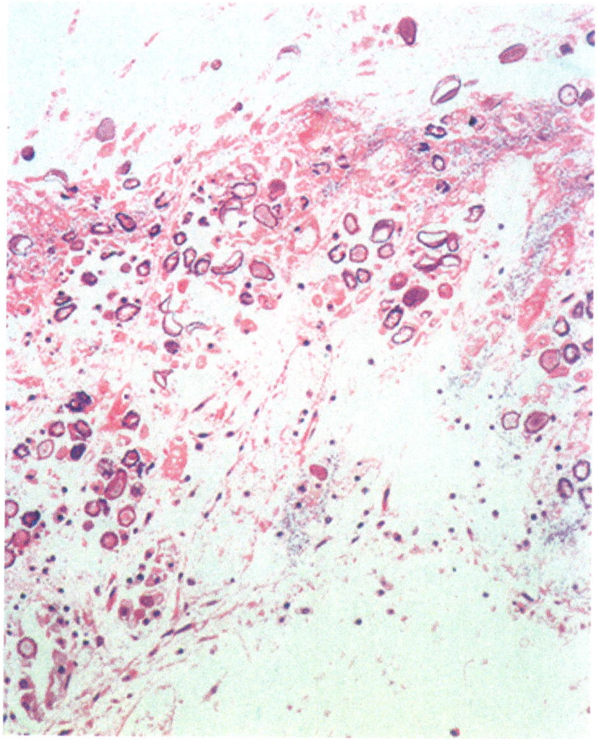

图 6.10.6　组织病理－坏死性小肠炎

球虫感染家兔，引起兔肠球虫病，小肠可见球虫寄生，肠组织坏死。

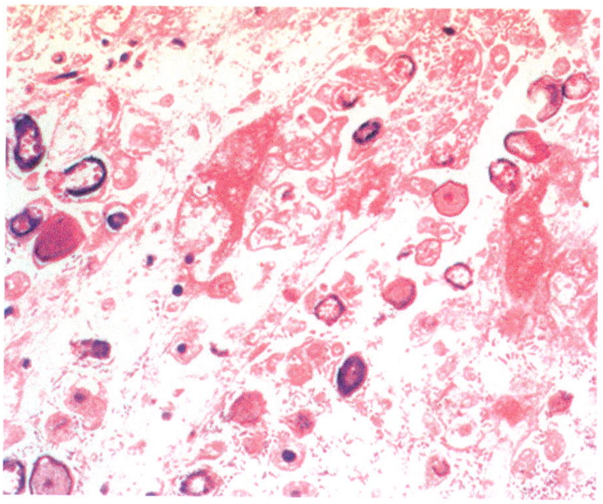

图 6.10.7　组织病理－坏死性小肠炎

球虫感染家兔，引起兔肠球虫病，小肠组织坏死，肠黏膜上皮细胞脱落，腺腔内可见球虫卵囊。

实验室检测

一般是取粪便检测球虫卵囊。进行病理学检测，肠道组织中发现孢子化卵囊、虫体为金标准。卵呈无色透明，大小为（23 ～ 30）μm×（15 ～ 20）μm（如图 6.10.8 所示）。

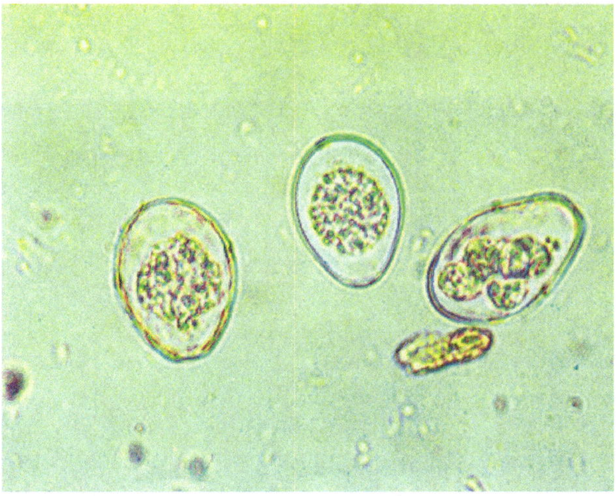

图 6.10.8　显微镜检查－球虫卵囊
球虫感染家兔，粪便制片，显微镜观察到球虫卵囊。

管理处置

艾美耳球虫感染主要是粪口传染，污染的垫料、水、食物、用品等都是传染源。啮齿动物、兔等都易感。屏障环境和隔离环境能有效防止该病原污染。重点防止环境设施的破损，饲料和垫料应充分消毒灭菌，防止污染。

第十一节　兔孢子虫病

病因

孢子虫病的病原在 20 世纪 70 年代前被命名为兔小孢子虫（*Nosema cuniculi*），属于原生动物微粒子虫科（Nosematidae）。后来对其分类归属做了重新划分，将其归入脑胞内原虫属（*Encephalitozoon*），确认为兔脑原虫（*Encephalitozoon cuniculi*）。近来经核酸序列分析将其归为真菌类。该病原普遍感染啮齿动物、兔及人类，在非屏障设施内的兔群中流行率较高，鉴于其对动物健康的危害及人兽共患传染的风险，在 SPF 兔群中应排除此类病原。

临床症状

自然感染的兔没有明显的感染过程，呈隐性感染。通常在组织检测时发现。临床可见动物转头、运动麻痹、死亡。

病理表现

肾脏肿大，表面出现灰白色的凹陷病灶，组织病理学检查可见肾脏间质有淋巴细胞、浆细胞浸润（如图 6.11.1 所示）。尿道上皮细胞变性。虫体可见于剥离的尿道上皮细胞中。脑、脊髓膜充血，炎症细胞浸润（如图 6.11.2 所示）。脑白质、灰质区域淋巴细胞聚集，局部组织形成肉芽肿（如图 6.11.3 所示）。可在肉芽肿组织内看到虫体。

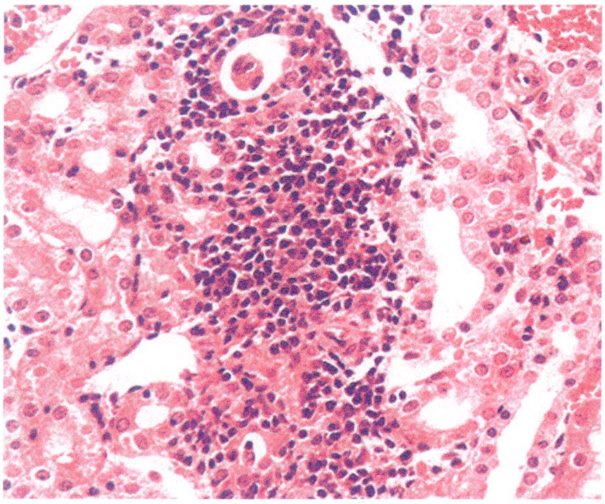

图 6.11.1　组织病理－间质性肾炎
感染家兔可见肾脏间质有淋巴细胞等炎症细胞浸润。

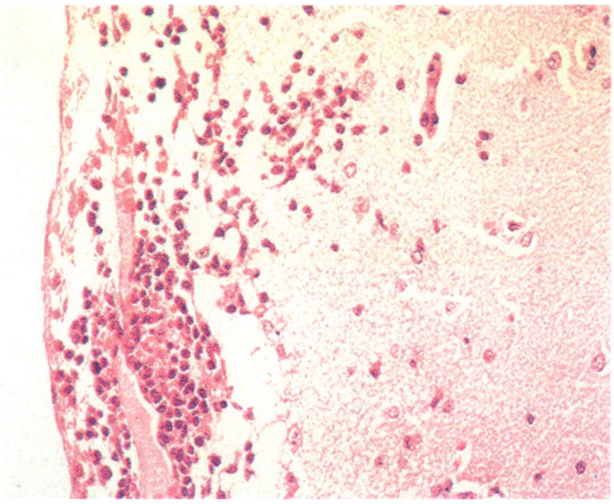

图 6.11.2　组织病理－脑膜炎
感染家兔可见脑膜有大量炎症细胞浸润。

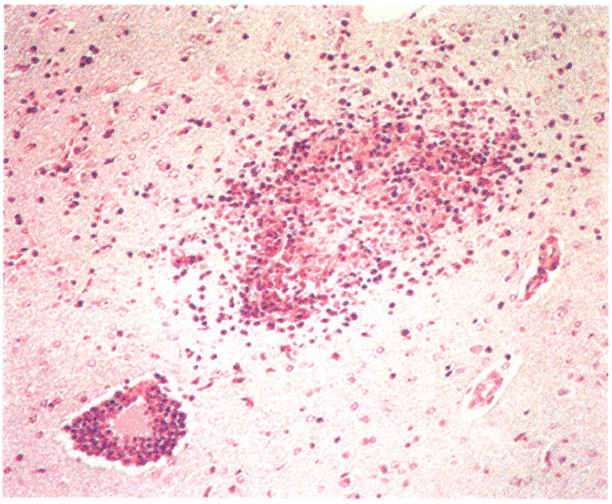

图 6.11.3　组织病理－脑内肉芽肿
感染家兔可见脑组织内形成肉芽肿，炎症细胞聚集。

实验室检测

通常检测尿液中的孢子，但漏检率高。主要依靠解剖发现典型病变、病理学变化和组织内虫体确诊。该病原也有孢子和滋养体形式（如图 6.11.4 所示）。滋养体呈棒状，革兰

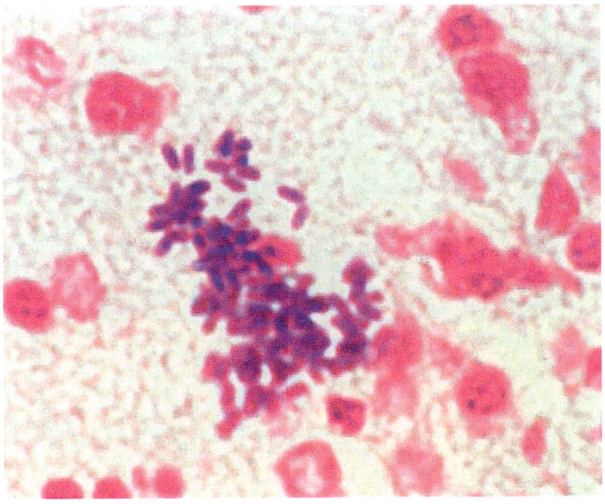

图 6.11.4　显微镜检查 – 孢子虫滋养体
E. cuniculi 孢子虫滋养体革兰染色深紫色。

染色阳性。孢子可在尿液中被发现。

管理处置

孢子虫广泛存在于动物体中。动物的粪便等排泄物污染的物品或媒介生物都可导致兔感染，应严格控制环境卫生。特别是防止普通级兔环境设施的污染，以及饲料和垫料的污染。

第十二节　兔囊尾蚴病

病因

兔囊尾蚴病是因食入污染有豆状带绦虫（*Taenia pisiformis*）的节片和卵的饲料后，其进入肠壁血管，随血液到达肝脏开始发育，钻出肝脏被膜，进入腹腔；在肠系膜、胃网膜等处生长、发育为豆状囊尾蚴致使发病。

临床症状

兔少量感染时一般无明显的临床症状；大量感染时可导致肝炎和消化障碍表现，常常是在解剖动物时才发现。

病理表现

在肝脏表面、肠系膜和大网膜等处，发现数量不等、状似小泡或葡萄状的虫体（如

图 6.12.1 及图 6.12.2 所示）。肝脏实质部常有肉芽肿形成。

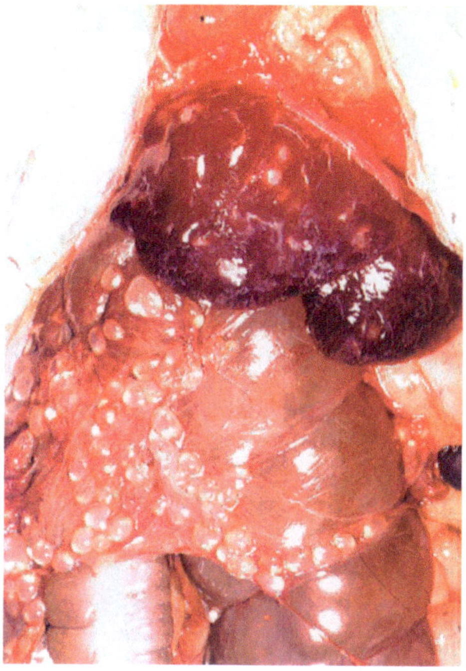

图 6.12.1 大体病理 – 大网膜及肝脏的豆状带绦虫
感染家兔大体解剖可见大网膜及肝脏泡状结构寄生有豆状带绦虫。

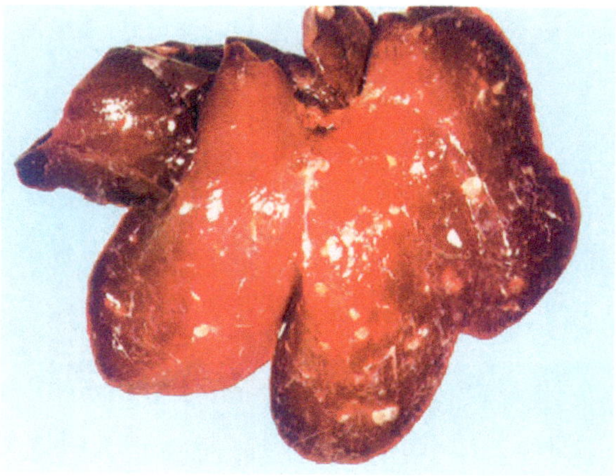

图 6.12.2 大体病理 – 肝脏的豆状带绦虫
感染家兔大体解剖肝脏寄生有豆状带绦虫。

实验室检测

通常需要剖检动物发现肝脏、肠系膜的虫体确诊。间接血凝试验可作为辅助检测，但不够准确。

管理处置

兔囊尾蚴感染主要是粪口传染，带有虫体的粪便污染的垫料、水、食物、用品等都是传染源。重点防止普通级兔环境设施的破损，以及饲料和垫料污染。

第十三节　兔耳痒螨病

病因

兔耳痒螨病是由耳痒螨属（*Psoroptes*）的螨虫感染引起的疾病。

临床症状

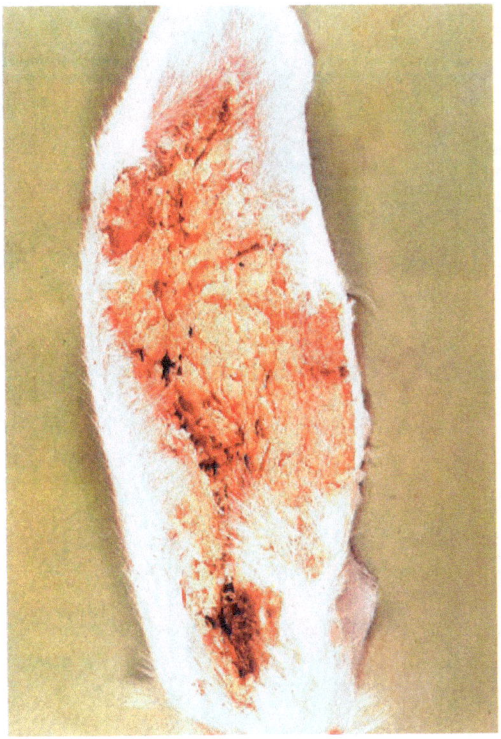

图 6.13.1　外观改变－兔耳翼内面的痂皮
家兔感染螨虫，可见耳翼有深褐色结痂样物。

病理表现

常见耳翼有深褐色结痂样物聚集。一般由耳根部开始，逐渐到耳端部。通常局限在兔耳翼，常见抓挠现象。严重时结痂部位有红色渗出液。螨虫一般不会进入组织。

实验室检测

采取皮肤刮取物进行实验室检查。皮肤刮取物应在患部采取，刮取的病料可直接观察或镜检。主要有兔耳痒螨（*Psoroptes cuniculi*）感染。该螨虫较大，雌虫大小为 400 ～ 750μm，雄虫大小为 370 ～ 550μm（如图 6.13.2 所示）。生活史 21 天。

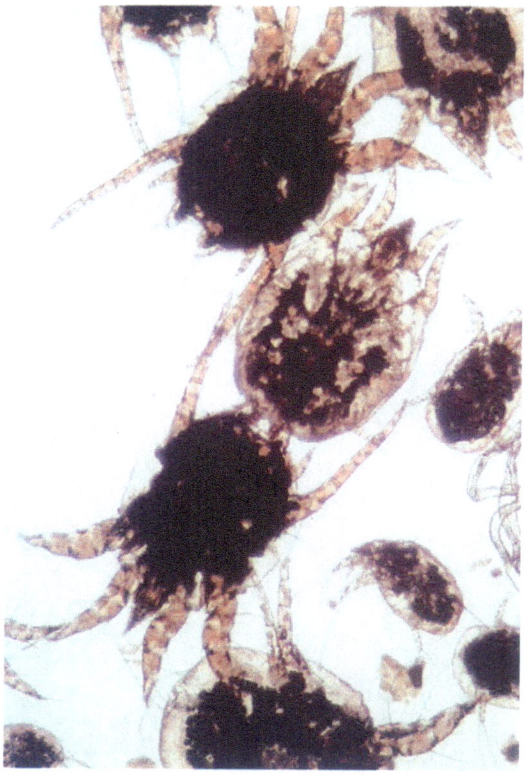

图 6.13.2　显微镜检查 - 螨虫

兔耳痒螨。

管理处置

螨对外界的抵抗力强，能在适宜的温度、湿度下存活较长时间。耳螨离开宿主后，在 37℃环境中可存活 5 ～ 7 天，螨虫病传播速度快，一旦发生，便可迅速蔓延，所以在平时的实际饲养中，应以预防为主，防止此病的发生。污染的垫料、用品等都是传染源。屏障环境和隔离环境能有效防止该菌污染。重点防止环境设施的破损，饲料和垫料应充分消毒灭菌，防止污染。

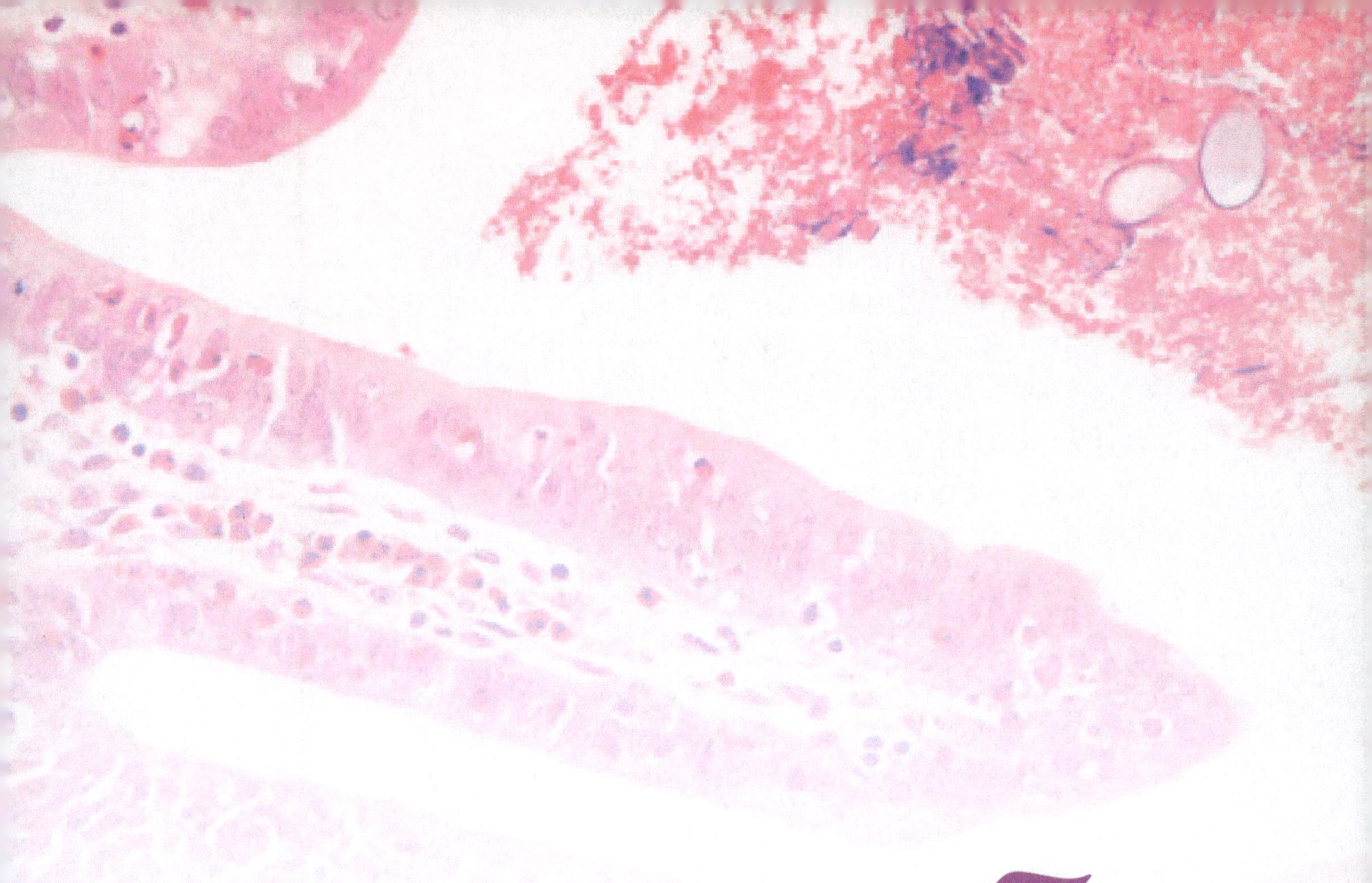

第 7 章

基因工程动物与免疫缺陷动物的健康监测

从20世纪末开始，转基因、基因敲除等基因工程技术大量应用于实验动物。21世纪出现了CRISPR/Cas9等基因编辑技术，使得人们对于实验动物的遗传改造变得更为容易。科学家将大量的基因工程动物用于科学研究，这些基因工程动物也随着科学交流在全世界进行流通。然而，流通的不仅仅是这些基因经过改造的动物，还有它们自身携带的来自它们原有设施的病原微生物。

对于基因工程动物的健康监测，除了与其来源的广泛性相关以外，还与其自身的生物学特点相关。由于遗传改造，基因工程动物的生理机能，特别是与免疫相关的机能发生了改变。随着其免疫机能的改变，这些基因工程动物对于一些微生物的易感性也发生了变化。一些对于普通动物没有致病性的微生物，对于这些基因工程动物却可能是致病的。普通动物携带的正常微生物，在基因工程动物中却可能会有特殊的表型改变。

基因工程动物中有一些会有免疫缺陷，可以被认为是免疫缺陷动物。而有一些基因工程动物虽然没有直接的免疫缺陷，但由于生理结构的改变，而对一些机会感染病原体较为敏感。由于这些因素的存在，我们在使用基因工程动物时，不得不额外关注其健康状况。

第一节　基因工程动物与免疫缺陷

一、基因工程动物产生免疫缺陷的原因

转基因技术是一种基于外源基因随机整合插入基因组的基因工程技术。在外源插入片段中，携带了外源基因自己的基因表达元件，使得外源基因在受体动物身上可以自行表达。此类技术的特点在于外源基因整合位点的随机性。即使是一个与动物免疫机能无关的基因，如果其整合位点正好落在了免疫相关基因的功能控制区域，很有可能这个基因工程动物也会出现免疫相关的表型改变。因此在转基因动物的研究中，需要对同一转基因的多个首建鼠（founder）进行表型分析，排除随机整合位点对于表型的干扰。也就是说，转基因的随机整合位点如果干扰了某些免疫功能基因，这些动物可能会存在免疫缺陷。

某些基因工程的目标位点就是免疫功能基因。免疫学的发展很大程度上依赖于啮齿动物的基因工程模型。在敲除很多免疫相关基因，如白细胞介素、细胞表面受体、各类细胞因子等的基因后，动物表现出特殊的免疫缺陷表型，这些免疫缺陷很多与感染免疫相关。

未知功能的基因可能具有免疫相关的功能。在完成人与多种动物的全基因组测序后，我们发现了大量的基因，很多基因的功能还不十分清楚，特别是近来我们发现了一些并不编码蛋白的非编码基因。在确定这些基因的功能时，我们常使用基因编辑技术制备基因工

程动物。在研究这些未知基因的功能时，我们可能会发现这些基因工程动物存在免疫指标的异常。也有一些基因我们传统的知识体系并未将其归为免疫相关基因，如一些代谢酶类基因，但是这些基因的基因工程动物却表现出了免疫缺陷。

二、自发免疫缺陷动物与基因工程缺陷

我们常规使用的免疫缺陷动物，如裸鼠，或是联合免疫缺陷的 SCID 小鼠，它们的培养多是自发突变而来的。这些动物在长期的培育过程中也发生了一些适应性免疫进化。理论上来说，T 细胞和 B 细胞都有缺陷的动物，在面对细菌感染时应该是没有抵抗能力的。但是 SCID 小鼠面对一些机会感染病原体时，却没有明显的临床症状。然而一些靶点在 T 细胞功能的基因工程动物，在面对此类病原体时却出现了急性感染。科学家分析原因后认为，这可能与自发免疫缺陷动物的免疫进化有关，虽然其 T 细胞和 B 细胞存在免疫缺陷，但是其固有免疫发生了适应性改变，一定程度上对这些免疫缺陷动物产生了保护。

因此，和自发免疫缺陷动物相比，某些基因工程动物的免疫缺陷在面对微生物感染时，可能病症更严重。

第二节　基因工程动物与病原微生物、寄生虫

基因工程小鼠是最为常见的基因修饰动物。当今的实验动物使用机构内所饲养的动物品系，有很大一部分是基因工程小鼠。这些小鼠的健康监测，特别是周期性的微生物和寄生虫检测计划的制定与实施，与普通小鼠不能简单等同，原因有以下几方面。

一、机会感染病原体及环境微生物

机会感染病原体是指那些对于免疫功能正常的个体一般不致病，但当个体免疫功能低下时，感染机体导致疾病状态的微生物。除了免疫缺陷动物会被此类微生物感染，幼龄动物及老龄动物因为其免疫功能不全也会被感染。

卡氏肺孢子菌是一类机会感染病原体。在免疫功能正常的小鼠中不会引起感染。即使是实验感染，一般也不会引起病理改变。但是免疫缺陷动物却出现疾病表型。T 细胞缺陷或 T 细胞、B 细胞联合缺陷的裸鼠，或是 SCID 小鼠容易感染卡氏肺孢子菌。CD40L 是 T 细胞表面的分子，与 APC 或 B 细胞表面的 CD40 结合，促进 T 细胞、B 细胞活化。因此 CD40L 敲除小鼠对卡氏肺孢子菌易感。

此类病原体还包括嗜肺巴氏杆菌、金黄色葡萄球菌、绿脓杆菌、啮齿类蛲虫、螺杆菌

等。嗜肺巴氏杆菌（*P. pneumotropica*）是一种常见的机会感染病原，在免疫功能正常的动物上不常见，动物仅仅处于携带状态，并不致病。但是感染免疫缺陷的小鼠时，动物可能会出现结膜炎及多脏器的脓肿。CD28 是 T 细胞表面分子，与 APC 细胞表面的配体分子 B7 结合而导致 T 细胞活化。因此在 CD28 被敲除后，小鼠表现为对嗜肺巴氏杆菌易感。而 CXCR2 是许多 CXC 类型细胞趋化因子的受体，在招募中性粒细胞的过程中非常重要，当 CXCR2 缺失时，动物同样表现为对嗜肺巴氏杆菌的易感。

宛氏拟青霉（*Paecilomyces variotii*）是一种环境中的真菌，一般不会引起疾病。而当细胞色素 b245 被敲除后，小鼠表现为对此种环境真菌易感。细胞色素 b245 被敲除，小鼠的NADPH 氧化酶失去活性，这导致了吞噬细胞无法产生呼吸爆发，其抗真菌能力受到抑制。同样，中性粒细胞胞质因子 1（neutrophil cytosolic factor 1，Ncf1）缺失导致 NADPH 氧化酶复合体缺陷，动物感染白吉利毛孢子菌（*Trichosporon beigelii*）。

二、基因工程动物与新发现的实验动物病原体

在 *Stat1* 和 *Rag2* 基因敲除动物中常发现动物的意外死亡。经过动物代表性差别分析（representational difference analysis，RDA）后，发现了小鼠诺如病毒感染是动物死亡的原因。*Stat1* 参与了干扰素 α 受体、β 受体以及 γ 受体的信号传递，而在 *Stat1* 缺陷动物中，此类免疫受到影响，动物表现为对小鼠诺如病毒的易感。因此我们怀疑，那些在基因工程动物中的异常疾病或是动物死亡，很有可能是一些未被发现的病原感染所造成的。例如，在小鼠的葡萄球菌感染一节中所提到的，*FoxP3* 基因敲除的小鼠，有可能感染了环境中的木糖葡萄球菌，而出现皮肤病变。

蛲虫属寄生虫有宿主嗜性，一般认为隐匿管状线虫（*Syphacia obvelata*）可感染小鼠，而大鼠蛲虫（*Syphacia muris*）感染大鼠。但是在 *Stat6* 基因敲除的小鼠却发现了大鼠蛲虫感染。*Stat6* 介导了白细胞介素（interleukin，IL）-3、IL-4 和 IL-13 的活化，这些因子是 Th2 类细胞因子，它们在抗寄生虫感染中有重要作用。随着 Th2 类细胞免疫的改变，动物对病原的易感性发生了改变，也可以说病原的嗜性随动物的遗传改变而变化。这些病原在基因工程动物中也需要被关注。

三、非免疫相关基因的基因工程动物

基因工程动物的病原感染也并非全部与免疫抑制相关。E2F 转录因子 E2F4 敲除的新生小鼠感染了嗜肺巴氏杆菌，出现了鼻炎。研究人员发现 *E2F4* 基因敲除小鼠的颅面骨发育畸形，这种发育结构的内在缺陷导致动物鼻腔内液体隔离和鼻腔压力增加。在这种生理结构改变的条件下，动物的感染概率也增加了。

第三节　免疫缺陷动物或基因工程动物的检测

免疫缺陷动物或基因工程动物越来越多，质量要求也越来越高，对它们的检测有其特殊性：由于免疫缺陷动物不能产生抗体，血清学检测不能实现检测目的。基因工程动物十分珍贵，不易使用动物自身进行检测。往往对其采取病原体检测的方法，但是存在漏检的可能性，通常采用替代方法，即哨兵动物替代检测。

一、哨兵动物的概念

有一类特殊动物用于检测，即哨兵动物。哨兵动物的说法来自生态学中的哨兵物种（sentinel species）的概念。哨兵动物的使用是随着免疫缺陷动物、遗传工程动物成功培育而开始的，是一种替代“目标动物”的方法，也可以说是“没有办法的办法”。自 20 世纪 80 年代开始，实验动物机构普遍使用哨兵动物，作为实验动物设施运行维护的一种监督检测手段。哨兵动物一般来源于与被监测动物遗传背景相同的无菌或 SPF 级动物，亦可选择对某些病原体敏感的动物品系。除此之外根据监测方式、目标病原和监测时间的不同需要选择不同性别和年龄的哨兵动物。哨兵动物主要用于以下几种情况：①一些珍稀动物资源有限，如基因工程模型动物；②免疫缺陷动物缺乏免疫反应或免疫反应较弱，不适合采用血清学方法进行检测；③多品系动物饲养于同一房间内甚至同一饲养架上，即多品系小规模的情况越来越多，代表性动物样本送检的需求越来越大；④长期动物实验缺乏有效的监督检测以及追溯手段；⑤动态环境状态评价缺乏有效手段。

毋庸置疑，哨兵动物的使用，在实验动物质量控制方面发挥了良好的作用。

理论上讲，动物的病原均来自自身环境，因此，饲育于同一个环境中的相同种类动物面临着均等的感染机会，这即为使用哨兵动物的科学依据。以易感病原的哨兵实验动物为载体，在特定饲养场所暴露于可能存在的可通过接触传播、空气传播的病原体，采集实验动物样品，通过血清学、病原学、组织病理学以及分子生物学等手段，可监测动物之间、笼具垫料、饲养环境以及运输工具中的病原。因此，使用哨兵动物监测动物质量、健康状态是一种有效的、成本相对较低的方法。

二、哨兵动物的设置方法

哨兵动物的设置方式和数量根据动物饲养环境及饲养数量的不同而有所区别。监测过程中哨兵动物与被监测动物之间的接触方式，即设置方式，主要分为间接接触和直接接触两种。

间接接触：常用于监测经排泄物传播的疾病，也用于监测设备或运输材料是否带有病原。间接接触法中最常用的是旧垫料法，即每次换垫料时在被监测动物笼盒内取出约50%垫料与新垫料混合放入哨兵动物笼盒内，或使用100%旧垫料。4～10周后，送检该批次哨兵动物。间接接触在监测气溶胶传播病原时，也使用废气法，即哨兵笼接入正常动物笼的排出气体。

直接接触：将哨兵动物直接放入被监测动物群中，监测经气溶胶、排泄物或分泌物传播的疾病。这种方法可检测到间接接触法不能检测到的病原，适用于小群体的健康监测，也适用于一些经由笼具或交叉感染引起的传染病。雌性鼠类通常比雄性鼠类对病原更加敏感，正常饲养的平均体重也较轻，打斗行为不如雄性鼠类激烈，因此接触式哨兵动物一般选用雌性动物。

三、哨兵动物的应用

哨兵动物的监测范围和设置方法包括动物进入设施前监测和动物设施内监测两类情况。

动物进入设施前监测：对新到动物的监测。在未确认新到动物携带微生物状况以前，一般放在暂养区进行入场前监测。第一，为检测供应商运输以前动物的感染状况，一般在动物到达后的72h内采集血、皮肤、粪便样本进行检测。第二，为检测暂养区病原体控制状况，放置接触式哨兵动物，一般2～3周后取出哨兵动物进行检测。检测结果符合要求后，动物才能进入设施饲养。对于合格供应商提供的符合病原排除要求的动物可适当减少进入设施前的监测。

动物设施内监测：分为以下几种情况。

使用开架饲养和层流柜饲养动物时，应在饲养架底层每侧放置一个哨兵笼盒，饲养架上笼子较少时，在靠近入口处放置一个哨兵笼，使用旧垫料法。

使用IVC系统饲养动物时，应根据饲养方式、条件和要求，设置哨兵笼。当整个系统中饲养的动物都是同一品系、同一级别且生产成本并不高的动物群时，可采用随机抽检的方法。当系统内饲养的动物比较珍稀或同一系统内饲养的动物品系不同时，则应使用哨兵动物，采用旧垫料法或者废气法都可以。

使用隔离系统饲养动物时，应将隔离器中离排风口最近的笼盒作为哨兵笼，并采用旧垫料法。

使用哨兵动物需要遵从两个重要原则，一是要在保证足够检测数量的同时使用最少量的哨兵动物，二是在整个监测过程中要使哨兵动物最大限度地暴露于潜在的病原感染环境中。为监测动物群中的微生物状态，必须定期对哨兵动物进行检测。由于使用少量哨兵动物进行监测就能够敏感、有效地反映整个实验动物群的病原微生物状态，因此其为非常高效的动物监测方式。

我国尽管普遍开展了哨兵动物的使用，但由于尚没有统一标准，哨兵动物的使用和设置需根据研究及实验的要求而定，因此哨兵动物的选择会有所不同，但所有哨兵动物的选择必须遵从以下几个原则。

1）哨兵动物应为排除特定病原体的动物。

2）哨兵动物应尽可能与被监测动物群的品种相同。

3）哨兵动物应为免疫反应正常的适龄动物。适龄动物必须能反映出被监测动物的健康状况。例如，对成年大、小鼠和地鼠的监测要求哨兵鼠需满 4 周龄，但年龄太大的动物不能及时反映疾病流行或血清学转化，也不适宜作为哨兵动物，最好选用 4 ～ 6 周龄的鼠。

4）哨兵动物应该有足够的数量。数量太少，一些感染性低的病原或局部发生的病原不易检测到，不能真实反映微生物、寄生虫感染情况。

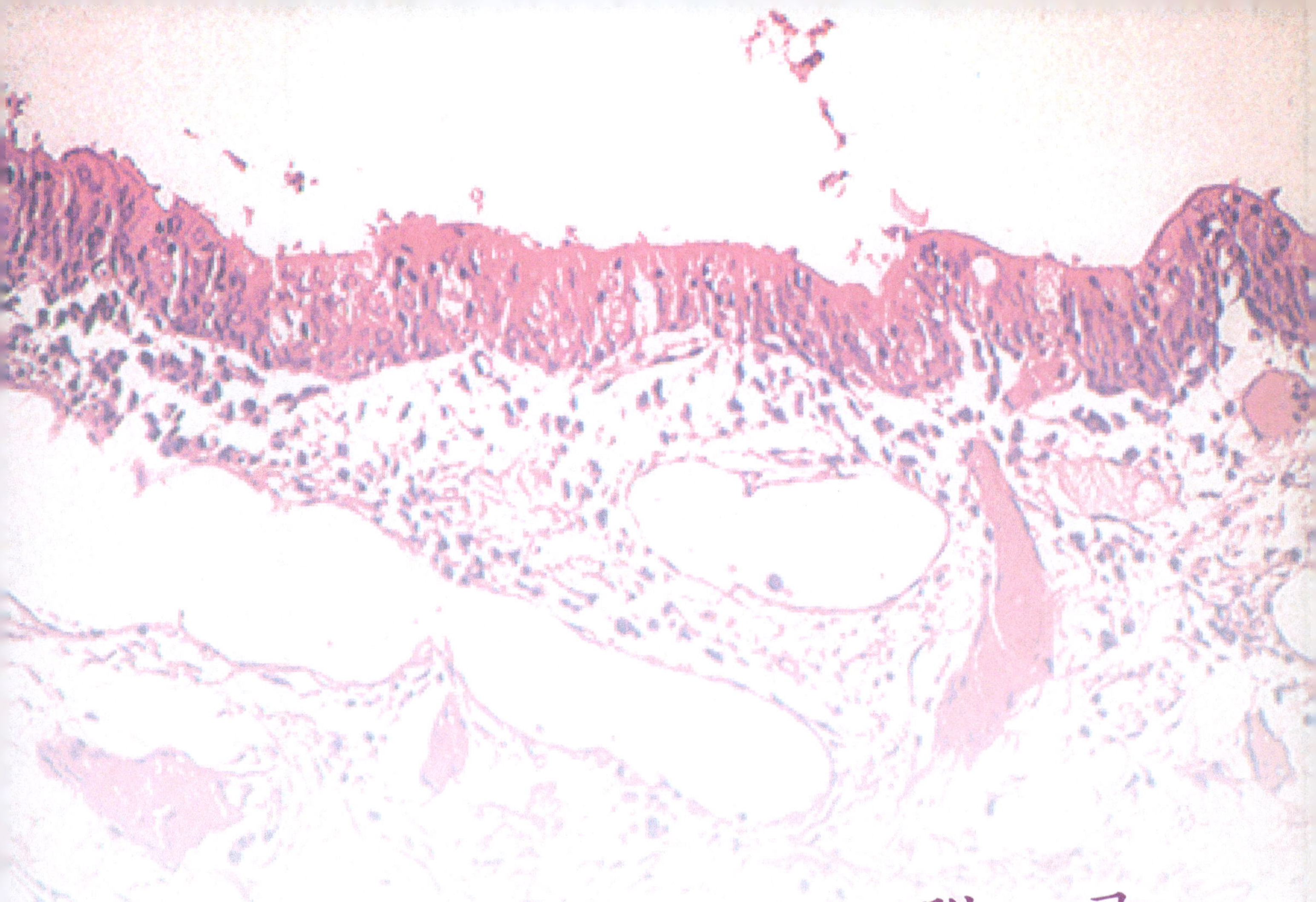

附　录

术语与概念

实验动物

广泛的意义上讲，凡是应用于科学实验的动物都是实验动物。但现代生命科学赋予了实验动物特别的定义，一般是指那些经人工饲育，对其携带的微生物、寄生虫实施控制，遗传背景明确或来源清楚，用于科学实验的动物。此定义首先将实验动物与野生动物区别开来，一般对野生动物的科学研究多为对其进行观测等。普通的动物如一些伴侣动物，虽为人工饲养，但一般不能限定其微生物背景，特别是其饲养的目的是作为人类生活的伴侣。而经济动物，其饲养的目的一般也不是进行科学研究。但是近年来一些经济动物，如猪等也被应用于科学研究，经过特定的培养，也对其微生物背景进行控制，因此此类动物也应被认定为实验动物。

实验动物微生物或寄生虫控制等级

实验动物在进行自身携带微生物和寄生虫的控制时，对排查的病原进行了区分。一是出于对动物福利的考虑；二是出于实验目的的不同；三是根据病原体对动物的危害不同，人兽共患病传播风险的不同，以及对于科学实验研究的干扰水平的差异，对实验动物排查病原的类别进行了分级。

实验动物应该排除其自身的重要疫病；作为实验动物，由于其与人类近距离接触，也应排除人兽共患病原，这是实验动物的最低要求。

在此基础上，排除了那些对科学研究有干扰的病原体，根据排除病原的水平进行分级定义，在现行的国家标准中出现了清洁级动物和 SPF 级动物。基于无菌技术和剖宫产等技术研制的无菌动物自身不携带任何微生物。在无菌动物的基础上对动物引进指定的微生物，这类动物称为悉生动物。

实验动物微生物、寄生虫等级国家标准

根据实验动物的种类和发展水平，我国的实验动物国家标准目前将实验动物分为 4 个等级，即普通级、清洁级、SPF 级和无菌级。

基因工程动物

利用基因工程技术对实验动物的遗传物质进行改造，在动物的基因组中随机插入外源基因（转基因技术），或是定点进行基因敲除、敲入（基因打靶及新近发展的 CRISPR/

Cas9 基因编辑技术等），使得动物的基因组发生改变，同时影响到动物的生理机能等。这类动物被称为基因工程动物，被用于基因功能研究，其特定的表型可能模拟人类疾病而被应用为动物模型。此类动物的生理机能发生改变，包括免疫系统在内的功能改变使得此类动物对外界微生物和寄生虫的敏感性发生变化，因此对此类动物的健康管理需要格外重视。

免疫缺陷动物

由于自发突变或是人工诱导以及基因工程改造等，动物的免疫系统发生变化，在对抗外界微生物的抗感染免疫、动物的自身免疫稳态的保持以及自身肿瘤发生等方面发生变化，出现了免疫缺陷，这样的动物被称为免疫缺陷动物。狭义的免疫缺陷动物特指那些免疫系统的器官、组织、细胞以及免疫因子发生改变而出现免疫缺陷的动物，如 T 细胞与 B 细胞联合免疫缺陷的 SCID 小鼠等。不同品系的常见近交系动物，对某一病原的易感性不同，这可能与其免疫相关的遗传背景因素有关。常见的动物品系一般不被称为免疫缺陷动物。

遗传漂移

生物在繁衍进程中，种群内的遗传物质通过有性生殖等发生改变，增加了遗传物质的多样性。与此同时，遗传物质也会由于碱基错配等发生基因改变。实验动物，特别是近交系动物采用近交的方式进行繁殖，因此其群体内的动物遗传物质的相似度达 99% 以上，被认作纯系动物。但在繁殖过程中，一些遗传改变不会因为近交而消失，这些遗传改变进行积累，使得长期传代的实验动物的遗传背景发生改变，这种改变被称为遗传漂移。

遗传漂移是物种进化的原因之一。它是一种自然发生的现象。为了保证实验动物的遗传稳定性，可以通过胚胎冷冻等技术进行实验动物种子资源的遗传质量控制，定期更新实验动物的繁衍种群，可以将遗传漂移造成的遗传改变降至较低水平。

实验动物的日常观察（临床监护）

实验动物的日常观察（临床监护）是实验动物健康管理的最重要手段。实验动物不会主诉身体疾病。对于其健康状况的了解主要依赖于管理人员的观察和监测。实验动物罹患某些疾病时，外观会发生某些改变，如动物摄食、饮水的量发生改变；动物活跃度的改变；动物身体姿态的异常，如动物的口鼻、眼睑、肛门等天然孔的改变。这些可以通过日常观察而发现，进而有助于对动物疾病的诊断。因此管理人员需要熟悉动物的日常特性，以及其常见的异常表现，通过仔细观察掌握动物的健康状况。

实验动物医师

实验动物是一类特殊的动物。从事此类动物的健康管理的医师，不仅仅是一般意义上的兽医。实验动物医师除应具备一般兽医或是人类医生具备的基本专业知识外，还应对实验动物生理生活特点有清楚的了解，掌握其疾病诊断、治疗的特殊知识，并具备实验动物研究的相关背景。

抽样检测

抽样是对一般商品进行质量检测时使用的手段。在同一批次的产品中通过一定的方式抽取一定数量的样品进行检测，通过对抽检样品质量的检测来评估同一批次产品的质量。这种方法本身具有漏检的风险。在对实验动物进行质量检测时，由于动物群体内动物的数量巨大，或是存在无法实现全部检测的其他原因，只能采用抽样的方法进行检测。实验动物在同一群体内的变异性更为复杂，因此抽样检测对于实验动物的质量控制的风险更需要进行评估。

ILAR 公式

在对实验动物群体进行质量抽样检测时，需要评估抽样数量对于检测结果的影响。在一个特定数量的动物群体中，假定动物某病原的感染概率特定，在此群体中抽检发现此病原的可能性与抽检动物的数量相关。感染概率高的病原，抽检少量动物就有可能发现该病原；而感染概率低的动物，需要抽检较大数量的动物，这种病原被发现的可能性很低。检测结果的可信性，或是置信水平就与动物感染病原的概率、动物抽检数量等相关。这种关系由美国的实验动物研究所等机构最早进行了推导，被称为 ILAR 公式。

检测频率

为了发现某一实验动物群体中可能携带的病原，在无明显外观改变的情况下需要对动物群体进行周期性的抽样检测。检测的周期间隔，或是检测的频率与多种因素相关。这些因素包括特定病原的感染危害程度、动物群体的感染概率、病原在某一地区或是机构的流行历史等。

次级样品

在进行实验动物质量检测时，活体动物常被作为检测样品进行检测。而从实验动物体内分离的组织等样品，用于特定项目的检测，这些分离样品被称为次级样品。

动物的表型

动物在因感染或是其他实验条件下，表现出特定的生理机能，组织学、细胞学以及分子水平的特定的改变，这些变化可能与某类疾病相关，被称为动物的相关表型。这些表型可与实验条件以及动物的遗传背景差异相关。

实验动物科学丛书

Ⅰ 实验动物管理系列

实验室管理手册（8，978-7-03-061110-9）

实验动物科学史

实验动物质量控制与健康监测

Ⅱ 实验动物资源系列

实验动物新资源

悉生动物学

Ⅲ 实验动物基础科学系列

实验动物遗传育种学

实验动物解剖学

实验动物病理学

实验动物营养学

Ⅳ 比较医学系列

实验动物比较组织学彩色图谱（2，978-7-03-048450-5）

比较传染病学——病毒性疾病（13，978-7-03-063492-4）

比较组织学（14，978-7-03-063490-0）

比较影像学

比较解剖学

比较病理学

比较生理学

Ⅴ 实验动物医学系列

实验动物疾病（5，978-7-03-058253-9）

大鼠和小鼠传染性疾病及临床症状图册（11，978-7-03-064699-6）

实验动物感染性疾病检测图谱（15，978-7-03-067872-0）

实验动物医学

Ⅵ 实验动物福利系列

实验动物福利

Ⅶ 实验动物技术系列

动物实验操作技术手册（7，978-7-03-060843-7）

动物生物安全实验室操作指南（10，978-7-03-063488-7）

Ⅷ 实验动物科普系列

实验室生物安全事故防范和管理（1，978-7-03-047319-6）

实验动物十万个为什么

Ⅸ 实验动物工具书系列

中国实验动物学会团体标准汇编及实施指南（第一卷）（3，978-7-03-053996-0）

中国实验动物学会团体标准汇编及实施指南（第二卷）（4，978-7-03-057592-0）

中国实验动物学会团体标准汇编及实施指南（第三卷）（6，918-7-03-060456-9）

中国实验动物学会团体标准汇编及实施指南（第四卷）（12，918-7-03-064564-7）

毒理病理学词典（9，918-7-03-063487-0）